Rezensionen für *Zen oder die Kunst der Präsentation, 3. englischsprachige Auflage*

»Oft haben schmale Bücher die größte Wirkung. Strunk & White für korrektes Englisch. *Robert's Rules of Order* für die Durchführung von Konferenzen. Beide wirken trügerisch knapp, haben aber eine immense Wirkung. Es fällt mir leicht, Presentation Zen in diese Reihe zu stellen, wenn es darum geht, ein Publikum zu fesseln. Machen Sie sich diesen wunderbaren Leitfaden und die Macht einfacher und klarer Botschaften zu eigen. Garr Reynolds erläutert Techniken und Beispiele auf eine Weise, die ganz selbstverständlich denselben Prinzipien folgt, die er in seinen Seminaren lehrt.«

– **Ric Bretschneider**, Programmleiter,
PowerPoint-Entwicklungsteam 1993–2010

»Garr ist für frustrierte Präsentationsteilnehmer auf der ganzen Welt ein Fanal der Hoffnung. Seine Design-Philosophie und grundsätzlichen Prinzipien hauchen Ihren Botschaften Leben ein und können Ihre Karriere befördern.«

– **Nancy Duarte**, CEO, Duarte, Inc.
und Autorin von *resonate* sowie *datastory*

»Presentation Zen änderte mein Leben und das Leben meiner Kunden. Als Kommunikationsexperte suchte ich nach einer Möglichkeit, Präsentationsfolien zu gestalten, die den Vortrag unterstützen, ohne vom Inhalt abzulenken. Die Philosophie, die Garr in seinem Buch so elegant erläutert, wird Ihr Publikum inspirieren. Denken Sie noch nicht einmal daran, noch eine Präsentation ohne dieses Buch zu halten!«

– **Carmine Gallo**, Autor von
The Presentation Secrets of Steve Jobs und *Talk Live TED*

»Garr hat hinsichtlich der Art, wie wir über die Macht von Präsentationen nachdenken, Neuland betreten. Noch wichtiger: Er hat eine ganze Generation von Kommunikatoren gelehrt, wie man seine Aufgabe besser erledigt. Verpassen Sie dieses Buch nicht.«

– **Seth Godin**, legendärer Präsentator
und Autor von *We Are All Weird*

»Wenn Ihnen Qualität und Klarheit Ihrer Präsentationen wichtig sind – und das sollten sie – nehmen Sie dieses Buch, lesen Sie jede Seite und beherzigen Sie seine Lehren. Presentation Zen ist ein zeitgenössischer Klassiker.«

– **Daniel H. Pink**, Autor von *Drive*
und *Unsere kreative Zukunft*

»Vor vier Jahren änderte Garrs Presentation Zen die Welt der Kommunikation buchstäblich. Fast über Nacht wurde das, was einst wolkig, altbacken und langweilig war, scharf und frisch und machte sogar (darf man das sagen?) Spaß. Eine Million radikal verbesserter Präsentationen später ist die Welt bereit für eine Neuauflage – gerade wenn wir es am dringendsten benötigen, Garrs Magie entfaltet sich erneut.«

– **Dan Roam**, Autor von *Draw To Win* und
The Back of the Napkin

Garr Reynolds ist Autor der Bestseller »ZEN oder die Kunst der Präsentation«, »ZEN oder die Kunst des Präsentationsdesigns« und »Naked Presenter«.

Als Koryphäe auf dem Gebiet des Präsentationsdesigns und der Vortragskunst ist er ein gefragter Referent und Berater für weltbekannte Unternehmen. Der preisgekrönte Autor, Designer und Musiker lehrt Management an der Kansai Gaidai University in Japan und arbeitete als Manager für Worldwide User Group Relations bei Apple, Inc.

Seine Website ist unter *presentationzen.com* zu finden. Er lebt mit seiner Familie auf dem Land in der Region von Nara, Japan.

Zen oder die Kunst der Präsentation

Garr Reynolds

Mit einfachen Ideen gestalten und präsentieren

3., aktualisierte Auflage

dpunkt.verlag

Garr Reynolds

Lektorat: Gabriel Neumann
Übersetzung: Isolde Kommer, Christoph Kommer
Lektoratsassistenz: Anja Weimer
Satz: Tilly Mersin und Isolde Kommer, Großerlach, *www.mersinkommer.de*
Herstellung: Stefanie Weidner
Umschlaggestaltung: Helmut Kraus, *www.exclam.de*
Druck und Bindung: Schleunungdruck GmbH, Marktheidenfeld

Bibliografische Information der Deutschen Nationalbibliothek
Die Deutsche Nationalbibliothek verzeichnet diese Publikation in der Deutschen Nationalbibliografie; detaillierte bibliografische Daten sind im Internet über *http://dnb.d-nb.de* abrufbar.

ISBN:
Print 978-3-86490-759-3
PDF 978-3-96910-002-8

3., aktualisierte Auflage 2020

Wieblinger Weg 17
69123 Heidelberg

Authorized translation from the English language edition, entitled »Presentation Zen: Simple Ideas on Presentation Design and Delivery«, 3rd Edition, ISBN 978-0-13-580091-1 by Garr Reynolds, published by Pearson Education, Inc, publishing as New Riders, Copyright © 2020.

Hinweis:
Der Umwelt zuliebe verzichten wir auf die Einschweißfolie.

Schreiben Sie uns:
Falls Sie Anregungen, Wünsche und Kommentare haben, lassen Sie es uns wissen: hallo@dpunkt.de.

5 4 3 2 1 0

Für Mom & Dad

Inhaltsverzeichnis

Danksagungen

Ohne die Hilfe und Unterstützung zahlreicher Menschen wäre dieses Buch nicht möglich gewesen. Ich möchte den folgenden Personen für ihre Beiträge und ihre Ermutigung danken:

Ein besonderer Dank geht an Guy Kawasaki für sein besonders anschauliches Vorwort.

Ich bedanke mich bei Laura Norman von Pearson, die mich dazu ermuntert hat, eine dritte Auflage zu schreiben und bei meinen Lektoren Victor Gavenda und Linda Laflamme, ebenso wie bei Tracey Croom und ihrem Produktionsteam, David Van Ness und Becky Chapman-Winter.

Danke an Nancy und Mark Duarte und allen wunderbaren Menschen bei Duarte, Inc. in Silicon Valley für ihre laufende Unterstützung über all die Jahre.

Danke an alle, die etwas zu diesem Buch beigetragen haben, wie etwa Seth Godin, Dr. Ross Fisher, Jon Schwabish, Gihan Perera, Masayoshi Takahashi, Sunni Brown, Clement Cazalot, Markuz Wernli Saito and Dr. Andreas Eenfeldt. Vielen Dank an Phil Waknell und Pierre Morsa in Paris und an die Gapminder Foundation in Stockholm.

Danke David S. Rose, Daniel Pink, Dan Heath, Rick Heath, Rosamund Zander, Jim Quirk, Dan Roam, Carmine Galloand, Debbie Thorn, CZ Robertson, Ric Bretschneider, Howard Cooperstein und Deryn Verity für ihre wertvollen Ratschläge und Beiträge in den frühen Stadien des Entstehungsprozesses, die bis zurück zur ersten Auflage reichen. Und an der Küste Oregons möchte ich mich bei Brian und Leslie Cameron, Mark und Liz Reynolds sowie Matt and Sheryl Sandvik Reynolds bedanken.

Hier in Japan gilt mein Dank Shigeki Yamamoto, Tom Perry, Darren Saunders, Daniel Rodriguez, Nathan Bryan, Jay Klaphake, Jiri Mestecky und Stephen Zurcher.

Ich möchte den vielen tausend Lesern des Buchs und der *Presentation-Zen-Website danken, und allen,* die mich über die Jahre hinweg kontaktiert haben, um mir ihre Geschichten und Beispiele zu erzählen, vor allem Les Posen in Australien.

Und natürlich war meine größte Unterstützung meine Ehefrau, die stets verständnisvoll und eine große Quelle der Inspiration und Ideen war. An meine Kinder: Ihr seid der Grund, warum ich jeden Morgen aufwachen möchte. An unseren Hund Chappy und die beiden Katzen Luke und Kona: Ihr seid die hartnäckigen Wecker, die mich tatsächlich aus dem Bett holen!

Vorwort von Guy Kawasaki

Weil es in diesem Buch um gelungene Folienpräsentationen geht, halte ich es für angebracht, dem Vorwort die Form einer Folienpräsentation zu geben. So weit ich weiß, ist dies das erste Vorwort überhaupt, das aus einer Abfolge von Präsentationsfolien besteht. Nun sollten gute Folien einen Vortrag verbessern, den Präsentator aber nicht vollständig ersetzen. Ich glaube aber, dass die Folien auf der nächsten Seite meinen Standpunkt ganz gut verdeutlichen. Meine Präsentationsfolien zu einem Vortrag mit Argumenten zum Kauf dieses Buchs würden in etwa so aussehen.

Guy Kawasaki
Autor von *Wise Guy: Lessons from a Life.*
Chef-Evangelist von Canva
und früherer Chef-Evangelist von Apple.
www.guykawasaki.com

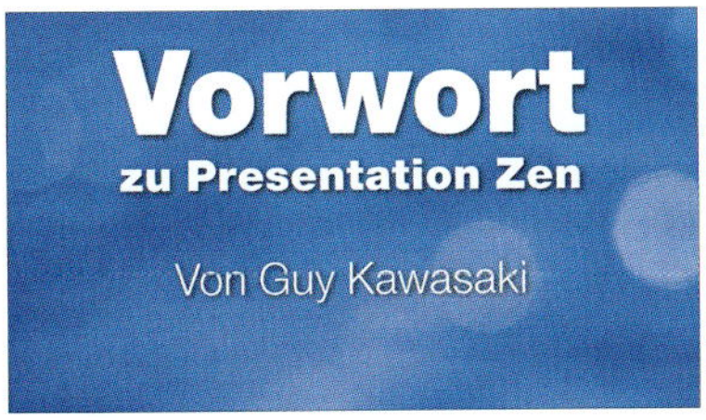
Vorwort
zu Presentation Zen
Von Guy Kawasaki

95%
der Präsentationen sind
GROTTEN-
SCHLECHT
5%: nicht grottenschlecht
95%: grottenschlecht

War nur
Spaß ...

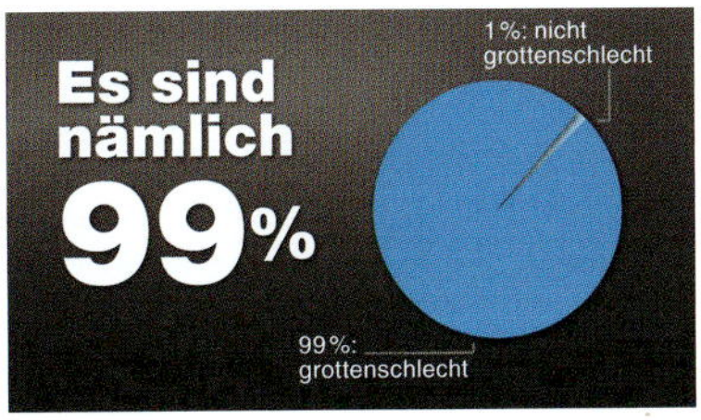
Es sind
nämlich
99%
1%: nicht grottenschlecht
99%: grottenschlecht

Warum?

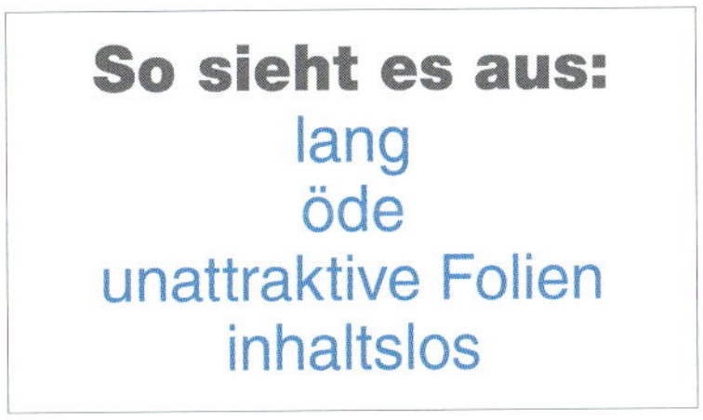
So sieht es aus:
lang
öde
unattraktive Folien
inhaltslos

Wir hätten es gerne:
kurz
einfach
lesbar
fesselnd

Houston,
wir haben
ein Problem!

Dieses Buch ist
DIE LÖSUNG
Zen
oder die Kunst der
Präsentation

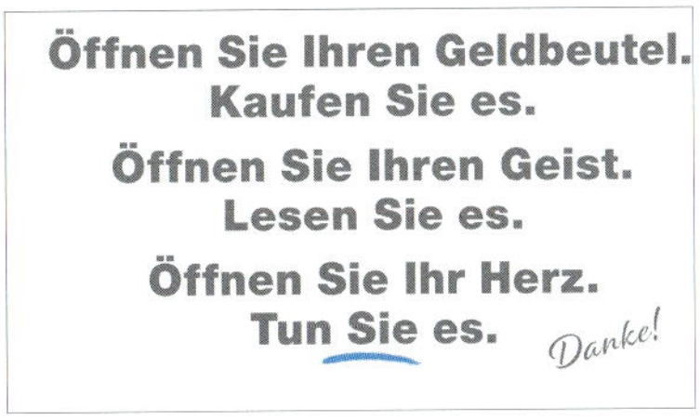
Öffnen Sie Ihren Geldbeutel.
Kaufen Sie es.
Öffnen Sie Ihren Geist.
Lesen Sie es.
Öffnen Sie Ihr Herz.
Tun Sie es.
Danke!

einführung

Einfachheit ist die höchste Form der Raffinesse.

– Leonardo da Vinci

1

Präsentieren in der heutigen Welt

Nach einigen erfolgreichen Präsentationen ging ich um 17.03 Uhr in Tokio an Bord des Super-Express-Zugs nach Osaka. In den Händen hielt ich mein ekiben (eine spezielle, auf Bahnhöfen verkaufte japanische Lunch-Box oder bento) sowie eine Dose Asahi-Bier. Die ultimative »Japan-Erfahrung« besteht für mich darin, an Bord eines Hochgeschwindigkeitszugs durch das ländliche Japan zu zischen, dabei mit Essstäbchen traditionelle japanische Delikatessen zu kosten, an einem japanischen Bier zu nippen und aus dem großen Seitenfenster einen Blick auf Tempel, Schreine und sogar den Fujijama zu erhaschen. Es ist eine grandiose Verbindung des Alten und des Neuen – und eine angenehme Art, den Tag zu beenden.

Während ich den Inhalt meines bento genoss, erblickte ich auf der anderen Seite des Ganges einen japanischen Geschäftsmann, der mit nachdenklichem Gesicht einen ausgedruckten Satz PowerPoint-Folien betrachtete. Zwei Folien pro Seite, seitenweise Kästen mit Unmengen von japanischem Text in verschiedenen Farben. Keine leeren Flächen. Bis auf das Firmenlogo am oberen Rand jeder Folie keine Abbildungen. Nur seitenweise Text, Überschriften, Aufzählungspunkte und Logos. Sollten diese Folien als visuelle Unterstützung für einen mündlichen Vortrag dienen? Falls ja, hatte das Publikum mein Mitgefühl. Seit wann können Präsentationsteilnehmer lesen und gleichzeitig jemandem beim Sprechen zuhören (vorausgesetzt, sie können den 12-Punkt-Text auf der Leinwand überhaupt lesen?). Oder sollten die Folien vielleicht nur als eine Art in PowerPoint erstelltes Dokument dienen? Für diesen Fall bedauerte ich sowohl den Autor als auch den Leser, weil PowerPoint kein geeignetes Programm für das Erstellen von Dokumenten ist. Kästen mit Aufzählungspunkten und Logos ergeben kein gutes Druckdokument. Und nach der Art zu urteilen, wie der Mann vor und zurück blätterte – möglicherweise frustriert wegen des schwammigen Inhalts –, wurde ihm dies gerade klar.

Welch ein Kontrast in der Präsentation von Inhalten, dachte ich mir: hier das auf harmonische Weise funktionale, gut gestaltete japanische bento ohne jeden überflüssigen Inhalt – drüben auf der anderen Seite des Ganges die schlecht gestalteten, schwer verständlichen PowerPoint-Folien. Warum konnte die Gestaltung und Präsentation von geschäftlichen und technischen Themen nicht demselben Geist entspringen wie die einfachen bento, die an japanischen Bahnhöfen verkauft werden? Der Inhalt des japanischen bento wird auf äußerst funktionale und dabei sehr ansprechende Art angeordnet. Das bento wird auf einfache, schöne und ausgewogene Art präsentiert. Nichts fehlt. Nichts ist überflüssig. Es ist nicht dekoriert, aber hervorragend gestaltet. Es sieht gut aus und es schmeckt gut. Es bietet eine befriedigende, inspirierende und erfüllende Art, 20 Minuten zu verbringen. Wann konnten Sie dasselbe zuletzt über eine von Ihnen besuchte Präsentation sagen?

Ein schmackhaftes japanisches bento und eine Folienpräsentation haben scheinbar keine Gemeinsamkeiten. Jedoch wurde mir in diesem Augenblick vor vielen Jahren, als ich mit 320 Stundenkilometern pro Stunde durch Japan raste, ganz klar: Etwas musste geschehen, um der verbreiteten Plage der schlechten PowerPoint-Folien und des zugehörigen leblosen Vortrags ein Ende zu bereiten – und ich konnte hierzu meinen Beitrag leisten. In Japan ist es nicht anders als überall auf der Welt: Zahllose Berufstätige leiden tagtäglich unter schlecht gestalteten Präsentationen, bei denen die Folien oft mehr schaden als nützen. Solche Präsentationen sind ebenso unerfreulich wie ineffizient. Mir wurde klar, dass ich möglicherweise einen kleinen Teil zu einer sehr viel wirkungsvolleren Kommunikation beitragen konnte, wenn ich anderen helfen konnte, bei der Vorbereitung, Gestaltung und dem Vortrag sogenannter »PowerPoint-Präsentationen« einen anderen Blickwinkel einzunehmen.

In diesem Augenblick, als der Hochgeschwindigkeitszug irgendwo zwischen Yokohama und Nagoya entlangschoss, begann ich das vorliegende Buch. Zunächst veröffentlichte ich meine Gedanken auf der Website »Presentation Zen«. Dieser Blog wurde zu einer der weltweit meistbesuchten Sites zum Thema Präsentationsdesign.

Das vorliegende Buch besteht aus drei Teilen: Vorbereitung, Gestaltung und Vortrag. Es enthält eine ausgewogene Mischung von Prinzipien und Konzepten, Inspiration und praktischen Beispielen. Ich zeige Ihnen sogar Vorher-Nachher-Fotos der bento-Schachtel, die mich zu diesem Buch inspirierte. Bevor wir uns mit dem aktuellen Zustand der heutigen Präsentationen beschäftigen – und untersuchen, warum Präsentationen heute wichtiger sind denn je –, untersuchen wir zunächst die Bedeutung des Begriffs »Presentation Zen«.

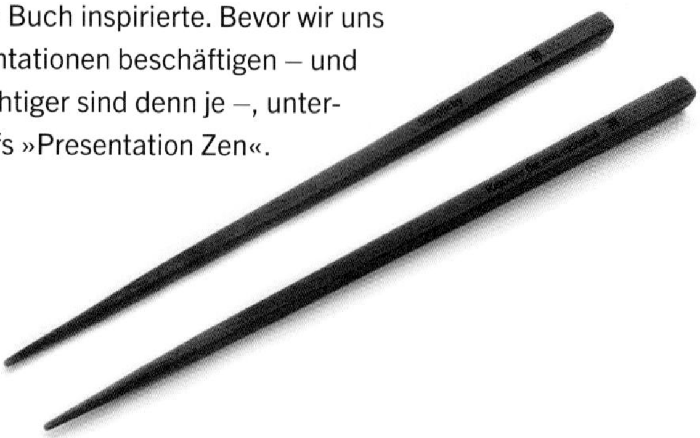

Der Presentation-Zen-Ansatz

In diesem Buch geht es nicht um Zen an sich. Es beschäftigt sich vielmehr mit Kommunikation und damit, wie man Präsentationen auf eine etwas andere, zeitgemäße Weise angeht. Obwohl ich mich immer wieder auf Zen und die Zen-Künste beziehe, ist dies nicht wörtlich zu nehmen, sondern eher als Analogie zu verstehen. Die Tradition des Zen oder Zen-Übung im engeren Sinn hat mit der Kunst der Präsentation in der heutigen Welt nichts zu tun. Dennoch können unsere beruflichen Aktivitäten – besonders die Kommunikation im geschäftlichen Umfeld – von demselben Ethos getragen sein wie Zen. Denn das Wesen oder der Geist vieler Zen-Prinzipien kann hinsichtlich Ästhetik, Achtsamkeit, Verbindung usw. auf unsere täglichen Aktivitäten – auch Präsentationen – angewandt werden.

Ein Zen-Lehrer würde einem nach Erleuchtung Suchenden erklären: Der Schüler muss als Erstes wirklich wahrnehmen, dass das Leben gewissermaßen aus dem Lot oder Gleichgewicht geraten ist, dass es »Leiden« gibt, wenn Sie so möchten. Und dass dieser fehlende Einklang die Folge unseres Festhaltens an eigentlich belanglosen Dingen ist. Im übertragenen Sinne ist der erste Schritt auf dem Weg zur großartigen Präsentation, die momentan als »normal« geltende Präsentationsweise zu betrachten und sich klar zu machen, dass das heute als »normal« Geltende nicht im Einklang mit dem tatsächlichen Lern- und Kommunikationsprozess des Menschen steht.

Keine Situation gleicht der anderen. Unsere eigene Erfahrung lehrt uns aber, dass geschäftliche und wissenschaftliche Präsentationen sowohl für das Publikum als auch für den Präsentierenden zu beträchtlichem »Leiden« führen können. Möchten wir klarer, wahrhaftiger, schöner und intelligenter kommunizieren, müssen wir über das als »normal« Betrachtete hinausgehen und die Messlatte höher legen. Bei der Vorbereitung und Darbietung von Präsentationen achte ich bei jedem Schritt vor allem auf die Prinzipien von Beschränkung, Einfachheit und Natürlichkeit: Beschränkung bei der Vorbereitung. Einfachheit bei der Gestaltung. Natürlichkeit im Vortrag. All dies führt am Ende zu mehr Klarheit – für uns und unser Publikum. Die wichtigsten Ratschläge, die Aristoteles vor etwa 2.300 Jahren oder Dale Carnegie in den 1930ern gegeben haben, haben sich nur unwesentlich geändert. Leider entspricht es nicht der gängigen Praxis, was der gesunde Menschenverstand uns eigentlich über Präsentationen sagt. Der Presentation-Zen-Ansatz stellt die heute üblichen Ansichten zur Gestaltung von Folienpräsentationen auf den Prüfstand und ermutigt uns, die Gestaltung und Vorführung unserer Präsentationen mit anderen Augen zu sehen.

Keine Methode, sondern ein Ansatz

Presentation Zen ist keine Methode, sondern ein Ansatz. Der Begriff »Methode« impliziert einen systematischen, geplanten und linearen Schritt-für-Schritt-Prozess, eine konkrete und erprobte Vorgehensweise, die Sie in logischer, geordneter Weise von A bis Z nachlesen und nachvollziehen können. Der Presentation-Zen-Ansatz zeigt hingegen einen Weg, eine Richtung, eine Geistesverfassung – vielleicht sogar eine Philosophie –, aber keine formelhaften Regeln, die Sie befolgen müssten. Methoden sind wichtig und notwendig. Es gibt jedoch keine Wundermittel und ich liefere keine fertigen Erfolgsrezepte. Ob Sie Erfolg haben, hängt von Ihnen und Ihrer ganz individuellen Situation ab. Ich biete Ihnen jedoch Richtlinien an, die die konventionellen Ansichten über LivePräsentationen mit Multimedia hinterfragen.

Ganz ähnlich verhält es sich auch mit Zen. Es handelt sich weniger um ein Regelwerk oder Dogma, dem alle auf dieselbe Weise folgen müssten. Vielmehr ist es eine Lebensanschauung und eine Lebensart. Es gibt viele Wege zur Erleuchtung. Der Kern des Zen ist das Bedürfnis nach persönlicher Achtsamkeit und die Fähigkeit, zu sehen und zu entdecken. Zen ist pragmatisch. Es geht um das Hier und Jetzt. Und beim Präsentieren geht es ebenfalls um das Hier und Jetzt. Dieses Buch soll Ihnen helfen, sich von den Fesseln der herkömmlichen Ansichten über Präsentationen zu befreien. Sie sollen Präsentationen mit anderen Augen und auf eine Weise sehen, die einfacher, natürlicher und auf jeden Fall zweckmäßiger ist.

Keine Präsentation gleicht der anderen

Multimediale Präsentationen eignen sich nicht für jede Situation. Wenn Sie beispielsweise vor einem kleinen Publikum datenintensive Fakten präsentieren möchten, sollten Sie die Diskussionspunkte am besten ausdrucken, sie verteilen und sie gemeinsam besprechen. In anderen Situationen wären Whiteboards, Flipcharts oder ein ausgedrucktes Dokument mit detaillierten Grafiken am besten geeignet. Keine Situation gleicht der anderen. Im Mittelpunkt dieses Buchs stehen größtenteils Präsentationen, bei denen die Verwendung von Multimedia für Ihre besondere Situation die beste Entscheidung *ist*, doch genauso können Sie viele der vermittelten Prinzipien auch ohne den Einsatz von Technik an Ihre Situation anpassen.

Außerdem geht es in diesem Buch nicht in erster Linie um Softwareprogramme. Wenn Sie aber Prinzipien wie Beschränkung und Einfachheit im Hinterkopf behalten, erhalten Sie mithilfe der vorliegenden Lektionen bessere Anschauungsmaterialien, die zu Ihrer ganz speziellen Situation passen. Ich glaube nicht, dass es wesentlich ist, möglichst viele Software-Funktionen zu kennen. Ich halte es für wichtiger, sich auf die Prinzipien und die wenigen wichtigen Techniken zu konzentrieren. Der Zen-Meister Daisetz T. Suzuki sagt hinsichtlich der Technik des Schwertkampfmeisters Odagiri Ichiun: »Das erste Prinzip der Kunst ist, sich nicht auf technische Tricks zu verlassen. Die meisten Schwertkämpfer beschäftigen sich zu sehr mit der Technik und machen diese manchmal zu ihrem Hauptanliegen.« Die meisten Präsentatoren beschäftigen sich bei der Vorbereitung und dem Vortrag zu sehr mit der Software. Das Ergebnis sind häufig vollgestopfte Folien und Vorträge, die weder fesselnd noch einprägsam sind.

Selbstverständlich ist es wichtig, die Grundfunktionen der Software zu beherrschen. Es ist wichtig, sich mit Vortragstechniken auszukennen. Aber die Technik ist nicht der Kern. Die Kunst der Präsentation geht über die Technik hinaus und verleiht uns die Möglichkeit, Mauern niederzureißen und eine Verbindung zum Publikum herzustellen, sodass wir auf eine sehr zweckmäßige, einzigartige Weise informieren oder überzeugen können.

Präsentation Zen können Sie auch am Whiteboard erreichen. Entscheidend sind dabei eine gute Vorbereitung, die visuelle Umsetzung und Ihre Interaktion mit dem Publikum.

Bei einem größeren Publikum kann Multimedia unsere Botschaft sehr gut verstärken, aber der Kontakt zum Publikum und dessen Beteiligung sind unerlässlich.

Präsentationen in der heutigen Zeit

Man könnte meinen, es hätte schon seit jeher computergenerierte Folienpräsentationen gegeben. In Wirklichkeit sind sie erst seit etwa 20 bis 25 Jahren allgemein üblich. Im Jahr 1987 wurde PowerPoint 1.0 von Robert Gaskins und Dennis Austin im Silicon Valley entwickelt, um Präsentationen auf dem Mac zu zeigen. PowerPoint war cool. Und es funktionierte. Noch im selben Jahr verkauften Gaskins und Austin die Anwendung an Microsoft. Ein paar Jahre später erschien eine Version für Windows und (oh je!) seither ist die Welt nicht mehr, was sie früher einmal war. Der bekannte Autor Seth Godin, der mehr schlechte Präsentationen gesehen hat, als ein einzelner Mensch ertragen sollte, brachte im Jahr 2001 das E-Book *Really Bad PowerPoint* heraus. Dies wurde das bestverkaufte Buch jenen Jahres. In Really Bad PowerPoint schrieb er: »PowerPoint könnte das wirkungsvollste Werkzeug auf Ihrem Computer sein, aber das ist es nicht. In Wirklichkeit ist es ein kläglicher Fehlschlag. So gut wie jede PowerPoint-Präsentation stinkt nach verfaulten Eiern.«

Ein wichtiger Grund für das Misslingen so vieler Präsentationen mit Folien oder anderer multimedialer Unterstützung ist die Tatsache, dass die visuellen Ausgabegeräte mittlerweile nur noch als Behälter für massenweise Text dienen. Gemäß John Sweller, der in den 1980er Jahren die kognitive Belastungstheorie entwickelte, ist die Verarbeitung von Informationen schwieriger, wenn uns diese gleichzeitig in verbaler und in geschriebener Form dargeboten werden. Da wir nur schlecht gleichzeitig lesen und zuhören können, sind Folien mit viel Text zu vermeiden. Andererseits *können* multimedial dargebotene visuelle Informationen, auch die Visualisierung quantitativer Informationen, während eines Vortrags über die visuellen Inhalte verarbeitet werden.

Die meisten von uns wissen intuitiv, dass Präsentationsfolien für einen Vortrag von 20 Minuten Dauer nicht geeignet sind. Wäre es vielleicht besser, einfach zu schweigen, sodass die Präsentationsteilnehmer die Folien lesen können? Aber dies wirft ein Problem auf: Warum sind Sie überhaupt anwesend? Eine gute mündliche Präsentation unterscheidet sich von einem gut verfassten Textdokument. Und wenn Sie versuchen, beides zu kombinieren, erhalten Sie schlechte Präsentationen und schlechte Dokumente, wie ich weiter hinten in diesem Buch erläutern werde.

Ein langer Weg liegt vor uns

Zwar hat sich die Präsentationstechnik mit den Jahren entwickelt; die Präsentationen selbst haben sich deshalb aber nicht unbedingt verbessert. Heute werden täglich Millionen von Präsentationen mithilfe von Computeranwendungen wie PowerPoint und Keynote (von Apple, Inc.) oder Cloud-basierten Anwendungen gehalten. Trotzdem sind die meisten Präsentationen nach wie vor todlangweilig und verlangen sowohl dem Präsentierenden als auch dem Publikum einiges Duldungsvermögen ab oder die Folien sind aufwändig dekoriert und mit übertriebenen Animationen versehen, sodass sie selbst von sauber recherchierten Inhalten ablenken. Präsentationen sind nach wie vor allgemein ineffektiv. Es fehlt den Präsentierenden nicht etwa an Intelligenz oder Kreativität. Vielmehr haben sie sich schlechte Gewohnheiten angeeignet und es mangelt ihnen an Bewusstsein und Kenntnissen darüber, was eine großartige Präsentation ausmacht.

Obwohl sich die Präsentationstechniken mit dem Fortschreiten der digitalen Technologie geändert haben, sind die Grundlagen effektiver Präsentationen heute grundsätzlich dieselben wie seit jeher. Gleichgültig, welche Software Sie verwenden – oder ob Sie überhaupt digitale Hilfsmittel nutzen – der Kern sind nach wie vor die Prinzipien der Beschränkung, Einfachheit und Natürlichkeit.

Und gleichgültig, wie stark wir uns in einer Live-Präsentation auf unsere Software stützen: Wir sollten die Tools und Techniken möglichst nur dazu verwenden, eine persönliche Verbindung zwischen dem Publikum und dem Sprecher herzustellen, zu vereinfachen und zu fördern. Die neuesten Werkzeuge und Techniken können die Überbringung Ihrer Botschaft in großartiger Weise ermöglichen und unterstützen. Sie müssen jedoch intelligent, mit der notwendigen Beschränkung und auf eine Weise genutzt werden, die natürlich und echt wirkt. Sonst werden sie zu Kommunikationsbarrieren.

Gleichgültig, wie eindrucksvoll die Technik in Zukunft sein wird, egal, wie viele Funktionen und Effekte noch hinzugefügt werden: Die »Technologie« der Seele hat sich nicht verändert. Technologien sind nur insofern nützlich, als die Präsentationen dadurch klarer und einprägsamer, die zwischenmenschlichen Beziehungen stärker werden, denn diese sind die Grundlage der Kommunikation. Sinnvoll eingesetztes Multimedia kann dies leisten.

Die Präsentationsgeneration

Heute ist die Fähigkeit, eine wirkungsvolle Präsentation zu halten, die das ganze Gehirn jedes Zuhörers beschäftigt, wichtiger denn je. Mancher nennt unser modernes Zeitalter die »Präsentationsgeneration«. Die Fähigkeit zum leidenschaftlichen, klaren und visuellen Präsentieren ist heute wichtiger denn je. Ein Grund ist die unglaubliche potenzielle Reichweite unseres Vortrags. Dies ist größtenteils der Macht des Online-Videos geschuldet. Was Sie sagen und was Sie visuell präsentieren, kann nun unkompliziert und preiswert auf HDVideo aufgenommen und weltweit für jedermann zugänglich gemacht werden. Das Poten- zial unserer Rede oder Präsentation, etwas zu bewegen – vielleicht sogar die Welt zu ändern – geht weit über das gesprochene Wort hinaus. Worte sind wichtig. Würde es aber nur um Worte gehen, könnten wir ein detailliertes Dokument aufsetzen, es verteilen – und fertig. Eine effektive Präsentation erlaubt es uns, die Bedeutung unserer Worte zu modulieren.

In seiner Präsentation über die Macht des Online-Videos bei der Verbreitung von innovativen Ideen auf der TED Global Conference im englischen Oxford erläuterte der TED-Kurator Chris Anderson im Jahr 2010, welch starke Macht die Kommunikation von Angesicht zu Angesicht ausüben und welche Änderungen sie anstoßen könne. Anderson unterstrich die Tatsache, dass Informationen normalerweise beim Lesen schneller aufgenommen werden können – dass aber die notwendige Tiefe häufig fehlt. Präsentationen sind unter anderem wegen ihrer visuellen Wirkung und des mündlichen Vortrags so effektiv. Die Folien, die Struktur und das gesprochene Wort sind unwiderstehliche Aspekte einer Präsentation, sogar einer aufgezeichneten und über das Web verbreiteten Präsentation. Anderson sagt jedoch auch, dass noch mehr mitspielt:

> *»Es wird sehr viel mehr vermittelt als nur Worte. Im nicht verbalen Bereich passiert etwas wirklich Magisches. Irgendwo in den körperlichen Gesten, dem Rhythmus der Stimme, dem Gesichtsausdruck, dem Augenkontakt, der Leidenschaft ... Es gibt Hunderte unbewusster Auslöser, die entscheiden, wie gut Sie verstehen und ob Sie inspiriert werden.«*

Anderson führt aus, dass uns die Kommunikation von Angesicht zu Angesicht angeboren ist. »Die Kommunikation von Angesicht zu Angesicht wurde in Millionen von Jahren von der Evolution verfeinert. Dadurch ist sie so geheimnisvoll mächtig geworden. Jemand spricht und dies findet in allen empfangenden Gehirnen Widerhall. [Dann] interagiert die gesamte Gruppe. Dies ist das Bindegewebe des menschlichen Superorganismus in Aktion. Seit vielen tausend Jahren wurde unsere Kultur dadurch vorangetrieben.«

Die Messlatte hochlegen und etwas bewegen

Organisationen wie TED haben bewiesen, dass gut gestaltete und fesselnde Präsentationen lehren, überzeugen und inspirieren können. An der Präsentationsfront gibt es Fortschritte. Im Ganzen gesehen sind die meisten geschäftlichen und wissenschaftlichen Präsentationen jedoch nach wie vor stumpfsinnige Veranstaltungen, die es – selbst bei wichtigem Inhalt – nicht schaffen, das Publikum zu fesseln.

Die Messlatte liegt hinsichtlich der Qualität von Präsentationen – besonders von Multimedia-gestützten Präsentationen – immer noch relativ niedrig. Dies muss aber nicht unbedingt ein Nachteil sein – betrachten Sie es vielmehr als Chance, anders zu präsentieren. Sie haben wichtige Ideen, die es wert sind, mitgeteilt zu werden. Also sollten Sie jetzt nicht zögern. Heutzutage sind oft Unternehmen und Organisationen auf der ganzen Welt dann besonders erfolgreich und innovativ, wenn sie individuelle und kreative Beiträge willkommen heißen. In diesem Sinne sollten Sie bei der Präsentation Ihrer Arbeit und Ihrer großartigen Ideen nicht zaghaft sein. Das Leben ist zu kurz. Wenn Sie etwas voranbringen möchten – einschließlich Ihrer eigenen Karriere –, dann spielt es eine große Rolle, wie Sie sich und Ihre Ideen präsentieren. Trauen Sie sich, anders zu sein!

Ein Publikum – in diesem Fall bestehend aus Studenten – das keine Verbindung zum Präsentator und dessen Botschaft aufgebaut hat.

Ein Publikum, das sich für die Präsentatorin und ihre Botschaft interessiert.

Präsentationen im »Konzeptzeitalter«

Eines meiner Lieblingsbücher ist Daniel Pinks Bestseller *Unsere kreative Zukunft*. Tom Peters nannte das Buch »ein Wunder«. Das hat einen guten Grund. *Unsere kreative Zukunft* bereitet den Weg für den Presentation-Zen-Ansatz in der heutigen Welt. Pink und andere nannten diese Ära das »Konzeptzeitalter«, in denen »High-Touch«- und »High-Concept«Kompetenzen eine herausragende Rolle spielen.

»Die Zukunft gehört einem anderen Menschenschlag«, sagt Pink. »Dazu gehören Designer, Erfinder, Lehrer, Geschichtenerzähler – kreative und einfühlsame ›Rechtshirndenker‹«.

In *Unsere kreative Zukunft* zeichnet Pink ein genaues und anschauliches Bild der Herausforderungen und Chancen, denen wir uns in der heutigen Geschäftswelt gegenübersehen. Pink stellt fest, dass wir in einer anderen Ära, einem anderen Zeitalter leben. Dies ist ein Zeitalter, in dem »anders Denkende« einen höheren Stellenwert erhalten. Nach Pink leben wir in einer Ära, die von einer anderen Denkweise und einer neuen Lebensart geprägt ist – »einem Zeitalter, in dem Kompetenzen, die ich ›High Concept‹ und ›High Touch‹ nenne, besonders wichtig sind. ›High Concept‹ beinhaltet die Fähigkeit, Muster und Chancen zu erkennen, künstlerische und emotionale Schönheit zu schaffen, eine überzeugende Erzählung auszuarbeiten ...«

Nun sagt Pink nicht, dass die im Informationszeitalter so wichtigen Fähigkeiten wie logisches und analytisches (sogenanntes »linkshirniges«) Denken im heutigen Konzeptzeitalter keine Rolle mehr spielen würden. Tatsächlich hat logisches Denken keineswegs an Bedeutung verloren. Nur mit der rechten Hirnhälfte kann die Internationale Raumstation (ISS) nicht betrieben und keine Krankheit geheilt werden. Logisches Denken ist notwendig. Trotzdem wird immer deutlicher, dass logisches Denken alleine keine ausreichende Erfolgsbedingung für Menschen und Unternehmen ist. Rechtshirniges Denken ist ebenso wichtig und in manchen Fällen sogar wichtiger als linkshirniges Denken. (Die Unterscheidung »Linkshirn/Rechtshirn« ist eine Metapher, die auf tatsächlichen Unterschieden zwischen den beiden Hirnhälften basiert. Ein gesunder Mensch verwendet selbst für einfache Aufgaben beide Gehirnhälften.)

Ein zentraler Gedanke im Buch *Unsere kreative Zukunft* dreht sich um die sechs »Sinne« oder die sechs »Kompetenzen der rechten Hirnhälfte«, die laut Pink notwendig sind, um in unserer von gegenseitiger Abhängigkeit und zunehmender Automatisierung und Ausgliederung geprägten Welt beruflich erfolgreich zu sein.

Die sechs Kompetenzen sind Design, Geschichten, Symphonie, Einfühlungsvermögen, Spiel und Sinn. Es genügt nicht, diese Fähigkeiten zu beherrschen. Sie müssen vielmehr entsprechend eingesetzt werden, um in der heutigen Berufswelt Erfolg zu haben und persönliche Erfüllung zu finden. Bei der nun folgenden Erläuterung dieser Kompetenzen beziehe ich mich auf multimediale Präsentationen. Sie könnten die sechs Kompetenzen jedoch auch auf die Kunst des Spiele-Designs, der Programmierung, des Produkt-Designs, Projektmanagements, auf das Gesundheitswesen usw. anwenden. Die folgende Folie visualisiert die wesentlichen Punkte aus Pinks Buch.

Diese Folie verwende ich, wenn ich die sechs Kompetenzen aus Dan Pinks Buch Unsere kreative Zukunft *vorstelle. Für die Folie kamen Fotorahmen, Klebeband, Hintergrund und Bilder von Shutterstock zum Einsatz.*

Design

Für viele Geschäftsleute bleibt Design wie die Glasur auf einem Kuchen an der Oberfläche. Es ist nett, aber nicht unternehmenskritisch. Für mich ist dies aber kein Design, sondern einfach Dekoration. Dekoration im guten und im schlechten Sinne ist sichtbar. Sie ist manchmal angenehm und manchmal störend und sie ist unverkennbar vorhanden. Die besten Designs sind jedoch so gut gemacht, dass der Betrachter sie niemals bewusst wahrnimmt. Denken Sie an das Design eines Buchs oder der Beschilderung in einem Flughafen. Wir bemerken die Botschaft, die durch das Design in aller Deutlichkeit gezeigt wird, aber nicht die Farbpalette, die Typografie, das Konzept usw.

Design steht am Anfang, nicht am Ende – es ist keine nachträgliche Idee. Wenn Sie in Ihrer Präsentation Folien verwenden, beginnen Sie schon in der Vorbereitungsphase, noch bevor Sie Ihren Computer einschalten, mit dem Design. Während der Vorbereitungsphase sollten Sie zur Ruhe kommen und Ihre Gedanken sammeln, sodass Sie über das Thema, Ihre Ziele, Kernaussagen und das Publikum nachdenken können. Erst dann beginnen Sie, Ideen aufzuzeichnen, die Sie in digitaler Form verwirklichen möchten.

Geschichten

Fakten, Informationen, Daten. Die meisten davon sind online verfügbar oder können den Menschen per E-Mail, als PDF oder ausgedruckt per herkömmlicher »Schneckenpost« übermittelt werden. Noch nie waren Daten und Fakten so breitflächig zugänglich wie heute. Der Kognitionswissenschaftler Mark Turner nennt das Erzählen von Geschichten »erzählerische Bildhaftigkeit« und bezeichnet es als Kerninstrument der Gedanken. Wir sind darauf geeicht, Geschichten zu erzählen und zu empfangen. Wir alle sind geborene Geschichtenerzähler (und Zuhörer). Als Kinder freuten wir uns darauf, in der Klasse über unsere Erlebnisse zu berichten, und wir trafen uns in Pausen und Hohlstunden mit unseren Freunden, um uns über echte Dinge und reale Vorkommnisse auszutauschen, die zumindest für uns wichtig waren.

Aber irgendwann während unseres Heranwachsens wurde der Begriff »Geschichten« zu einem Synonym für Ausgedachtes oder sogar die Unwahrheit. Also wurden Geschichten im geschäftlichen und wissenschaftlichen Bereich an den Rand gedrängt, weil sich ernsthafte Menschen damit nicht beschäftigen sollten. Den Äußerungen von Studenten habe ich jedoch entnommen, dass die besten Professoren diejenigen sind, die wahre Geschichten erzählen. Aus dem

Blickwinkel meiner Studenten arbeiten die besten Professoren nicht einfach das Material im Lehrbuch durch. Sie bringen vielmehr ihre eigene Persönlichkeit, ihren Charakter und ihre Erfahrung in Form einer aufschlussreichen, fesselnden und eingängigen Erzählung in die Materie ein. Geschichten können vorteilhaft eingesetzt werden – zum Lernen, zum Austausch, zur Erläuterung und natürlich zum ehrlichen Überzeugen.

Symphonie

Im Informationszeitalter waren Konzentration, Spezialisierung und Analyse wichtig. Im Konzeptzeitalter ist jedoch die Fähigkeit, scheinbar nicht zusammengehörige Sachverhalte zu einem großen Ganzen zusammenzuführen, wesentlich geworden. Pink nennt diese Kompetenz »Symphonie.«

Die besten Präsentatoren können Zusammenhänge aufzeigen, die wir vorher möglicherweise nicht gesehen haben. Sie erkennen die Zusammenhänge zwischen Zusammenhängen. Symphonie erfordert, dass wir auf eine neue Weise sehen – wirklich sehen. Jeder kann Informationsbrocken zeigen und Aufzählungslisten mit Untersuchungsergebnissen auf die Leinwand werfen. In Wirklichkeit benötigen wir jedoch Menschen, die die Nuancen und die möglicherweise in einem komplexen Problem enthaltene Einfachheit erkennen. In der Welt der Präsentation bedeutet Symphonie nicht, Informationen mithilfe der markanten Floskeln und Sprüche, die in den Massenmedien so populär sind, zu vermitteln. Symphonie bedeutet, unserer Welt (d.h. unserem Thema) mit der gesamten Gehirnkapazität – Logik, Analyse, Synthese, Intuition – Sinn zu geben, das große Bild zu erkennen und vor der eigentlichen Präsentation das Wichtige vom Unwichtigen zu trennen, um Letzteres wegzulassen.

Einfühlungsvermögen

Gutes Einfühlungsvermögen macht aus, sich in die Lage anderer versetzen zu können. Es geht dabei darum, uns in die Lage anderer zu versetzen. Dazu gehört, dass wir uns der Wichtigkeit der von uns und anderen ausgesandten nichtverbalen Zeichen bewusst sind. Gute Designer können sich beispielsweise in die Lage des Nutzers, Kunden oder Präsentationsteilnehmers versetzen. Möglicherweise ist dies mehr eine Begabung als eine Fertigkeit, die man sich aneignen kann. Trotzdem kann sich jeder darin verbessern. Durch Einfühlungsvermögen kann ein Präsentator unmittelbar erkennen, ob sein Publikum ihm folgen kann oder nicht, und seinen Vortrag entsprechend anpassen.

Spiel

Im Konzeptzeitalter, sagt Pink, wird die Arbeit nicht nur von der Ernsthaftigkeit, sondern auch vom Spielerischen bestimmt. Zwar gleicht keine Präsentationssituation der anderen; aber in vielen Situationen können Spiel und Humor viel dazu beitragen, dass eine Präsentation genießbar wird. In diesem Zusammenhang sind mit Humor keine Witze oder clowneske Formlosigkeit gemeint, sondern vielmehr guter altmodischer Humor, der das Publikum zum Lachen bringt. In Pinks Buch erklärt der indische Arzt Madan Kataria, dass ernsthafte Menschen häufig für bessere Geschäftsleute gehalten werden, weil sie verantwortungsvoller seien. Er fährt fort: »[Aber] das ist nicht richtig. Das ist eine veraltete Denkweise. Lachende Menschen sind kreativer und produktiver.«

Irgendwann wurde uns die Vorstellung eingeimpft, dass eine echte Business- oder wissenschaftliche Präsentation langweilig und humorlos sein müsse – sie darf nicht genossen, sondern muss ertragen werden. Und Multimedia-Präsentationen seien umso besser, je komplizierter, detaillierter und schwerer erkennbar sie seien. Es bleibt zu hoffen, dass diese weit verbreitete Ansicht schon bald der Vergangenheit angehören wird.

Den besten Präsentatoren (und Lehrern) gelingt es, ihre Zuhörerschaft auf spielerische Art und Weise zu begeistern.

Sinn

Eine Präsentation ist eine Gelegenheit, die Welt ein klein wenig zu verbessern, ob nun in Ihrer Gemeinde, Ihrem Unternehmen oder an Ihrer Schule bzw. Universität. Eine Präsentation mit schlechtem Verlauf kann verheerende Auswirkungen auf Ihr Ego (und Ihre Karriere) haben. Eine gelungene Präsentation kann hingegen sowohl für Sie als auch für das Publikum äußerst erfüllend sein und sogar Ihre Karriere fördern. Man könnte sagen, dass wir unserem Leben von Natur aus einen Sinn geben möchten. Wir möchten uns selbst verwirklichen und andere daran teilhaben lassen. Wenn Sie Glück haben, finden Sie Erfüllung in Ihrem Beruf. Dann erfüllt Sie auch die Möglichkeit, Ihr Expertenwissen – Ihre Geschichte – anderen mitzuteilen. Es ist äußerst befriedigend, als wichtig empfundenes Wissen mit anderen zu teilen oder ihnen etwas Bedeutsames beizubringen. Das Publikum hat sich so sehr an todlangweilige PowerPoint-Präsentationen gewöhnt, dass es diese als normal oder sogar als ideal empfindet. Wenn Sie die Sache jedoch anders angehen und die Erwartungen übertreffen möchten, zeigen Sie, dass Sie über das Publikum nachgedacht und Ihre Hausaufgaben gemacht haben, dass Sie Ihr Thema kennen und dass es Ihnen wichtig ist, gerade hier und jetzt anwesend zu sein. Dann haben Sie gute Chancen, etwas zu bewirken, und wenn es nur im bescheidensten Rahmen ist. Selbst darin kann ein tiefer Sinn liegen.

Design. Geschichten. Symphonie. Einfühlungsvermögen. Spiel. Sinn. Dan Pinks Buch *Unsere kreative Zukunft* zeigt uns die neue Welt, in der wir leben und erklärt, warum »HighTouch«-Kompetenzen – und dazu gehören auch herausragende Präsentationsfähigkeiten – heute so wichtig sind. Im geschäftlichen Umfeld müssen wir weltweit verstehen, wie und warum die Kompetenzen der rechten Gehirnhälfte, also Design, Geschichten, Symphonie, Einfühlungsvermögen, Spiel und Sinn wichtiger sind denn je. Die besten Präsentationen unserer Generation werden von begabten Ingenieuren, Geschäftsführern und Kreativen gestaltet, die ihr ganzes Gehirn einsetzen können. Wenn Sie die sechs Kompetenzen im Zusammenspiel mit anderen wichtigen – zum Beispiel analytischen – Fähigkeiten nutzen, werden Sie es als Kommunikator im Konzeptzeitalter weit bringen.

La Ciudad de las Ideas

Seth Godin

Referent, Blogger und Autor des Buchs »This is Marketing«
www.sethgodin.com

Der Marketing-Guru und herausragende Präsentator Seth Godin sagt, dass es beim Präsentieren auf die Vermittlung von Gefühlen ankommt.

Es spielt keine Rolle, ob Sie in einer Kirche, einer Schule oder in einem Fortune-100-Unternehmen überzeugen möchten: Sie verwenden wahrscheinlich PowerPoint. PowerPoint wurde von Ingenieuren als Werkzeug zur Verbesserung der Kommunikation mit der Marketingabteilung entwickelt. Es ist eine bemerkenswerte Software, weil es eine sehr dichte verbale Kommunikation ermöglicht. Natürlich könnten Sie auch ein Memo schicken; aber so etwas liest heutzutage keiner mehr. Unsere Unternehmen werden immer schnelllebiger und deshalb benötigen wir eine Möglichkeit, Ideen rasch und anschaulich zu vermitteln. Bühne frei für PowerPoint.

PowerPoint könnte das wichtigste Programm auf Ihrem Computer sein. Aber das ist es nicht. Zahllose Innovationen schlagen fehl, weil ihre Verfechter PowerPoint nicht auf die richtige Weise nutzen, sondern genau so, wie Microsoft es vorgesehen hat.

Bei der Kommunikation geht es darum, andere von Ihrem Standpunkt zu überzeugen, sodass sie verstehen, warum Sie so begeistert (oder traurig oder optimistisch usw.) sind. Wenn Sie wirklich nur Fakten und Zahlen zeigen möchten, dann sagen Sie das Meeting ab und schicken Sie einen Bericht.

Unser Gehirn besteht aus zwei Hälften. Die rechte Hälfte ist emotional, musikalisch und gefühlvoll. Die linke Seite ist auf Geschicklichkeit, Fakten und harte Daten geprägt. Wenn Sie eine Bühne betreten, um eine Präsentation zu halten, nutzen die Teilnehmer beide Gehirnhälften. Mit der rechten Seite beurteilen sie Ihre Sprechweise, Kleidung und Körpersprache. Häufig machen sich die Teilnehmer etwa während der zweiten Folie ein endgültiges Bild von Ihrer Präsentation. Danach können Sie mit Ihren Aufzählungspunkten häufig nicht mehr viel zum Positiven wenden. Mit mangelnder Logik oder nicht bestätigten Fakten können Sie den ganzen Kommunikationsprozess ruinieren; wenn Sie aber keine Emotionen einbringen, ist Ihre Präsentation von Vornherein zum Scheitern verurteilt. Kommunikation ist die Weitergabe von Gefühlen.

Wenn jeder im Raum ganz Ihrer Meinung wäre, wäre die Präsentation überflüssig, oder? Sie könnten mit einem einseitigen Projektbericht, den sie an jeden Präsentationsteilnehmer verteilen, viel Zeit sparen. Der Sinn Ihrer Präsentation besteht aber darin, Ihren Standpunkt darzulegen, eine oder mehrere Ideen zu verkaufen. Wenn Sie an Ihre Idee glauben, verkaufen Sie sie. Legen Sie Ihren Standpunkt möglichst unmissverständlich dar. Ihr Publikum wird es Ihnen danken, weil jeder von uns im tiefsten Inneren überzeugt werden möchte.

Wie sofortige Verbesserungen erzielt werden

Achten Sie vor allem darauf, dass Ihre Folien nicht einfach Ihre gesprochenen Worte wiederholen, sondern diese verstärken. Ihre Folien sollten auf emotionale Weise zeigen, dass Ihre Argumente nicht einfach präzise, sondern vielmehr wahr sind. Setzen Sie nicht mehr als sechs Wörter auf eine Folie. NIEMALS. Keine Präsentation ist so komplex, dass sie ein Abweichen von dieser Regel rechtfertigt. Zweitens: Verwenden Sie keine kitschigen Bilder. Verwenden Sie professionelle

Agenturfotos. Sie sprechen über die Luftverschmutzung in Frankfurt? Zeigen Sie mir keine endlosen statistischen Daten, sondern lesen Sie mir diese vor und zeigen Sie mir stattdessen Fotos von toten Vögeln, Smog oder sogar einer kranken Lunge! Das ist gemogelt! Nicht fair! Aber es funktioniert.

Drittens: keine sich auflösenden oder rotierenden Elemente oder andere Animationen. Einfacher ist besser.

Viertens: Erstellen Sie ein Textdokument, das die Teilnehmer mit nach Hause nehmen können. Versehen Sie es mit so vielen Fußnoten oder Details, wie Sie möchten. Zu Beginn Ihrer Präsentation machen Sie die Teilnehmer dann darauf aufmerksam, dass Sie ihnen nach der Präsentation alle notwendigen Fakten mitgeben werden und dass sie sich deshalb keine Notizen machen müssen. Denken Sie daran: Der Sinn der Präsentation besteht darin, dass Sie mithilfe von Emotionen etwas verkaufen möchten. Das Dokument hilft den Teilnehmern, die Ideen zu akzeptieren, die Sie ihnen verkauft haben. Verteilen Sie keine Ausdrucke Ihrer Folien. Diese ergeben ohne Ihre Anwesenheit keinen Sinn.

Der Rest ist einfach: Sie zeigen eine Folie. Diese löst bei den Teilnehmern eine emotionale Reaktion aus. Sie merken auf und möchten wissen, was Sie zu diesem Bild zu sagen haben. Wenn Sie es richtig machen, sieht das Publikum das Bild vor sich, sobald es an Ihre Worte denkt (und umgekehrt). Sicherlich gehen die wenigsten so vor. Die meisten sind aber damit beschäftigt, den Status Quo zu verteidigen (das ist einfach), während Sie damit beschäftigt sind, tolle Innovationen voranzubringen – und das ist schwierig.

Lyza Danger Gardner

Beispielfolien

Dies sind einige Beispielfolien aus einer von Seths Präsentationen. Ohne seinen Vortrag sind diese so gut wie bedeutungslos. In Verbindung mit Seths fesselndem Vortrag ergibt sich jedoch eine einprägsame Geschichte.

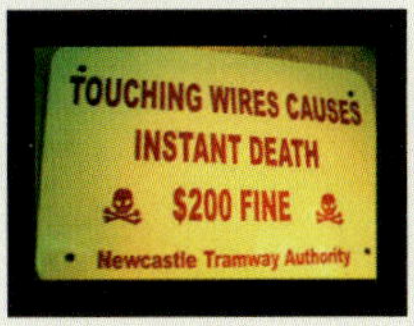

Ein neues Zeitalter erfordert einen neuen Denkansatz

Heutzutage erfordert eine effektive Kommunikation andere Kompetenzen als früher. Es genügt nicht mehr, einfach lesen und schreiben zu können. Vielmehr ist die visuelle Kommunikation wichtig geworden. Wir müssen verstehen, welche Macht den Bildern bei der Vermittlung wichtiger Botschaften innewohnt.

Menschen, die Folien für Live-Präsentationen gestalten, betrachten PowerPoint normalerweise als eine Art Textverarbeitung. Ihre Methoden und Techniken sind stark von der herkömmlichen Arbeitsweise bei der korrekten Erstellung von Geschäftsdokumenten wie Briefen, Berichten, Tabellen usw. geprägt. Viele Geschäftsleute und Studenten betrachten Multimedia-Folien als aufgepeppte Overheadfolien mit Platzhaltern für Text, Aufzählungspunkte und Clip-Art-Grafiken.

Wenn Sie ein besserer Präsentator werden möchten, dann genügen die Ratschläge in den Büchern über PowerPoint und Vortragstechniken (einschließlich diesem) nicht. Auch wenn diese Bücher ihre Berechtigung haben, sollten Sie sich auch andere erprobte Techniken des visuellen Geschichtenerzählens aneignen. Dokumentarfilme etwa erzählen wahre Geschichten und kombinieren Hintergrundkommentare, Interviews, Audio, wirkungsvolle Videos und Standbilder und manchmal auch Text. Alle diese Elemente können Sie auch in Ihre LivePräsentationen einbeziehen. Filme und Präsentationen sind verschiedenartige Medien, aber doch nicht so verschiedenartig, wie Sie auf den ersten Blick annehmen könnten. Auch große Filme wie *Citizen Kane*, *Casablanca*, Kurosawas *Ikiru* und selbst die *Star-Wars-Trilogien* lehren uns wichtige Lektionen über das Erzählen von Geschichten und die visuelle Kommunikation.

Die Cartoon-Kunst ist ein weiterer Bereich, in dem Sie nach Inspiration suchen können. Hier werden Texte und Bilder auf äußerst effektive und kraftvolle Weise miteinander zu einer fesselnden und einprägsamen Erzählung kombiniert. Cartoons und Filme sind zwei wichtige Beispiele, wie Geschichten durch Bilder erzählt werden. Eine Präsentation für eine Konferenz oder eine Keynote-Ansprache hat mehr mit einem Dokumentarfilm oder einem guten Comic gemeinsam als mit einem herkömmlichen statischen Geschäftsdokument.

Loslassen

Zum Presentation-Zen-Ansatz gehört auch, dass Sie vergessen, was Sie in der PowerPointÄra mit ihren schablonenhaften Folien über die Gestaltung von Präsentationen und den Vortrag gelernt haben. Als Erstes müssen wir unsere Vergangenheit und unser Wissen – oder vermeintliches Wissen – über die Gestaltung von Präsentationen hinter uns lassen. Nur dann können wir uns neuen Präsentationsformen öffnen. Pro Folie sieben Sätze und ein paar willkürlich hingestreute ClipArt-Grafiken? Wegen so etwas wurde noch niemandem gekündigt, oder? Wenn wir jedoch der Vergangenheit verhaftet bleiben, können wir nichts Neues lernen. Wir müssen unseren Geist öffnen, sodass wir die Realität der Welt aus einer neuen Perspektive erkennen können. Wie der große Meister Yoda (in einer weit entfernten Galaxie) einst sagte: Wir müssen verlernen, was wir gelernt haben.

Bild in dieser Folie: Shutterstock.com

ÜBUNG

Halten Sie entweder alleine oder in Ihrer Arbeitsgruppe eine Brainstorming-Sitzung ab. Untersuchen Sie dabei alle momentanen Ansichten und Präsentationsrichtlinien in Ihrer Organisation. Inwiefern sind Ihre aktuellen Präsentationen aus dem Lot geraten? In welcher Hinsicht sind sie im Gleichgewicht? Welche Fragen sollten Sie sich bezüglich des Präsentationsdesigns und Vortrags stellen, die Sie in der Vergangenheit nicht gestellt haben? Welche Aspekte von Design und Vortrag waren sowohl für Sie als Präsentator als auch für Ihr Publikum problematisch? Haben Sie sich in der Vergangenheit zu stark auf Belanglosigkeiten konzentriert? Wie sehen diese Belanglosigkeiten aus und inwiefern können sie für eine neue Sichtweise sorgen?

Zusammenfassung

- Wie ein japanisches bento enthalten herausragende Folienpräsentationen entsprechende Inhalte, die auf eine möglichst effiziente, elegante Weise ohne überflüssige Dekoration angeordnet werden. Die Präsentation des Inhalts ist einfach, ausgewogen und schön.
- Presentation Zen ist keine unflexible Liste, der Sie in allen Fällen starr folgen müssen, sondern ein Ansatz. Viele Wege führen zu gut gestalteten Präsentationen und gelungenen Vorträgen.
- Die Kernprinzipien von Presentation Zen sind: Beschränkung in der Vorbereitung. Einfachheit im Design. Natürlichkeit im Vortrag. Diese Prinzipien können sowohl auf technische als auch auf nicht technische Themen angewandt werden.
- Langweilige, mit Text gefüllte Folien sind allgemein üblich und werden als normal betrachtet, aber sie sind nicht effektiv. Das Problem sind nicht die Werkzeuge oder Techniken – das Problem sind schlechte Gewohnheiten. Zwar sind manche Werkzeuge besser als andere; aber es ist durchaus möglich, mithilfe von Multimedia-Tools effektiv zu präsentieren
- Im Konzeptzeitalter ist es wichtiger denn je, gut präsentieren zu können. Gute Präsentationen beanspruchen das gesamte Gehirn. Sie zielen sowohl auf die Fähigkeiten der rechten als auch der linken Gehirnhälfte der Präsentationsteilnehmer.
- Bei Multimedia-gestützten Vorträgen geht es um das Erzählen von Geschichten, die durch Bilder und andere passende multimediale Elemente angereichert werden. Sie haben mit einem Dokumentarfilm mehr gemeinsam als mit einem Papierdokument.
- Im Lauf der Jahre haben wir uns einige negative Gewohnheiten angeeignet. Den ersten Schritt zur Veränderung gehen wir, wenn wir uns von der Vergangenheit lösen.

vorbereitung

In der freiwilligen Selbstbeschränkung liegt die größte Kraft.

– James Russell

2

Kreativität, Einschränkungen und Randbedingungen

In Kapitel 3 beschäftigen wir uns mit den ersten Schritten der Vorbereitungsphase. Zunächst wollen wir jedoch einen Schritt zurücktreten und ein Thema betrachten, das Sie bei der Vorbereitung einer Präsentation meist überhaupt nicht bedenken: Kreativität. Sie halten sich selbst vielleicht nicht für kreativ, geschweige denn für einen »Kreativen« wie etwa einen Designer, Autor, Künstler und so weiter. Die Entwicklung von Präsentationsinhalten ist aber ein kreativer Vorgang, ganz besonders dann, wenn bei der Vorführung multimediale Elemente eingesetzt werden.

Die meisten Studenten und Berufstätigen, die ich auf der ganzen Welt in Kursen und Seminaren treffe, halten sich selbst für »nicht besonders kreativ«. Darin schwingt zweifellos eine gewisse Bescheidenheit mit – ich glaube aber, die meisten Erwachsenen sind tatsächlich dieser Ansicht. Sie haben sich selbst davon überzeugt, dass der Begriff »kreativ« auf sie einfach nicht passt. Und doch sind diese Erwachsenen beruflich erfolgreich und sie führen meist ein glückliches und produktives Leben. Wie kann es sein, dass sie sich selbst nicht für kreativ oder ihre berufliche Stellung nicht für besonders anspruchsvoll in kreativer Hinsicht halten? Stellen Sie die Frage nach der eigenen Kreativität hingegen in einem Zimmer voller junger Kinder, dann wird fast jede Hand in die Höhe schnellen. Pablo Picasso sagte: »Alle Kinder sind Künstler. Das Problem ist, wie man ein Künstler bleiben kann, wenn man erst einmal erwachsen wird.« Dasselbe lässt sich auch über Kreativität sagen. Sie wurden kreativ geboren und Sie sind auch heute noch dieses kreative Wesen – egal, welche Karriere Sie inzwischen eingeschlagen haben. Es gibt viele Möglichkeiten, Ihrer Kreativität Ausdruck zu verleihen. Die Gestaltung und Durchführung einer wirkungsvollen Präsentation ist eine davon.

Das Erstellen von Präsentationen ist ein höchst kreativer Prozess. Dieser Prozess erfordert Vorstellungsvermögen und Intuition in gleicher Weise wie analytisches und logisches Denken; auch gestalterische Fähigkeiten spielen eine Rolle. Dabei spielt die rechte Gehirnhälfte eine ebenso bedeutende Rolle wie die linke und das Design ist wichtig. Wer sagt, dass sich Business und Kreativität gegenseitig ausschließen müssen? Geht es im Geschäftsleben nur um Zahlen und Verwaltung? Können Studenten künftig nicht bessere Führungspersonen werden, indem sie heute lernen, besser über Designfragen nachzudenken? Sind Design Thinking, bewusstes Design und Kreativität nicht für sämtliche Berufsgruppen wertvolle Fähigkeiten?

Sobald Ihnen klar wird, dass die Vorbereitung einer Präsentation kreatives Denken erfordert – die bloße Aneinanderreihung von Fakten und Daten genügt nicht –, werden Sie erkennen, dass die Vorbereitung einer Präsentation ein ganzheitlicher Vorgang ist, der Ihre rechte Gehirnhälfte ebenso fordert wie die linke. Für Ihre Recherchen und Vorbereitungen benötigen Sie sicherlich viel logisches Denkvermögen, Berechnungen und eine sorgfältige Beweisaufnahme – also die linke Gehirnhälfte. Die Überführung Ihrer Inhalte in ein präsentationsgerechtes Format wird dagegen Ihre rechte Gehirnhälfte viel stärker fordern. Präsentationen entsprechen einer ganzheitlichen Aufgabenstellung, die sowohl ein Denken in Bildern als auch in Worten erfordert. Wir müssen einen Blick fürs Detail haben, dürfen dabei aber nie das Gesamtbild aus den Augen verlieren.

Beginnen Sie mit dem Geist des Anfängers

Zen-Lehren sprechen häufig vom »Geist des Anfängers« oder »Geist des Kindes«. Wer dem Leben mit einem Anfängergeist begegnet, ist frisch und enthusiastisch wie ein Kind. Er steht den sich umfangreich bietenden Lösungsmöglichkeiten und Ideen aufgeschlossen gegenüber. Ein Kind weiß nicht, was unmöglich ist. Daher ist es offen für Erforschung, Entdeckung und Experimente. Wenn Sie mit dem Anfängergeist an kreative Aufgaben herangehen, dann sehen Sie die Dinge klarer. Ihre festgefahrenen Ansichten, Verhaltensmuster und herkömmlichen Denkschubladen stellen für Sie kein Hindernis mehr dar. Wer den Geist des Anfängers besitzt, belastet sich nicht durch alte Gewohnheiten. Er kümmert sich nicht zwanghaft darum, »wie es nun einmal gemacht wird«, oder darum, wie etwas hätte getan werden können oder sollen. Ein Anfänger ist offen, aufnahmefähig und sagt eher »warum nicht?« oder »probieren wir es doch einmal« statt »das hat noch keiner geschafft« oder »was werden die anderen denken?«.

Wenn Sie als echter Anfänger eine neue Herausforderung annehmen (selbst auch als gestandene Person), dann brauchen Sie sich nicht vor Fehlern oder Versagen zu fürchten. Gehen Sie Probleme im »Geist des Experten« an, sind Sie Ihren Möglichkeiten gegenüber häufig blind. Ihr Expertengeist ist in der Vergangenheit verhaftet; er interessiert sich nicht für das Neue, Andersartige und Unerprobte. Ihr Expertengeist wird sagen: »Das geht nicht« oder »Das sollte man nicht tun.« Ihr Anfängergeist wird sagen: »Ich frage mich, ob das wohl möglich ist?«

Wenn Sie mit dem Anfängergeist an eine Aufgabe herangehen, dann haben Sie keine Angst davor, falschzuliegen. Die Angst vor Fehlern und Ablehnung begleitet uns ständig. Und das ist wirklich ein Jammer. Fehler zu begehen, ist nicht dasselbe wie Kreativität – aber wenn Sie nicht bereit sind, Fehler zu machen, dann können Sie sich unmöglich wirklich kreativ entfalten. Wenn Ihre Geisteshaltung von Angst und von Risikovermeidung bestimmt ist, dann werden Sie sich stets für die sicheren Lösungen entscheiden – jene Lösungen, die schon zuvor vielfach erprobt wurden. Und manchmal ist der »ausgetretene Pfad« die beste Lösung. Sie sollten diesem Weg jedoch nicht automatisch folgen, ohne zunächst sein wirkliches Wesen zu erkennen. Wenn Sie allen Möglichkeiten gegenüber aufgeschlossen sind, dann stellen Sie vielleicht fest, dass der bekannteste Weg auch für Ihren speziellen Fall zugleich der beste Weg ist. Das wird dann allerdings keine gewohnheitsmäßige Entscheidung sein. Sie treffen Ihre Entscheidung dann reflektiert und im Geiste des Anfängers, mit klarem Blick und einer neuen Perspektive.

Kinder sind von Natur aus kreativ, verspielt und experimentierfreudig. Wenn Sie mich fragen, dann waren wir als junge Kinder am menschlichsten. Wir »arbeiteten« an unserer Kunst, manchmal stundenlang ohne Unterlass. Schließlich trugen wir sie ja in uns, aber ohne dass wir sie intellektualisiert hätten. Als wir älter wurden, schlichen sich Ängste und Zweifel ein, Selbstzensur und übermäßige Reflektion. Der kreative Geist ist immer noch in uns; er prägt unsere Identität. Wir brauchen uns nur die Kinder um uns herum anzusehen, um uns daran zu erinnern. Egal, ob Sie 28 oder 88 sind, es ist nie zu spät. Das Kind steckt noch immer in Ihnen.

»Der Geist des Novizen sieht viele Möglichkeiten,
der Geist des Experten hingegen nicht.«

– Shunryu Suzuki

Präsentation ist eine kreative Handlung

Kreative Energie und kreative Vorstellungskraft haben nicht alleine die Künstler dieser Welt – Maler, Bildhauer und so weiter – für sich gepachtet. Auch Lehrer sind auf die Schubkraft der Kreativität angewiesen. Dasselbe gilt für Programmierer, Ingenieure, Wissenschaftler und so weiter. In vielen Bereichen können Sie erkennen, wie sich kreatives Genie entfaltet. Denken Sie daran: Es war eine Gruppe brillanter, linksgehirnlastiger NASA-Bodeningenieure – Fachidioten durch und durch –, die eine Lösung für die lebensbedrohliche Kohlendioxid-Anreicherung 1970 im beschädigten Apollo-13-Raumschiff zusammenbastelten. Ihr heldenhaftes Flickwerk bestand buchstäblich aus Klebeband und Ersatzteilen. Es war eine geniale Improvisation, fantasievoll und kreativ.

Um kreativ zu sein, braucht man keinen schwarzen Rollkragenpullover zu tragen oder cappuccinoschlürfend in Jazzcafés herumzuhängen. Es geht vielmehr darum, Ihren gesamten Geist zum Auffinden von Lösungen einzusetzen. Kreativität bedeutet, sich nicht von seinen Methoden und seinem Wissen lähmen zu lassen, sondern auch über den Tellerrand hinaus zu denken (manchmal sehr schnell), um Lösungen für unvorhergesehene Probleme zu finden. Solche Situationen erfordern Logik und analytisches Denken, aber auch die Fähigkeit, das große Ganze im Blick zu behalten. Dieses Denken im Gesamtzusammenhang ist wiederum eine kreative Fähigkeit der rechten Gehirnhälfte.

Hier unten auf der Erde kann auch etwas scheinbar Banales wie eine mittels Slideware gestaltete und vorgetragene Konferenzpräsentation eine sehr kreative Sache sein. Eine Präsentation bietet eine Möglichkeit, sich selbst, Ihre Organisation oder Ihr Anliegen von anderen abzuheben. Sie ist Ihre Chance, zu erzählen, warum Ihr Inhalt wichtig ist und warum es darauf ankommt. Sie kann eine Möglichkeit sein, etwas zu verändern. Warum sollten Sie damit also aussehen oder sprechen wie jeder andere auch? Warum sollten Sie danach streben, Erwartungen zu erfüllen? Warum sollten Sie diese nicht übertreffen und die Zuhörer überraschen?

Sie sind ein kreativer Mensch – wahrscheinlich viel kreativer, als Sie denken. Jeder sollte darauf hinarbeiten, seine kreativen Fähigkeiten zu erschließen und seine Fantasie freizusetzen. *Die Lust zu schreiben* von Brenda Ueland (Zweitausendeins) ist eines der inspirierendsten und hilfreichsten Bücher, die ich jemals gelesen habe. (Der amerikanische Originaltitel »If You Want to Write« erschien erstmals im Jahr 1938 und er hätte eigentlich den Titel »If You Want to be Creative« tragen sollen. Die einfachen und dennoch weisen Ratschläge der Autorin sind nicht nur für Schriftsteller interessant, sondern für alle, die sich nach mehr

Kreativität in ihrer Arbeit sehnen oder die anderen helfen möchten, Kontakt zu ihrem kreativen Kern aufzunehmen (das gilt für Programmierer, Epidemiologen ebenso wie für Designer und Künstler). Dieses Buch sollte zur Pflichtlektüre für alle Fachkräfte werden, ganz besonders für jene, die irgendwen in irgendetwas unterrichten wollen. Die nachfolgenden Gedanken sind von Brenda Ueland inspiriert. Wir sollten sie im Hinterkopf behalten, wenn wir uns auf eine Präsentation oder irgendeine andere kreative Herausforderung vorbereiten.

Die große Lüge

Ah, wie wir uns doch immer wieder selbst in die Tasche lügen: »Ich bin nicht kreativ.« Sicher, Sie sind wohl nicht der nächste Picasso auf Ihrem Gebiet. (Obwohl, wer weiß?) Aber das ist unwichtig. Wichtig ist, sich selbst in der Probierphase nicht zu frühzeitig zu verschließen. Fehlschläge sind in Ordnung; sie sind tatsächlich sogar notwendig. Vermeiden Sie hingegen Experimente oder Risiken – besonders aus Angst vor dem Urteil anderer –, wird Sie das stärker wurmen als jeder vorübergehende Fehlschlag. Ein Fehlschlag gehört der Vergangenheit an. Er ist vorüber und vorbei. Schleppen Sie hingegen tagtäglich Fragen wie »was wäre gewesen, wenn…« oder »hätte ich doch bloß…« wie schwere Mühlsteine mit sich herum, dann erstickt das Ihren kreativen Geist. Ergreifen Sie Chancen und erweitern Sie Ihren Horizont. Sie leben nur einmal auf dieser Erde und das nur für sehr kurze Zeit. Warum sollten Sie nicht einfach (an)erkennen, welche Talente in Ihnen stecken? Sie könnten andere damit überraschen – und ganz besonders wichtig – auch sich selbst.

Diese Folie gehört zu einem meiner Vorträge über Bildung im 21. Jahrhundert. Das Zitat stammt aus Ken Robinsons TED-Vortrag »Do Schools Kill Creativity?« (2006).

Seien Sie ein Löwe!

Inspiration. Wo ist sie zu finden? Sie können an unzähligen Orten und auf unterschiedlichsten Wegen Inspiration erfahren – aber wahrscheinlich nicht in Ihrem Alltagstrott. Manchmal finden Sie Inspiration im Unterrichten. Wenn Sie jemandem etwas beibringen, das für Sie von Bedeutung ist, dann werden Sie dabei daran erinnert, warum es für Sie wichtig ist. Außerdem wirkt die Begeisterung des Schülers – egal, ob Erwachsener oder Kind – ansteckend und belebend. Ueland sagt: »Ich half ihnen, indem ich versuchte, sie sich freier und mutiger fühlen zu lassen. Lassen Sie los, kümmern Sie sich nicht, seien Sie rücksichtslos! Seien Sie Löwe. Seien Sie Pirat!« Wir alle wissen, wie wichtig es ist, frei zu sein, frei wie ein Kind. Wir müssen nur gelegentlich daran erinnert werden.

Erzwingen Sie nichts

Leerlauf und Nichtstun sind sehr wichtig. Die meisten von uns, mich eingeschlossen, sind versessen darauf, Dinge zu erledigen. Wir fürchten uns davor, unproduktiv zu sein. Und doch entstehen die großen Ideen häufig während einer Ihrer »Faulenz«-Phasen, wenn Sie gerade »Zeit verschwenden«. Wir brauchen mehr Zeit abseits der direkten Anforderungen unserer Arbeit. Lange Strandspaziergänge, Jogging im Wald, Fahrradtouren, vier bis fünf Stunden lang in einem Café die Sonntagszeitung lesen. Während dieser Zeiten steigt Ihre kreative Energie. Manchmal brauchen Sie Zeit für sich und eine Pause, um herunterzufahren und die Dinge möglicherweise aus einem anderen Blickwinkel zu betrachten. Die besten und zugleich standhaftesten Manager sind jene, die darum wissen und ihrer Belegschaft die benötigte Zeit einräumen (und das funktioniert nur über echtes Vertrauen).

Nehmen Sie Ihren Enthusiasmus an

Legen Sie Ihre Liebe, Leidenschaft, Fantasie und Seele in Ihre Sache. Ohne Begeisterung gibt es keine Kreativität. Die Begeisterung kann leise oder laut zum Ausdruck kommen. Das ist völlig egal, solange sie echt ist. Ich erinnere mich an einen Kommentar zu einem erfolgreichen Langzeitprojekt von mir: »Sie sind aber wirklich ziemlich enthusiastisch, das muss ich Ihnen lassen.« Dem Urteilenden war nicht klar, dass es sich dabei eigentlich um ein Kompliment handelte. Solche Leute sind es, die uns runterziehen. Das Leben ist kurz. Verbringen Sie keine Zeit mit Menschen, die nicht begeisterungsfähig sind oder die – schlimmer noch – versuchen, Ihre eigene Begeisterung zum Erliegen zu bringen. Zuallerletzt sollten Sie daran denken, andere zu beeindrucken oder sich darum sorgen, was sie von Ihrer Begeisterung oder Leidenschaft halten könnten.

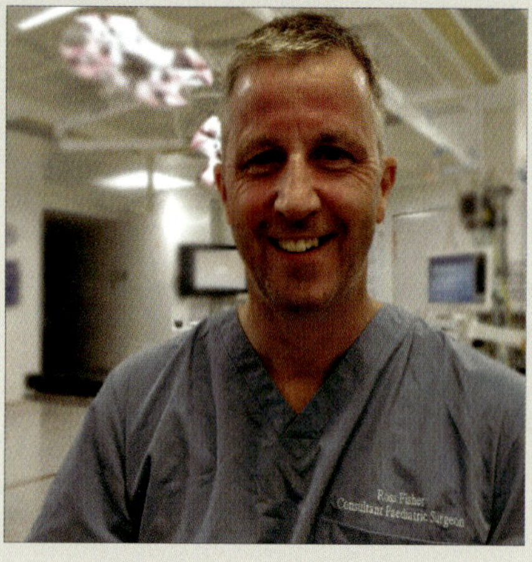

Dr. Ross Fisher

Facharzt für Kinderchirurgie am
Sheffield Children's Hospital in Sheffield, England
ffolliet.com

In Anerkennung seiner Beiträge auf dem Gebiet der Präsentationstechniken und der medizinischen Weiterbildung ernannte das College of Surgeons and Physicians of Canada Ross im Jahr 2019 zum Visiting Professor des Harry S. Morton Lectureship in Surgery.

Präsentationen sind für die medizinische Weiterbildung essenziell. In Hörsälen und auf medizinischen Konferenzen werden Unmengen von Informationen »geliefert«, aber leider werden nur sehr wenige dieser Informationen auch tatsächlich aufgenommen. Dies liegt weder an mangelnder Sorgfalt oder Bemühung seitens des Vortragenden noch des Publikums, sondern am Aufbau der Präsentationen selbst. Wenn wir die Grundlagen effektiver Präsentationen verstehen, verbessert das die medizinische Weiterbildung und damit auch die Patientenversorgung ganz erheblich.

Die Mehrheit der Präsentatoren im medizinischen Bereich sind darin nicht geschult. Sie kopieren lediglich unzulängliche, wenn auch etablierte Ansätze. Aus Tradition und um den Erwartungen der Kollegen zu entsprechen, halten sie an einem unzulänglichen Präsentationsstil fest, der schon unzählige Stunden medizinischer Ausbildung wirkungslos verpuffen ließ. Dieser Kreislauf muss enden; wir müssen die Schwachstellen beseitigen.

Als Chirurg, Forscher und Pädagoge öffnete *Presentation Zen* mir die Augen und sorgte für eine grundlegend veränderte Herangehensweise an die medizinische Lehre und die Entwicklung des p-hoch-3-Konzepts für medizinische Präsentationen, das ganz einfache Veränderungen mit dramatischen Auswirkungen anregt.

Als Klinikärzte müssen wir eher Präsentationen erstellen, die das Lernen erleichtern, und weniger Daten liefern. Eine Überfrachtung mit Fakten führt nicht automatisch zu hervorragenden Lernergebnissen.

Eine effektive Präsentation besteht aus drei Teilen: der Geschichte (p1), den ergänzenden Medien (p2) und der Darbietung (p3) der beiden ersten Komponenten. Der Wert einer Präsentation ergibt sich aus dem Produkt dieser drei Faktoren – p hoch drei also.

Die zur Unterstützung solcher Präsentationen eingesetzten Medien müssen anschaulich und erläuternd sein. Es sollte sich dabei jedoch nie um ein Skript, Bilder des Handouts oder um reine Verlegenheitsfolien handeln. Textlastige Folien sind pädagogisch kontraproduktiv und verhindern aktiv die Aufnahme von Informationen. Wenn Ihre Zuhörer Probleme haben, den Text auf den Folien zu lesen, zu verstehen und mitzuschreiben, können sie sich nicht voll auf Ihre Ausführungen konzentrieren und diese nicht aufnehmen. Lassen Sie nicht zu, dass Ihre Medien (p2) Ihren Vortrag (p3) behindern. Komplexere Informationen sollten Sie als Textdokument und nicht auf der Leindwand bereitstellen.

Bei medizinische Präsentationen treten viele schlechte Präsentationsgewohnheiten zutage, wie etwa winzige Endnotenverweise, Bilder von Zeitschriftenartikeln und direkt aus Artikeln herauskopierte Tabellen und Schaubilder. Deren weite Verbreitung ist kein Ausdruck für ihre Wirksamkeit, und das Wissen um die

Ross Fisher auf der Bühne beim Vortrag 2019 in London auf der medizinischen Konferenz Don't Forget the Bubbles. *Diesen und viele weitere Vorträge finden Sie auf der Website der Konferenz: dftb19.com.*

Unterschiede zwischen gedruckten und präsentierten Medien ist ganz entscheidend für die Verbesserung Ihrer Präsentation (p3). Ebenso ist die aktive Einbindung des Publikums durch den Vortragenden und seine Begeisterung für die eigene Botschaft ein wesentlicher Faktor für die Verbesserung von medizinischen Präsentationen.

Pädagogik und Psychologie sind die Schlüsseldisziplinen zur Verbesserung medizinischer Präsentationen. Indem wir veraltete Ansätze über Bord werfen und Präsentationen zur Wissensvermittlung statt zur Datenweitergabe erstellen, diese dann leidenschaftlich und voller Begeisterung vortragen, können wir das Lernen effektiver gestalten und damit auch die Versorgung und die Behandlungsergebnisse unserer Patienten verbessern.

»Ein Präsentator, der sein Publikum aktiv mit einbezieht und Begeisterung für seine Botschaft zeigt, ist ein wesentlicher Faktor für die Verbesserung medizinischer Präsentationen.«

– Dr. Ross Fisher

Muss man innerhalb eng gesteckter Rahmenbedingungen arbeiten, wird die Vorstellungskraft aufs äußerste gefordert – was zu den großartigsten Ideen führt. Hat man hingegen die totale Freiheit, weiß man oft nicht, wo Anfang und Ende sind.

– T.S. Eliot

Die Kunst, mit Einschränkungen umzugehen

Meine Freunde bei den Universal Studios Japan – Senior Art Director Jasper von Meerheimb und Senior Environmental Graphic Designer Sachiko Kawamura – haben für Design Matters Japan eine hervorragende Präsentation zum Thema abgehalten, wie einschränkende Randbedingungen bei kreativen Projekten erfindungsreiche Lösungen nach sich ziehen können. In ihrer Präsentation sprachen sie über die Vorgehensweise zur Entwicklung und Anwendung von Konzepten unter verschiedenen Einschränkungen, wie etwa hinsichtlich Zeit, Platz und Budget. Für professionelle Designer ist es ganz normal, tolle Arbeit unter Tausenden von außen her auferlegten Einschränkungen und Randbedingungen abzuliefern. So funktioniert die Welt des Designs nun einmal. Ob Einschränkungen gut oder schlecht, befähigend oder lähmend sind, ist in gewisser Weise irrelevant; die Welt ist voller Einschränkungen. Und doch gibt es, wie John Maeda in *The Laws of Simplicity* (MIT Press) hervorhebt »Im Designbereich (...) den Glauben, dass mehr Einschränkungen bessere Lösungen zutage fördern.« Zeit, und das damit einhergehende Gefühl der Dringlichkeit, ist beispielsweise fast immer eine Einschränkung, doch »Dringlichkeit und der kreative Geist gehen Hand in Hand«, sagt Maeda.

Kreativität und Kunstfertigkeit zur Problemlösung oder zur Gestaltung einer Botschaft unter einer Fülle von Einschränkungen seitens des Kunden, des Chefs und so weiter ist für Designer ein alter Hut. So leben sie. Jeden Tag. Den Millionen von Nicht-Designern mit Zugriff auf mächtige Designwerkzeuge ist der große Stellenwert von Einschränkungen und Randbedingungen allerdings nicht so geläufig. Für gestalterisch unerfahrenere Personen kann die Erstellung von Präsentationsfolien (oder Postern, Websites, Newslettern usw.) mit den heutigen Softwarewerkzeugen wegen der unzähligen Auswahlmöglichkeiten frustrierend wirken. Möglicherweise verzetteln sie sich auch, wenn sie ihr künstlerisches Zartgefühl anwenden möchten, um ihre Arbeit mit einer immer weiter anwachsenden Abfolge von Farben, Formen und Spezialeffekten zu dekorieren. Beide Zustände können dazu führen, dass das Design und die Botschaft darunter leiden. Sie können von professionellen Designern lernen, dass (1) Einschränkungen und Randbedingungen mächtige Verbündete sind und keine Feinde und dass es (2) oftmals eine grundlegende Voraussetzung für gute, kreative Arbeit ist, sich selbst Einschränkungen, Randbedingungen und Parameter aufzuerlegen.

Pecha Kucha Night 42
Tokyo
Pecha Kucha Night 42
Tokyo

Pecha Kucha und die Kunst der Beschränkung

Pecha Kucha ist ein weltweites Präsentationsphänomen, das 2003 von den in Tokio lebenden Architects Mark Dytham und Astrid Klein ins Leben gerufen wurde. (*Pecha Kucha* bedeutet auf Japanisch »Schwatzen.«) Pecha Kucha ist ein Beispiel für die veränderte Sichtweise auf Präsentationen und eine wunderbar kreative und unkonventionelle Art, PowerPoint einzusetzen. Die Pecha-Kucha-Methode zur Gestaltung und zum Vortrag von Präsentationen ist sehr einfach. Sie müssen 20 Folien verwenden, die jeweils 20 Sekunden lang gezeigt werden. Dabei erzählen Sie Ihre Geschichte passend zur Projektion. Das sind 6 Minuten und 40 Sekunden. Die Folien werden automatisch weitergeschaltet und wenn Sie fertig sind, dann sind Sie fertig. Das war's. Setzen Sie sich. Diese einfachen, aber strengen Regeln haben zum Ziel, die Präsentationen kurz und auf das Wesentliche beschränkt zu halten und mehr Sprechern pro Abend die Möglichkeit zur Präsentation zu geben.

Pecha-Kucha-Nights werden in über 80 Städten abgehalten, von Amsterdam und Auckland bis nach Venedig und Wien. Die PechaKucha-Nights in Tokio finden in einer angesagten Multimedia-Location statt, und an dem Abend, den ich besuchte, bewegte sich die Atmosphäre irgendwo zwischen einem coolen Benutzergruppentreffen und einem angesagten Nachtclub.

Nicht zuletzt bietet die Pecha-Kucha-Methode gute Möglichkeiten zum Training und zur Übung. Jeder sollte Pecha Kucha ausprobieren – das ist eine gute Übung, um Ihre Geschichte auf den Punkt zu bringen, selbst wenn Sie nicht genau diese Methode in Ihrem eigenen Live-Vortrag verwenden. Es ist egal, ob Sie die Pecha-Kucha-Methode in Ihrem eigenen Betrieb oder in Ihrer Schule nachstellen können oder nicht; der dahinterstehende Gedanke und das Konzept der »befreienden Einschränkungen« lassen sich auf fast jede Präsentationssituation anwenden.

Diese Methode erschwert es, in die Tiefe zu gehen. Wenn aus einer Präsentation im Pecha-Kucha-Stil jedoch eine gute Diskussion entsteht, dann kann sie sogar innerhalb einer Organisation gut funktionieren. Ich kann mir vorstellen, wie Hochschulstudenten diese Art von Präsentation über ihre Forschung abhalten, gefolgt von weiterführenden Fragen durch die Lehrkraft und Kommilitonen. Was wäre für Studenten anspruchsvoller und zugleich eine bessere Messlatte für ihr Fachwissen: eine typische, wiedergekaute PowerPoint-Präsentation über 45 Minuten oder eine knappe 6:40min-Präsentation gefolgt von 30 Minuten Diskussion und bohrender Fragen? Wenn Sie andererseits die Grundidee Ihrer Geschichte nicht in unter sieben Minuten erzählen können, dann sollten Sie wahrscheinlich überhaupt nicht präsentieren.

Besuchen Sie die Pecha-Kucha-Website, um eine PechaKucha-Night in Ihrer Nähe zu finden: *www.pechakucha.com*

Durch selbst auferlegte Einschränkungen können Sie Botschaften häufig deutlicher formulieren. Das gilt auch für visuelle Botschaften. In den verschiedenen Zen-Künsten werden Sie beispielsweise erkennen, dass sorgfältiges Lernen und Üben und die Einhaltung strikter Regeln (Einschränkungen) dazu dienen, die kreative Energie des Individuums zum Ausdruck zu bringen. Haiku hat beispielsweise eine lange Tradition und strenge Regeln und doch kann man mit viel Übung eine Botschaft formulieren (in 17 Silben oder weniger), die sowohl die Details als auch das Wesen eines Moments ausdrückt. Die Haiku-Form mag strikten Regeln folgen – doch sind es diese Regeln, die Ihnen dabei helfen können, Ihre eigenen »Haiku-Momente« mit Feinsinn und Tiefgang auszudrücken. In *Wabi Sabi Simple* (Adams Media Corporation, 2004) kommentiert der Autor Richard Powell folgendermaßen wabi sabi, Disziplin und Einfachheit in ihrer Beziehung zu Künsten wie Bonsai und Haiku:

> *»Tun Sie nur das Nötigste, um das Wesentliche zu vermitteln. Beseitigen Sie sorgfältig Elemente, die vom wesentlichen Ganzen ablenken, Elemente, die hemmen und verwirren … Gewirr, Masse und ignorantes Fachlatein stören die Wahrnehmung und erschweren das Verständnis, während Einfachheit klare und direkte Aufmerksamkeit ermöglicht.«*

Wir müssen uns im Leben immer mit Einschränkungen irgendeiner Art arrangieren, doch Einschränkungen müssen nicht unbedingt schlecht sein. Tatsächlich sind Einschränkungen hilfreich, ja sogar inspirierend. Sie fordern uns ab, bestimmte Probleme aus einem anderen Blickwinkel und auf kreativere Weise zu überdenken. Probleme wie die plötzliche Aufforderung, eine 20-minütige Verkaufsrede zu halten oder einen 45-minütigen Überblick über Forschungsergebnisse zu geben, enthalten schon von Natur aus Beschränkungen – etwa hinsichtlich Zeit, Hilfsmitteln und Budget. Wir können noch effektiver werden, indem wir einen Schritt zurücktreten und lange und gründlich nachdenken. Wir können bei der Vorbereitung und Gestaltung unserer nächsten Präsentation auch Wege finden, unsere eigenen Randbedingungen und Einschränkungen zu definieren, um so noch deutlichere, fokussiertere, ausgeglichenere und zweckgebundenere Ergebnisse zu erzielen.

Je komplexer das tägliche Leben wird und je mehr Auswahlmöglichkeiten und Entscheidungen sich auftürmen, desto wichtiger wird es, deutliche, einfache und prägnante Botschaften und Designs auszuarbeiten. Klarheit und Einfachheit sind oft genau das, was gewünscht oder benötigt wird. Sie sind aber immer seltener anzutreffen und werden daher umso mehr geschätzt, wenn sie entdeckt werden. Wollen Sie die Zuhörer überraschen? Wollen Sie ihre Erwartungen übertreffen? Dann streben Sie nach etwas Schönem, Einfachem, Deutlichem … und Hervorragendem. Die »hervorragende« Eigenschaft könnte gerade in dem liegen, das Sie weggelassen haben, nicht in dem, das Sie beibehalten haben. Es erfordert Kreativität und Mut, anders zu sein. Ihr Publikum betet darum, dass Sie sowohl kreativ als auch mutig sind.

Zusammenfassung

- Vorbereitung, Gestaltung und Abhalten einer Präsentation sind kreative Akte und Sie sind ein kreatives Wesen.
- Kreativität erfordert einen offenen Geist und die Bereitschaft, falsch zu liegen. Gehen Sie mit dem Geist des Anfängers an die Aufgabe heran.
- Einschränkungen und Randbedingungen sind keine Feinde, sondern mächtige Verbündete, die Ihre Kreativität steigern können.
- Betrachten Sie die PechaKucha-Methode zumindest als eine Art Übung, mit deren Hilfe Sie Ihre Botschaft besser ausfeilen können. PechaKucha-Abende in Ihrer Nähe finden Sie unter *www.pechakucha.com*.
- Üben Sie sich beim Vorbereiten einer Präsentation in Zurückhaltung und behalten Sie stets diese drei Worte im Hinterkopf: Einfachheit, Deutlichkeit, Kürze.

decisions come from feelings
inside (intuition)
Practical decisions based on own will
Changed schools
stress sleepless nights
Chose flexible first.
different perspective: people
Logical
Trial & Error
Excited about one on one expert mentor, follows path of mentors
scattered thinking

3

Analoge Planung

Wenn Sie Ihre Präsentation vorbereiten, sollten Sie zunächst unbedingt auf Ihren Computer verzichten. Viele Menschen machen den grundsätzlichen Fehler, dass sie fast die ganze Zeit vor dem Computer sitzen, während sie über ihren Vortrag nachdenken und die Inhalte vorbereiten. Bevor Sie mit der Gestaltung Ihrer Präsentation beginnen, sollten Sie sich einen Gesamtüberblick verschaffen und eine oder mehrere Kernaussagen finden. Dies kann schwierig sein wenn Sie es nicht schaffen, Ihre Gedanken am Abschweifen zu hindern – zum Beispiel wenn Sie gleichzeitig in Ihren Folien herumklicken oder sich von sozialen Medien ablenken lassen.

Die meisten Menschen planen ihre Präsentationen von Anfang an mithilfe von Computerprogrammen. Die Software-Hersteller ermutigen sie geradezu zu dieser Vorgehensweise; ich rate aber davon ab. Es hat viel für sich, Ideen zunächst grob mit Papier und Stift zu umreißen. Diese »analoge Planung«, wie ich sie nenne, klärt Ihre Gedanken und führt zu besseren, kreativeren Ergebnissen, wenn Sie Ihre Ideen schließlich in digitaler Form darstellen. Da Sie Ihre Präsentation multimedial begleiten wollen, verbringen Sie später noch genug Zeit vor einem Computer oder einem anderen digitalen Endgerät.

Innehalten und das Ganze sehen

Entschleunigung ist nicht nur für ein gesundes, glückliches, erfülltes Leben wichtig, sondern führt auch zu mehr Klarheit. Instinktiv sagen Sie nun möglicherweise, dass dies lächerlich sei – im Geschäftsleben geht es immer um Geschwindigkeit. Der Erste, der mit der Innovation herauskommt. Der Erste auf dem Markt. Erster und schnellster.

Mir geht es jedoch um die Geistesverfassung. Zweifellos haben Sie viel um die Ohren. Sie sind sehr beschäftigt. Aber das ist nicht das wirkliche Problem. Sicherlich, der Tag ist scheinbar immer zu kurz, um alles in der gewünschten Weise zu erledigen. Wir alle sehen uns zeitlichen Einschränkungen gegenüber.

Diese können jedoch äußerst motivierend sein, weil sie einen positiven Druck ausüben, der das kreative Denken und neue Lösungsansätze anregen kann. Das heutige Problem ist nicht Beschäftigtsein, sondern Geschäftigkeit.

Geschäftigkeit ist das unangenehme Gefühl, sich gehetzt, abgelenkt und etwas unkonzentriert und zerstreut zu fühlen. Vielleicht gelingt es Ihnen, Ihre Aufgaben zu erfüllen; Sie wünschen sich aber trotzdem, Sie könnten sie besser erledigen. Sie wissen, dass es möglich wäre. Aber trotz der besten Vorsätze können Sie keinen gesammelten, sondern nur einen reaktiven Geisteszustand erreichen. Sie versuchen es. Sie atmen tief durch. Sie beginnen, über die große Präsentation in der nächsten Woche nachzudenken. Sie öffnen Ihr Präsentationsprogramm und beginnen mit der Ideenfindung. Da klingelt das Telefon, Sie lassen aber den Anrufbeantworter anspringen, weil Ihre Chefin Sie gleichzeitig auf dem Handy anruft. »Ich brauche so schnell wie möglich den Prüfbericht!« Derweil gehen neue E-Mail-Nachrichten ein. Eine davon stammt von Ihrem wichtigsten Kunden und hat den Betreff »Dringend! Prüfbericht fehlt!!!« Zu allem Überfluss streckt Ihr Kollege seinen Kopf durch die Tür: »Hey, haben Sie schon mitbekommen, dass der Prüfbericht unauffindbar ist?«

Also müssen Sie reagieren, obwohl Sie wissen, dass die Sache mit dem Prüfbericht in Wirklichkeit noch warten könnte. In einer solchen Umgebung ist es fast unmöglich, sich zu sammeln.

Geschäftigkeit tötet Kreativität. Geschäftigkeit ergibt vollgestopfte Präsentationsmaterialien, statt fruchtbarer, informativer und fordernder Meetings, Seminare oder Keynote-Präsentationen, in denen ein echter Austausch stattfinden könnte und sollte. Wir fühlen uns gedrängt oder sogar gehetzt. Also klatschen wir einige Folien aus vergangenen Präsentationen zusammen und eilen auf die Bühne. Die Kommunikation leidet ... das Publikum leidet. Ja, wir alle sind unglaublich beschäftigt. Gerade auch deshalb sind wir es aber uns und unserem Publikum schuldig, keine Zeit mit oberflächlichen, katastrophalen Präsentationen zu vergeuden. Wollen wir es besser machen, benötigen wir eine neue Einstellung sowie Zeit und Raum abseits der »Geschäftigkeit«.

Die wirklich kreativen Köpfe – Designer, Musiker und auch Unternehmer, Programmierer usw. – sind in der Lage, einen anderen Blickwinkel einzunehmen. Sie zeichnen sich durch einzigartige Einblicke und Perspektiven aus. (Antworten sind wichtig, aber zuerst kommen die Fragen.) Doch viele von uns können diese speziellen Einsichten und Kenntnisse sowie das gute alte Bauchgefühl nur dann entwickeln, wenn wir innehalten, uns sammeln und unser Thema von allen Seiten betrachten. Es spielt keine Rolle, ob Sie Wissenschaftler, Ingenieur, Mediziner oder Geschäftsmann sind. Bei der Vorbereitung einer Präsentation sind Sie ein »Kreativer« und benötigen Zeit, in der Sie weder am Computer sitzen noch sich mit digitalen Gliederungen und Folien beschäftigen. Und so oft wie möglich benötigen Sie auch Zeit für sich selbst.

Viele Präsentationen sind deshalb so ineffektiv, weil die Menschen sich heute einfach nicht genug Zeit nehmen – oder nicht genug Zeit haben –, um einen Schritt zurückzutreten und zu erfassen, was wirklich wichtig ist und was nicht. Es gelingt ihnen häufig nicht, etwas Einzigartiges, Kreatives oder Neues in die Präsentation einzubringen. Es liegt nicht daran, dass sie nicht intelligent oder kreativ wären; vielmehr hatten sie keine Zeit, um innezuhalten und über das Problem nachzudenken. Es kann etwas Zeit dauern, bis Sie das große Ganze sehen und Ihre Kernbotschaft finden. Es gibt viele Möglichkeiten, die nötige Zurückgezogenheit zu finden; Sie müssen dazu noch nicht einmal alleine sein. Für mich ist beispielsweise ein Starbucks-Café mitten in Osaka ein sehr angenehmer Rückzugsort, wo die freundlichen Mitarbeiter mich mit meinem Namen ansprechen. Es ist ein recht gut besuchtes Café, aber es ist auch mit seinen vielen dick gepolsterten Sofas und Stühlen und leiser Jazzmusik im Hintergrund gemütlich und entspannend. Und ich werde in Ruhe gelassen.

Ich möchte nicht behaupten, dass mehr allein verbrachte Zeit ein Allheilmittel für einen Ideenmangel ist oder automatisch zu mehr Kreativität oder zu besseren Lösungen führt. Ich glaube jedoch, dass Sie angenehm überrascht sein werden, wenn Sie jeden Tag, jede Woche, jeden Monat und jedes Jahr mehr Zeit für sich selbst finden können. Mir persönlich verhilft dies zu mehr Konzentration und Klarheit und es erlaubt mir gleichzeitig, das große Ganze zu sehen. Beides sind Grundvoraussetzungen, die man bei der Gestaltung der meisten Präsentationen vermisst.

Ich möchte das Alleinsein nicht zu sehr romantisieren. Zu viel allein verbrachte Zeit kann natürlich auch nachteilig sein. Doch in der heutigen geschäftigen Welt können nur wenige über zu viel allein verbrachte Zeit klagen. Für die meisten kann es in der Tat sehr schwer sein, etwas Zeit für sich selbst zu finden.

Das Bedürfnis nach Einsamkeit

Viele halten Einsamkeit für ein menschliches Grundbedürfnis und glauben, dass zu wenig Einsamkeit negative Auswirkungen auf Körper und Geist habe. Die Psychoanalytikerin und klinische Psychologin Dr. Ester Buchholz, die 2004 im Alter von 71 Jahren starb, forschte im Lauf ihrer Karriere über die Einsamkeit, die sie »Alleinzeit« nannte. Dr. Buchholz ging davon aus, dass die Gesellschaft Einsamkeit und Alleinzeit unter- und die Gemeinsamkeit überbewerte. Sie war der Ansicht, dass Phasen der Einsamkeit wichtig seien, um unser kreatives Potenzial auszuschöpfen. »Die kreativen Lösungen des Lebens erfordern Alleinzeit«, sagte sie. »Das Unterbewusstsein benötigt Einsamkeit, um Probleme zu analysieren und zu lösen.« Die folgende Folie zeigt den zweiten Teil dieses Zitats. Ich habe sie in Vorträgen zum Thema Kreativität gezeigt.

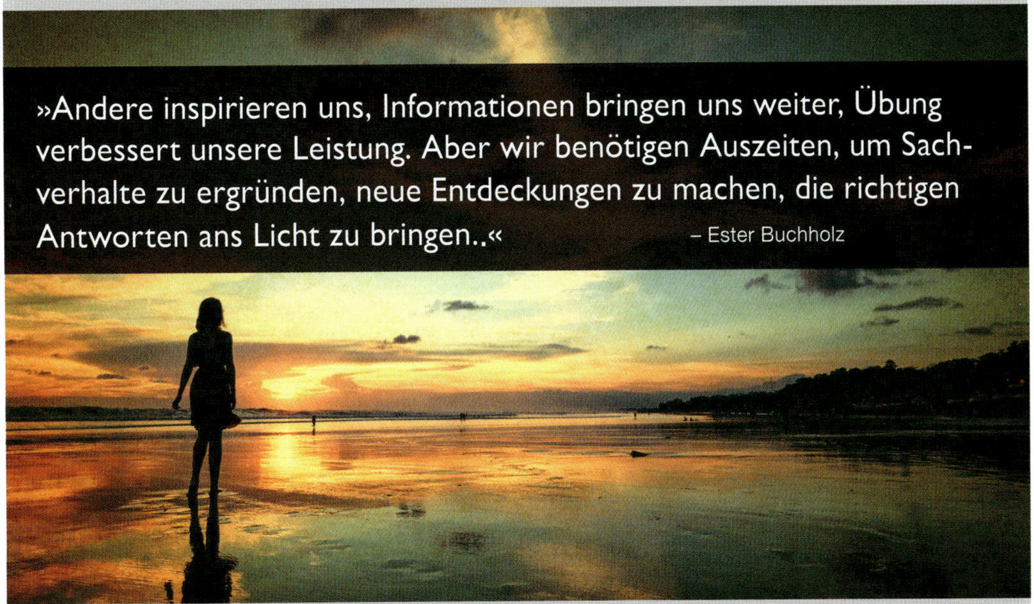

In der Folie verwendetes Bild: Pearson Asset Library

Waldbaden

Wir leben in einer Gegend von Nara in Japan, die von Wäldern umgeben ist. Ich habe es mir zur Gewohnheit gemacht, in den Wäldern rund um unsere Stadt zu joggen oder einfach nur ausgedehnte Spaziergänge zu machen. Wenn ich mich auf eine große Präsentation oder ein anderes Projekt vorbereite, das mir Sorgen bereitet, stecke ich mir noch ein winziges digitales Diktiergerät in die Tasche. Ich probiere, nicht über das Problem nachzudenken, sondern gehe einfach zwischen den Bäumen spazieren. Aber wenn mir Ideen kommen, die ich gerne festhalten möchte, dann kann ich meine Gedanken leicht verbal aufzeichnen. Dieses Gerät ist von unschätzbarem Wert und nimmt mir den Druck ab, mich an meine Ideen und Erkenntnisse erinnern zu müssen. Ich könnte auch mein Smartphone dafür verwenden, aber digitale Diktiergeräte sind viel kleiner und leichter, und, noch viel wichtiger, sie bringen nicht die unzähligen Ablenkungen eines Smartphones mit sich.

Ich habe die Natur schon immer geliebt, aber erst im Jahr 2008, als ich die erste Ausgabe dieses Buchs schrieb, habe ich die Idee des Shinrin-Yoku oder »Waldbadens« entdeckt. In chinesischen Schriftzeichen wird shinrin-yoku so geschrieben: 森林浴. Dabei stehen die drei Zeichen für Wald und Bad. Das Waldbaden wird mitunter auch als Waldtherapie bezeichnet, weil ein längerer Aufenthalt in natürlichen Waldgebieten einen echten therapeutischen Nutzen bringt.

Der Begriff Shinrin-Yoku ist erst seit den 1980er-Jahren in Gebrauch. Ernsthafte Untersuchungen über einen möglichen Zusammenhang zwischen Wäldern und menschlicher Gesundheit wurden Anfang der 2000er-Jahre an der Nippon Medical School in Tokio durch Dr. Qing Li und andere durchgeführt. Dr. Qing Li ist weltweit einer der führenden Experten für Shinrin-Yoku und derzeit als außerordentlicher Professor an der Nippon Medical School in Tokio tätig. Dr. Li untersucht seit über 30 Jahren die Auswirkungen von Wäldern auf die Gesundheit und das Wohlbefinden des Menschen und hat zahlreiche wissenschaftliche Arbeiten auf dem Gebiet der Waldmedizin veröffentlicht.

Ich empfehle Ihnen Dr. Lis Buch *Forest Bathing: How Trees Can Help You Find Health and Happiness* (Penguin Life), das im April 2018 erschienen ist. Es ist eine gute Einführung in das Shinrin-Yoku. »Waldbäder können Ihren Schlaf verbessern und Ihre Stimmung heben«, erklärt Dr. Li. »Sie senken Ihren Puls und Ihren Blutdruck und verbessern die Herz-Kreislauf- und Stoffwechseltätigkeit. Und, was am wichtigsten ist, sie können Ihr Immunsystem stärken.«

Untersuchungsergebnisse über die Auswirkungen natürlicher Wälder auf die psychische Gesundheit und das Wohlbefinden unterstützen die Annahme, dass Waldspaziergänge uns helfen können, unseren Geist zu reinigen, klarer zu denken und unser Gedächtnis und unsere Fähigkeiten zur Problemlösung zu verbessern. Die Literatur über das Waldbaden weist zudem auch auf eine gesteigerte Kreativität hin. Unter Berufung auf Forschungsergebnisse der Universitäten von Utah und Kansas stellt Dr. Li fest, dass »Zeit in der Natur die Problemlösungsfähigkeit und Kreativität um 50 Prozent steigern kann«.

Ein Aufenthalt im Wald gehört zu den simpelsten Dingen, die Sie tun können, um Ihren Geist zu beruhigen, Ihre Stimmung zu verbessern und Ihre Kreativität zu steigern. Dieser Anspruch wird durch Forschungsegebnisse untermauert, aber wir wissen dies ohnehin auch ganz intuitiv und aus eigener Erfahrung. Und doch verbringen die meisten Erwerbstätigen und auch Studenten immer mehr Zeit in geschlossenen Räumen. Hier sollten wir gegensteuern und wieder mehr Zeit in der Natur verbringen. Wenn Sie also an einem Problem – an einer Präsentation oder etwas anderem – festhängen, machen Sie einen ausgedehnten Waldspaziergang. Wenn Sie keinen Wald in Ihrer Nähe haben, kann auch ein naturnaher Stadtpark diesen Zweck erfüllen.

Fahrrad oder Auto?

Die Software-Hersteller haben uns mit Vorlagen und Assistenten übersättigt. Manchmal können diese Hilfsmittel sinnvoll sein, häufig führen sie aber zu Ergebnissen, die wir uns nicht wirklich gewünscht haben. Edward Tufte, ein Experte für visuelles Design, sagt ganz richtig, dass PowerPoint zu einer Denkweise der starken Vereinfachung unserer Inhalte und unserer Botschaft führt. Dasselbe könnte man auch von anderen Präsentationsanwendungen sagen. Präsentations-Software ist hervorragend geeignet, um zur Unterstützung unseres Vortrags multimediale Inhalte zu zeigen. Wenn wir aber nicht aufpassen, weisen uns diese Anwendungen auch einen Weg, den wir normalerweise nicht eingeschlagen hätten. Vor mehr als 25 Jahren beschäftigten sich Steve Jobs und andere Fachleute im Silicon Valley mit dem großen Potenzial von Personalcomputern und wie diese Hilfsmittel so gestaltet werden könnten, dass sie die immensen Möglichkeiten des Menschen verbessern würden. Im Dokumentarfilm *Memory and Imagination* von Michael Lawrence Films sagte Steve Jobs:

> *»Für mich ist der Computer das bemerkenswerteste Werkzeug, das wir jemals erfunden haben. Er ist ein Fahrrad für unseren Geist.«*
>
> *– Steve Jobs*

Die Fortbewegungsweise des Menschen ist weniger effizient als die anderer Lebewesen. Ein Mensch auf einem Fahrrad ist jedoch das effizienteste Lebewesen unserer Erde. Das Fahrrad verstärkt unsere Körperkraft auf eine ungeheuer produktive Weise. Sollten wir dies nicht auch vom Computer – dem bedeutendsten Werkzeug unserer Zeit – erwarten?

Ist Ihr Computer in den Planungsphasen einer Präsentation wie ein »Fahrrad für Ihren Geist«, das Ihre eigenen Fähigkeiten und Ideen verstärkt? Oder ähnelt er eher einem »Auto für Ihren Geist« mit vorgegebenen Rezepturen, die Ihre Ideen aufweichen? Es ist ein großer geistiger Gewinn, wenn Sie den Computer wie ein Fahrrad nutzen. Das Gegenteil ist der Fall, wenn Sie die Leistung Ihres Computers wie die Kraft Ihres Autos nutzen. Es genügt nicht, nur den Regeln der Computeranwendung zu folgen.

Vielmehr ist es wichtig, die Prinzipien der Gestaltung von Präsentationen zu verstehen. Die besten Computerprogramme führen uns nicht auf einem bestimmten Pfad, sondern machen uns den Weg frei, sodass wir unsere eigenen Ideen entwickeln und unsere Fähigkeiten erweitern können. Damit Sie Ihre Software-Anwendungen als wirkungsvolle Werkzeuge zur Erweiterung Ihrer Fähigkeiten nutzen können, sollten Sie den Computer zunächst ausgeschaltet lassen. Sie werden ihn früh genug wieder benötigen.

Papier, ein Whiteboard, Post-it-Notizen oder ein Stock im Sand

Am liebsten verwende ich für die Vorbereitung einer Präsentation (oder eines beliebigen anderen Projekts) einen großen Schreibblock mit gelbem Papier und Stifte in verschiedenen Farben, ein Moleskin-Notizbuch oder – wenn ich in meinem Büro arbeite – ein großes Whiteboard. Meiner Ansicht nach ist nichts so schnell, einfach und unmittelbar wie ein einfacher Block und ein Bleistift – allen Wundern der digitalen Technologie zum Trotz. Und nichts gibt mir mehr Raum für meine Ideen und Skizzen wie ein großes Whiteboard. Die meisten Geschäftsleute und auch Studenten erledigen die gesamte Planung ihrer Präsentation direkt in der Präsentationsanwendung. In dieser Hinsicht können wir viel von professionellen Designern lernen. Die meisten Designer – sogar junge Mediengestalter, die mit Computern aufgewachsen sind – verwenden für einen großen Teil der Planung und Ideenfindung Papier und Stift.

Ganz klar wurde mir das an dem Tag, als ich den Abteilungschef eines der Kreativteams bei Apple aufsuchte, um seine Ansichten zu einem bestimmten Projekt zu erfahren. Er erklärte, dass er eine Menge Ideen aufgezeichnet habe und mir diese zeigen wolle. Ich erwartete einige Folien oder einen Film oder zumindest ein paar in Illustrator oder Photoshop erstellte farbige Grafiken. Als ich jedoch sein Büro betrat, war der schöne Apple Cinema Display auf seinem Schreibtisch ausgeschaltet. (Später erfuhr ich, dass dieser begabte Kreativdirektor tagelang arbeitete, ohne seinen Mac auch nur einzuschalten.) Stattdessen hatte er eine etwa fünf Meter breite Papierbahn an der Wand befestigt und dort alle seine Ideen aufgezeichnet. Es handelte sich um eine Kombination aus handgezeichneten Grafiken und Text, die einem großen Comicstrip glich. Der Kreativdirektor begann an einem Ende des »Cartoons« und erläuterte mir seine Ideen. Gelegentlich hielt er inne, um hier und da ein Wort oder ein grafisches Element hinzuzufügen. Nach unserem Treffen rollte er die Papierbahn zusammen und sagte »Nehmen Sie sie mit«. Später ließ ich seine Ideen in unsere interne, am Computer erstellte Präsentation einfließen.

»Wenn Sie Ideen haben, können Sie auch ohne Maschinen viel erreichen. Sobald Sie nämlich die Ideen haben, beginnen die Maschinen für Sie zu arbeiten ... Die meisten Ideen können Sie ziemlich gut mit einem Stock in den Sand zeichnen.«

– Alan Kay
Interview in Electronic Learning, *April 1994*

Bleistift und Papier

Ich verbringe viel Zeit außerhalb meines Büros – in Cafés, Parks und auf meinen Reisen nach Tokio im japanischen Hochgeschwindigkeitszug *Shinkansen*. Und obwohl ich fast immer ein MacBook Air oder iPad dabei habe, verwende ich zur Ideenfindung, für Listen und ganz allgemein zur Aufzeichnung meiner Ideen Bleistift und Papier. Auch wenn ich den Computer verwenden könnte, finde ich – wie viele andere Menschen –, dass allein der Bleistift in meiner Hand eine stärkere, ursprüngliche Verbindung zu meiner rechten Gehirnhälfte erzeugt und einen spontanen Fluss und Rhythmus bei der Visualisierung und Aufzeichnung von Ideen ermöglicht. Mit Bleistift und Papier kann ich meine Ideen offensichtlich besser sammeln und visualisieren, als wenn ich vor der Tastatur sitze. So einfach ist das.

Whiteboards

Im Büro zeichne ich meine Ideen häufig auf einem großen Whiteboard auf. Hier kann ich ungehemmt und frei meine Ideen sammeln und großflächig skizzieren. Außerdem kann ich (im Sinne des Wortes) zurücktreten und mir den logischen Fluss meiner Gedanken vorstellen, wenn später die Folien hinzukommen. Ein weiterer Vorteil eines Whiteboards (oder auch einer Kreidetafel) ist, dass Sie bei der Arbeit in kleinen Gruppen Konzepte und Strategien darauf aufzeichnen können. Während ich Kernpunkte und Struktur erarbeite, skizziere ich rasch Ideen für Anschauungsmaterialien, zum Beispiel Schaubilder oder Fotos, die ich später in den Folien zeigen möchte. Ich zeichne einfache Grafiken, mit denen ich einen bestimmten Punkt unterstreichen kann – ein Tortendiagramm hier, ein Foto da, in diesem Abschnitt vielleicht ein Liniendiagramm usw.

Sie halten dies vielleicht für Zeitverschwendung: Warum sollten Sie die Grafiken nicht gleich in PowerPoint gestalten, sodass Sie sich die Arbeit nicht doppelt machen müssen? Ganz einfach: Wenn ich versuchen würde, das Storyboard gleich am Computer zu erstellen, würde dies in Wirklichkeit länger dauern, weil ich ständig von der normalen zur Foliensortierungsansicht springen müsste, um mir einen Überblick zu verschaffen.

Wenn ich meine Ideen in analoger Form auf Papier oder einem Whiteboard skizziere und ein grobes Storyboard erstelle, kann ich meine Botschaft für mich selbst verdichten und vereinfachen. Ich habe es dann viel leichter, diese Ideen mit einer der vielen Präsentationsanwendungen zu gestalten, beispielsweise mit PowerPoint. Wenn ich schließlich vor dem Computer sitze, muss ich normalerweise noch nicht einmal mehr einen Blick auf das Whiteboard oder den Skizzenblock werfen, weil die analoge Planung mir klar vor Augen geführt hat, wie die Präsentation ablaufen soll. Nur für die Auswahl der grafischen Visualisierungen für bestimmte Punkte betrachte ich meine Notizen. Dann wähle ich bei *iStockphoto.com* oder aus meiner eigenen Sammlung hochqualitativer Fotos das perfekte Bild aus.

Post-it-Notizen

Große Papierbögen und Marker wirken möglicherweise »altmodisch«, sind aber sicherlich wunderbare, einfache Werkzeuge für erste Skizzen Ihrer eigenen oder die Ideen anderer. Wenn ich in meiner Zeit bei Apple Brainstorming-Sitzungen leitete, klebte ich manchmal große Haftnotizen an die Wand. Ich schrieb Ideen darauf; andere Teilnehmer traten nach vorne und zeichneten ihre Gedanken ebenfalls auf die »altmodische Weise« auf, um ihren Standpunkt zu vertreten oder die Ideen anderer zu ergänzen. Es war chaotisch, aber im positiven Sinne. Am Ende der Sitzung waren die Wände mit großen Haftnotizen übersät, die ich dann an die Wand meines eigenen Büros klebte.

Wenn wir nun die Struktur und die Anschauungsmaterialien für eine Präsentation entwickelten, bezogen wir uns immer wieder auf die Haftnotizen an den Wänden, die tage- oder wochenlang dort hängen blieben. Allein die Tatsache, dass die Notizen an den Wänden klebten, erleichterte es uns, das große Ganze zu sehen. Wir könnten dadurch auch leichter erkennen, welche Elemente wir weglassen konnten und welche für die Hauptaussage ganz wesentlich waren.

Obwohl Sie möglicherweise digitale Techniken bei der Gestaltung und Präsentation Ihrer Anschauungsmaterialien nutzen, bleibt der Vortrag vor dem Publikum und die Verbindung mit ihm – um zu überzeugen, zu verkaufen oder zu informieren – eindeutig analog. Aus diesem Grund ist die analoge Planung der Inhalte, des Zwecks und Ziels Ihrer Präsentation nur natürlich.

Heutzutage erscheinen alle meine Präsentationen – und auch die meiner Studenten und Firmenkunden – zunächst in der einen oder anderen Form als strukturierte Zusammenstellung von Haftnotizen in einer Kladde oder an einem Whiteboard ... oder sogar an einem Fenster.

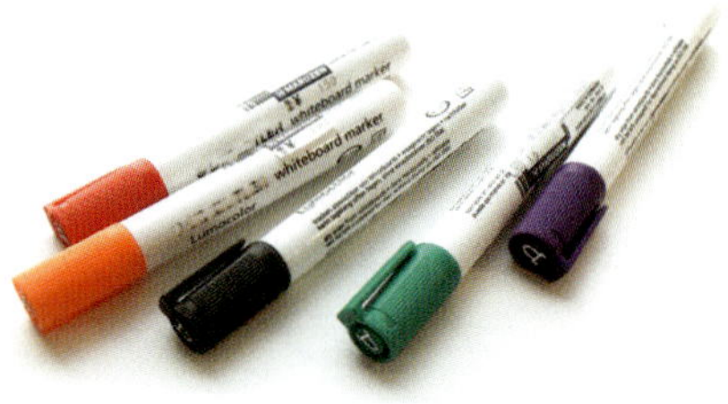

Um sich der Kreativität zu öffnen, muss man in der Lage sein, die Einsamkeit konstruktiv zu nutzen. Man muss die Angst vor dem Alleinsein überwinden.

– Rollo May

Die richtigen Fragen stellen

Es heißt, dass Buddha das Wesen des Menschen mit dem eines Mannes verglich, der von einem Pfeil getroffen wurde. Die Situation ist sowohl leidvoll als auch dringlich. Nehmen wir an, dass der Mann in seiner schlimmen Lage nicht um sofortige medizinische Hilfe bittet, sondern sich stattdessen nach Einzelheiten über den Bogen erkundigt, mit dem der Pfeil abgeschossen wurde. Er fragt nach dem Hersteller des Bogens. Er interessiert sich für den Hintergrund der Menschen, die den Pfeil und den Bogen gefertigt haben, wie sie ihre Farbwahl getroffen haben, welche Art Sehne sie verwendet haben usw. Der Mann stellt viele belanglose Fragen und vergisst darüber das eigentliche Problem.

Ähnlich verhält es sich mit unserem Leben. Oft sehen wir die Realität vor unseren Augen nicht, weil wir Nebensächlichkeiten wie einem höheren Gehalt, dem perfekten Job, einem schöneren Haus, einem besseren Status usw. nachjagen und befürchten zu verlieren, was wir haben. Ein Buddhist würde sagen, dass das Leben voller *dukkha* ist (Leiden, Schmerz, Verlust, einem Gefühl von Unzufriedenheit) – wir müssten nur unsere Augen öffnen, um dies zu sehen. Ganz ähnlich sind die typischen heutigen Business- und wissenschaftlichen Präsentationen für den Präsentierenden und das Publikum mit beträchtlichem Leiden in Form von Ineffektivität, vergeudeter Zeit und allgemeiner Unzufriedenheit verbunden.

In der heutigen Geschäftswelt wird viel darüber debattiert, wie man Präsentationen und Vortragsstil verbessern kann. Die Situation ist in gewisser Weise sowohl »leidvoll als auch dringlich«. Allerdings dreht sich ein Großteil der Gespräche um Software und Technik. Welches Programm sollte ich verwenden? Ist ein Mac oder ein PC besser? Welche Animationen und Übergänge sind am besten? Welche Fernbedienung? Solche Fragen sind nicht gänzlich unwichtig, sollten aber Diskussionen über die Effektivität von Präsentationen nicht dominieren. Die Konzentration auf Technik und Software lenkt uns häufig davon ab, was in Wirklichkeit wichtig ist. Viele von uns verlieren in der Vorbereitungsphase beim Kampf mit Aufzählungspunkten und Grafiken viel Zeit, anstatt diese in die Entwicklung einer perfekt auf das Publikum zugeschnittenen Geschichte zu stecken.

Die falschen Fragen

Wir sind so sehr von der Technik, den Tricks und Effekten besessen, dass wir ein wenig dem vom Pfeil durchbohrten Mann ähneln: Unsere Situation ist dringlich und leidvoll, aber wir stellen die falschen Fragen und konzentrieren uns auf das eher Unwichtige.

Zwei dieser eher unwichtigen Fragen, die mir gestellt werden – und ich erhalte viele solche Fragen: »Wie viele Aufzählungspunkte soll ich pro Folie verwenden?« und »Wie viele Folien sind pro Präsentation angemessen?« Meine Antwort? »Das hängt von sehr vielen Faktoren ab ... wie wäre es mit null?« Diese Antwort ist zwar unpopulär, aber ich habe die Aufmerksamkeit meines Publikums. In Kapitel 6 beschäftige ich mich mit der Frage der Aufzählungen. Die Anzahl der Folien darf wirklich gar keine Frage sein. Hier spielen so viele veränderliche Faktoren mit, dass es keine konkrete Regel gibt. Ich habe umfangreiche, langweilige Präsentationen mit nur fünf Folien gesehen, andererseits aber auch inhaltlich umfangreiche, fesselnde Präsentationen mit mehr als 200 Folien (und umgekehrt). Die Anzahl der Folien ist nebensächlich. Wenn Ihre Präsentation gelingt, werden die Teilnehmer gar nicht mitbekommen, wie viele Folien Sie verwenden, und es wird sie auch nicht interessieren.

Fragen, die wir stellen sollten

Gut. Nun sind Sie alleine. Sie haben einen Block und einen Bleistift. Sie sind entspannt und Ihr Geist ist zur Ruhe gekommen. Stellen Sie sich nun die Präsentation vor, die Sie nächsten Monat ... oder nächste Woche oder (schluck!) morgen halten werden (beachten Sie – ich sage nicht »halten müssen«). Notieren Sie sich die Antworten auf die folgenden Fragen:

- Wie viel Zeit habe ich?
- Wie sieht der Veranstaltungsort aus?
- Zu welcher Tageszeit findet meine Präsentation statt?
- Wer sind die Zuhörer?
- Welchen Hintergrund haben sie?
- Was erwartet das Publikum von mir?
- Warum wurde ich gebeten, eine Präsentation zu halten?
- Wovon möchte ich die Zuhörer überzeugen?
- Welches visuelle Medium ist unter den gegebenen Umständen und für dieses spezielle Publikum am besten geeignet?
- Welches grundsätzliche Ziel verfolge ich mit meinem Vortrag?
- Worauf kommt es an?
- Und die allerwichtigste Frage lautet im Grunde:

Wie lautet meine Kernaussage?

Oder – anders ausgedrückt: Wenn sich die Zuhörer nur eine einzige Aussage merken können (und Sie können von Glück sagen, wenn dies der Fall ist), *welche* soll diese sein?

Zwei Fragen: Wie lautet Ihre Kernaussage? Und warum ist sie wichtig?

Bei vielen von mir besuchten Präsentationen hält ein Spezialist auf einem bestimmten Gebiet vor einem Publikum aus Geschäftsleuten, aber ohne Spezialwissen auf diesem Fachgebiet, einen Multimedia-gestützten Vortrag. Ein Experte für Biokraftstoff könnte beispielsweise vor der örtlichen Handelskammer über dieses Thema und das Betätigungsfeld seiner Firma referieren. Neulich besuchte ich genau eine solche Veranstaltung und nachdem die einstündige Rede vorüber war, merkte ich, dass ich in gewisser Weise Zeuge eines Wunders geworden war: Bis zu diesem Tag hatte ich es nicht für möglich gehalten, einer Folienpräsentation in meiner Muttersprache beizuwohnen und trotzdem kein einziges Wort zu verstehen. Kein einziges. *Nichts*. Ich wollte meine Stunde zurückhaben.

Für die vergeudete Stunde waren jedoch weder Software noch schlecht gestaltete Folien verantwortlich. Die Präsentation wäre sehr viel besser gewesen, wenn der Präsentierende während der Vorbereitung seiner Rede einfach zwei Fragen im Hinterkopf behalten hätte:

- Wie lautet meine Kernaussage?
- Und warum ist sie wichtig?

Sicherlich ist es für einen Präsentator nicht leicht, eine Kernaussage zu finden und diese auf eine unmissverständliche Weise auszudrücken. Aber warum ist die Kernaussage wichtig? An diesem Punkt stolpern viele wirklich. Häufig steckt der Präsentierende so tief in seinem Thema, dass die Frage, warum dieses wichtig ist, einfach zu trivial erscheint. Dennoch wünschen die meisten Präsentationsteilnehmer gerade zu erfahren, warum sie sich für das Thema interessieren sollten. Dazu benötigen Sie nicht nur logische Argumente, sondern auch Überzeugung, Emotion und Einfühlungsvermögen. Durch Letzteres können Sie verstehen, dass nicht jeder im Publikum erkennt, was für Sie offensichtlich ist, und dass andere es zwar durchaus erkennen, aber nicht begreifen, warum gerade sie sich ernsthaft damit auseinandersetzen sollten. Ein guter Präsentator versucht, sich bei der Vorbereitung seines Materials in die Lage des Publikums zu versetzen.

Um noch einmal auf meine vergeudete Stunde zurückzukommen: Der Präsentator war intelligent, versiert und professionell. Trotzdem scheiterte er schon vor dem ersten Satz. Die Folien sahen aus, als hätte er sie bereits einem fachkundigen Publikum präsentiert – ein Hinweis, dass er an diesem Tag nicht zuerst und vor allem an seine Zuhörerschaft gedacht hatte. Es gelang ihm nicht, eine wesentliche Frage zu beantworten: »Warum ist es wichtig?« Bei der Vorbereitung bedachte er außerdem nicht, dass seine Präsentation eine Gelegenheiten war, dem Publikum etwas Wichtiges zu hinterlassen.

Dakara nani? (Na und?)

Ich sage mir häufig auf Japanisch: »*Dakara nani?*« oder: »*Sore de...?*« Dies bedeutet ungefähr »Na und?« oder »Worauf wollen Sie hinaus?«.

Wenn Sie Ihre Präsentationsinhalte vorbereiten, sollten Sie sich stets in die Lage des Publikums versetzen und sich fragen: »Na und?« Sind Ihre Aussagen relevant? Sie können großartig sein; aber sind sie auch von Bedeutung oder tauchen sie nur deshalb in Ihrer Präsentation auf, weil sie Ihnen selbst eindrucksvoll erscheinen? Sicherlich haben Sie schon einmal eine Präsentation besucht und sich gefragt, ob die Ausführungen des Redners wichtig sind oder seine Kernaussage stützen. Wenn Sie diese Frage nicht für sich selbst beantworten können, dann verwerfen Sie dieses Argument lieber.

Bestehen Sie den Fahrstuhltest?

Haben Sie mit *Dakara nani* keinen Erfolg, prüfen Sie die Klarheit Ihrer Kernaussage mit dem Fahrstuhltest. In dieser Übung müssen Sie Ihre Botschaft in 30 bis 45 Sekunden »verkaufen«. Stellen Sie sich Folgendes vor: Sie müssen der Marketingchefin Ihres Unternehmens – einer weltweit führenden Technologiefirma – eine neue Idee unterbreiten. Zeitplan und Budget sind knapp. Für Sie ist es eine äußerst wichtige Chance, wenn Sie es schaffen, die Zustimmung des Vorstands zu erlangen. Als Sie beim Vorzimmer der Marketingchefin eintreffen, tritt diese im Mantel und mit ihrer Aktentasche heraus und sagt: »Entschuldigen Sie bitte, mir ist etwas dazwischen gekommen. Erläutern Sie mir Ihre Idee, während wir zu meinem Auto gehen.« Wären Sie imstande, Ihre Idee während der Fahrstuhlfahrt und des Wegs zur Tiefgarage zu unterbreiten? Das Szenario ist sicherlich unwahrscheinlich, aber möglich. Eher kann es passieren, dass man Sie bittet, Ihren Vortrag kurzfristig von 20 auf 5 Minuten oder von einer Stunde auf 30 Minuten zu kürzen. Wäre das möglich? Dieser Fall trifft vielleicht niemals ein. Wenn Sie jedoch üben, was Sie in einem solchen Fall tun würden, zwingen Sie sich, sich Ihre Botschaft zu verdeutlichen, zu straffen und mit mehr Klarheit darzustellen.

In der Folie verwendetes Bild: Pearson Asset Library.

In der Folie verwendetes Bild: Pearson Asset Library.

Handzettel können Ihnen Freiraum verschaffen

Wenn Sie ein geeignetes Textdokument für Ihre Präsentationsteilnehmer erstellen, stehen Sie nicht unter dem Zwang, alle Aspekte Ihres Themas in den Vortrag zu packen. Die Gestaltung eines entsprechenden Dokuments mit allen notwendigen Detailinformationen gibt Ihnen die Freiheit, sich auf das zu konzentrieren, was für Ihr jeweiliges Publikum an dem speziellen Präsentationstermin am wichtigsten ist. Wenn Sie ein angemessenes Dokument für die Präsentationsteilnehmer vorbereitet haben, können Sie außerdem bestimmte Diagramme, Schaubilder oder Zusatzinformationen bei der Foliengestaltung problemlos außen vor lassen. Viele Präsentierende bringen alles nur Erdenkliche in ihre Folien ein – »nur für den Fall« oder um zu zeigen, dass sie »ernsthafte Menschen« sind. Es ist üblich, Folien mit viel Text und detaillierten Diagrammen usw. zu erstellen, weil die Folien auch ausgedruckt und an das Publikum verteilt werden sollen. Dies ist ein großer Fehler (lesen Sie dazu den folgenden Kasten »Erstellen Sie ein Dokument, kein Foliment«). Stattdessen bereiten Sie detaillierte Dokumente vor und halten die Folien einfach. Und verteilen Sie niemals eine gedruckte Version Ihrer Folien als Handzettel. Warum nicht? Der Präsentationsexperte David Rose – einer der erfolgreichsten Technologieunternehmer in New York City – drückt es folgendermaßen aus:

> *»Geben Sie auf gar keinen Fall Kopien Ihrer Folien aus – schon gar nicht vor der Präsentation. Das würde Ihnen den Todesstoß versetzen. Weil Folien definitionsgemäß lediglich Hilfsmittel zur Unterstützung des mündlichen Vortrags sind, sollen sie den Redner unterstützen ... also SIE. In dieser Funktion sollten sie für sich selbst genommen komplett unverständlich sein und deshalb macht es keinen Sinn, sie Ihrem Publikum auszuhändigen, weil sie dann garantiert für Ablenkung sorgen würden. Die andere Seite der Medaille: Wenn die Folien für sich selbst stehen können – warum stehen Sie dann überhaupt auf der Bühne?«*
>
> *– David S. Rose*

Folien, Notizen, Handzettel

Wenn Sie berücksichtigen, dass Ihre Präsentation aus drei Komponenten besteht – den Folien, Ihren Notizen und den Handzetteln –, dann werden Sie kein Bedürfnis verspüren, Ihre Folien oder andere Multimedia-Materialien mit sämtlichen verfügbaren Informationen vollzupacken. Stattdessen können Sie diese in Ihre Notizen oder in die Handzettel einbringen. Auch wenn diese Vorgehensweise von Präsentationsexperten wie Cliff Atkinson vertreten wird, füllen die meisten Menschen ihre Folien dennoch mit massenweise Text und schwer lesbaren Daten und drucken die Folien einfach aus, anstatt separate Handzettel zu erstellen. (Die vier Folien auf dieser Seite habe ich in einer Präsentation zu diesem Thema verwendet.)

Erstellen Sie ein Dokument, kein Folument

Folien sind Folien. Dokumente sind Dokumente. Das ist ein Unterschied. Das Ergebnis der Vermischung nenne ich »Folument«. Der Ursprung des Foluments ist der Wunsch, Zeit zu sparen. Man hält sich für effizient. Man hat gewissermaßen »zwei Fliegen mit einer Klappe« geschlagen – oder auf Japanisch: *iiseki ni cho*, »zwei Vögel mit einem Stein erschlagen«. Leider ist das einzige, was dabei »erschlagen« wird, die effektive Kommunikation. Die Vorsätze sind gut, die Ergebnisse jedoch schlecht. Dieser Versuch, Zeit zu sparen, erinnert mich an ein japanisches Sprichwort: *Nito o oumono wa itto mo ezu*: »Jage zwei Hasen und du erlegst keinen.« Während der Präsentation sollten die Folien Ihre Argumente auf möglichst visuelle Weise schnell, effizient und wirkungsvoll stützen. Den Inhalt, die Begründungen, Belege und Emotionen vermitteln Sie größtenteils verbal. Aber Ihre Handzettel haben eine ganz andere Funktion. Sie müssen auf eine Weise verfasst sein, die mindestens ebenso sehr ins Detail geht wie Ihr Vortrag, weil der Leser die darin festgehaltenen Informationen verstehen soll, ohne dass Sie ihm persönlich Rede und Antwort stehen können, und weil Ihr Publikum sehr viel schneller liest, als Sie sprechen können.

Manche Präsentationen basieren auf dem Buch eines Redners oder einem ausführlichen Fachartikel. In diesem Fall kann der Handzettel recht knapp ausfallen; die Teilnehmer können dem Buch oder dem Artikel selbst mehr entnehmen.

Werden Folumente durch Konferenzen gefördert?

Ein Beweis für die heutige Vorherrschaft schlecht gestalteter Präsentationen sind viele Konferenzen: Hier müssen die Referenten bei der Foliengestaltung einheitliche Richtlinien befolgen und ihre Dateien schon lange vorher einreichen. Diese Standardfolien werden dann ausgedruckt, in einem großen Konferenzordner gebunden und auf die Konferenz-DVD gebrannt, die die Teilnehmer mit nach Hause nehmen. Die Organisatoren gehen also davon aus, dass eine kryptische Abfolge von Folien mit Aufzählungspunkten und Folientiteln nicht nur eine geeignete visuelle Unterstützung eines Vortrags darstellt, sondern auch eine selbst lange Zeit nach der Konferenz glaubwürdige Dokumentation von Präsentationsinhalten. Dies bringt den Referenten in ein Dilemma. Er muss sich zwischen Anschauungsmaterialien entscheiden, die seinen Vortrag klar unterstützen – und zwischen Folien, die sich eher als Dokumente für das spätere Studium eignen. Die meisten Präsentatoren beschreiten einen Mittelweg, dessen Ergebnis eine schlecht gestaltete visuelle Unterstützung des Vortrags sowie eine Reihe von dokumentartigen, mit Text und Daten gefüllten und schlecht lesbaren Folien ist. Eine Ansammlung von kleinen Kästen mit Text und Bildern auf Papierbögen ergibt kein gutes Dokument.

Das Folument ist ineffektiv, wirkungslos und es sieht nicht gut aus. Wenn Ihre Folien sowohl als Anschauungsmaterialien für den mündlichen Vortrag als auch als eigenständige Dokumente dienen müssen, erhalten Sie schlechte Anschauungsmaterialien und schlechte Dokumente. Trotzdem ist dieser Ansatz weit verbreitet. PowerPoint und andere Präsentationsprogramme eignen sich gut für die Darstellung visueller Informationen, die Ihnen helfen, Ihre Geschichte zu erzählen, Argumente zu liefern, Ihren Standpunkt zu untermauern und das Publikum zu fesseln. Für die Erstellung von Textdokumenten ist Präsentationssoftware jedoch nicht geeignet. Dazu gibt es Textverarbeitungsprogramme.

Warum fordern die Organisatoren von Konferenzen also kein Textdokument mit einem festgelegten maximalen Seitenumfang und den Hauptpunkten der Präsentation mit entsprechendem Detailreichtum und entsprechender Tiefe an? Ein prägnantes, lesbares Word- oder PDF-Dokument mit einem Literaturverzeichnis und Links zu weiteren Detailinformationen wäre für alle Interessierten viel nützlicher. Glauben die Organisatoren wirklich, dass ich nach einer Konferenz seitenweise ausgedruckte Folien studieren möchte? Einem zwei Monate alten, ausgedruckten Foliensatz ist wirklich jeder Sinn verloren gegangen. Stattdessen versucht man, die Bedeutung der niedrig aufgelösten Überschriften, Aufzählungspunkte, Diagramme und ClipArt zu entschlüsseln – zumindest eine Weile lang ... bis man aufgibt. Bei einem Textdokument gibt es hingegen keine Oberflächlichkeit oder Zweideutigkeit (vorausgesetzt, es ist gut geschrieben).

Möchten Sie sich abheben und eine Wirkung erzielen, gestalten Sie Ihre Handzettel in Form eines gut geschriebenen, detaillierten Dokuments und Ihre Anschauungsmaterialien in Form von attraktiven, einfachen, intelligenten Grafiken. Dies mag zwar mehr Mühe machen, aber die Qualität Ihrer Folien und Ihrer Handzettel wird sich dramatisch verbessern. Es geht nicht darum, es uns leicht zu machen, es geht darum, es den anderen, dem Publikum leicht zu machen.

Folumente vermeiden

Die Folie unten links zeigt, wie häufig Fettleibigkeit in 30 Ländern vorkommt. Dabei werden zwei unterschiedliche Formate verwendet: Sowohl die Tabelle als auch das Säulendiagramm wurden in Excel erstellt und dann in das Präsentationsprogramm eingefügt. Es entspricht der gängigen Praxis, solche detaillierten Daten aus Excel- oder Word-Dokumenten in Präsentationsfolien einzufügen. In Wirklichkeit ist es jedoch kaum notwendig, für einen kurzen Vortrag alle diese Daten auf einer einzigen Folie zu zeigen. Sollte es wirklich nötig werden, während der Präsentation so viele Daten zu untersuchen, verteilen Sie Tabelle und Diagramme in Form eines gedruckten Dokuments an die Teilnehmer. (Wegen der niedrigen Aufllösung und dem beschränkten Platz auf der Leinwand sind Beschriftungen in so geringer Größe ohnehin schwer lesbar.) Es ist im Allgemeinen besser, nur die Daten zu zeigen, die Ihre Aussage wahrhaftig und exakt stützen. In diesem Beispiel soll dargestellt werden, dass es in den USA sehr viel mehr Fettleibige gibt als in Japan. Also ist es überflüssig, die Häufigkeit von Fettleibigkeit für so viele weitere Länder zu zeigen; diese Informationen wären in einem Ausdruck besser aufgehoben. Wenn Sie die Diagramme in Ihrer Präsentation vereinfachen, müssen Sie außerdem niemals jenen gefürchteten Satz aussprechen: »Das können Sie jetzt bestimmt nicht richtig lesen, aber ...«

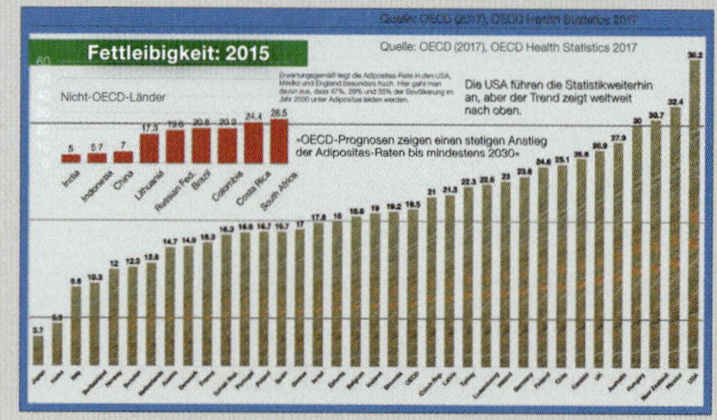

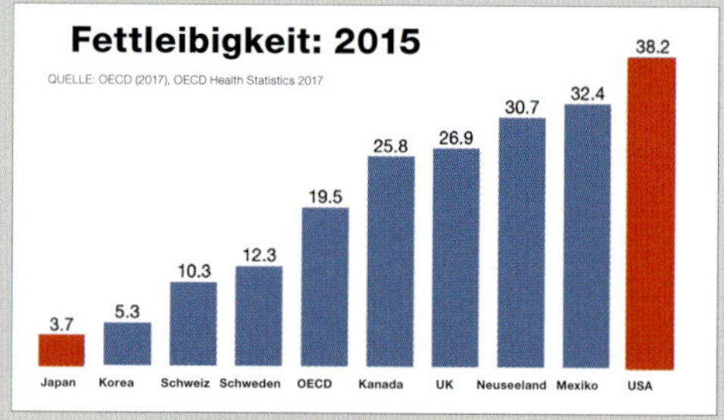

Verwenden Sie kein detailliertes Schaubild, das überfüllt und schwer lesbar wirkt. Versuchen Sie es lieber mit einer einfachen Grafik auf der Folie und verteilen Sie die detaillierten Diagramme und Tabellen in Form eines gedruckten Dokuments an die Teilnehmer. Hier haben Sie mehr Platz, um die Details darzustellen.

Der Vorteil guter Planung

Wenn Sie sich gut vorbereitet und Ihre Kernaussage verdichtet haben – so gut, dass sie den Fahrstuhltest bestehen –, dann können Sie diese in jeder Situation gut verkaufen. Mein Freund Jim aus Singapur sandte mir eine E-Mail mit einem guten Beispiel für den Wert einer guten Vorbereitung.

> *Lieber Garr ... seit Monaten versuchen wir, ein Treffen mit einem potenziellen Interessenten zu vereinbaren. Wir konnten den Kerl einfach nicht erwischen. Endlich versprach er mir einen Termin für nächste Woche. Weil ich weiß, dass er eine total kurze Aufmerksamkeitsspanne hat, entschied ich mich für einen einfachen Ansatz und brütete über den Inhalten und der Kernaussage und dann über den Grafiken. Im Büro begannen wir dann mit dem üblichen Smalltalk und plötzlich merkte ich, dass wir in diesem Gespräch auf die Punkte der Präsentation zu sprechen kamen und dass er einverstanden war, den nächsten Schritt zu gehen. Dann sah er auf die Uhr und sagte: »Ich freue mich, dass wir uns getroffen haben, danke für Ihr Kommen.« Als wir das Gebäude verließen, sagten meine beiden Mitarbeiter, die dabei waren: »Sie haben noch nicht einmal die Präsentation gezeigt und trotzdem einen Abschluss gemacht – das war Spitze!«*
>
> *Ich hingegen war total niedergeschlagen: »Was ist mit der ganzen Zeit, die ich auf die Vorbereitung verwendet habe? Er hat noch nicht einmal meine Präsentation gesehen. Was für eine Zeitverschwendung, die ganze Chose zusammenzustellen!« Doch dann ging mir ein Licht auf. Bei der Vorbereitung einer Präsentation geht es um das Ordnen von Gedanken und die Entwicklung einer Geschichte für das Publikum. Ich war in der Lage, meinen Standpunkt vorzutragen, weil ich ihn in der Vorbereitung der Präsentation ausgearbeitet hatte. Sogar die Schaubilder hatten mich gezwungen, die Präsentation zu überdenken und wurden ein Teil der Präsentation, obwohl das Publikum sie niemals zu Gesicht bekommen hat.*

Jim sagt hier etwas sehr Wichtiges. Wenn Sie sich gut vorbereiten, sollte Ihnen diese Phase *an sich* helfen, Ihr Thema wirklich zu verinnerlichen. Wenn Sie sich gut vorbereitet haben, sollten Sie Ihre Geschichte auch dann erzählen können, wenn der Projektor versagt oder der Kunde sagt: »Zum Kuckuck mit den Folien, erklären Sie mir's einfach so.«

In der Planungsphase sollte Ihr Geist besonders klar sein; alle gedanklichen Barrieren sollten niedergerissen sein. Ich liebe alles Technische und glaube, dass Präsentationsprogramme in vielen Situationen sehr hilfreich sind. Die Planung sollten Sie jedoch analog durchführen: Verwenden Sie Papier und Bleistift, ein Whiteboard, einen Block in Ihrer Tasche, während Sie am Strand mit dem Hund spazierengehen … was immer bei Ihnen funktioniert. Peter Drucker drückt es sehr plastisch aus: »Der Computer ist ein Idiot.« Nur Sie und Ihre Ideen (und Ihre Zuhörer) zählen. In der frühen Planungsphase ist Kreativität besonders wichtig und gerade hier sollten Sie nicht vor dem Rechner sitzen. Wenn ich meinen Computer nicht in der Nähe habe, kann ich persönlich besonders klar denken und die besten Ideen sammeln.

Der Sinn dahinter ist klar: Innehalten, Ruhe und die Verwendung von Papier oder Whiteboards in der Vorbereitungsphase können Ihnen helfen, Ihre Kernaussage zu erfassen, zu präzisieren und zuzuspitzen.

Wie gesagt – wenn Ihr Publikum sich nur einen einzigen Punkt merken könnte: Welcher sollte dies sein? Und warum? Wenn Sie Ihre Ideen und Ihre Kernaussage gedanklich vollständig klar ausformulieren und dann auf Papier festhalten können, werden Ihre Folien und anderen multimedialen Anschauungsmaterialien Ihre Inhalte bekräftigen und verstärken.

Zusammenfassung

- Halten Sie inne und gönnen Sie Ihrem Geist Ruhe, sodass Sie Ihr Problem und Ihre Ziele deutlich erkennen können.
- Nehmen Sie sich Zeit für sich selbst, sodass Sie das große Ganze sehen können.
- Schalten Sie den Computer aus. Die analoge Planung verhilft Ihnen zu mehr Konzentration.
- Zeichnen Sie Ihre Ideen mit Papier und Bleistift oder auf einem Whiteboard auf.
- Die Schlüsselfragen: Worauf wollen Sie hinaus? Warum ist es wichtig?
- Wenn sich Ihr Publikum nur einen einzigen Punkt merken könnte: Welcher sollte dies sein?
- Ein detailliertes Textdokument bewahrt Sie davor, jedes Detail auf den Folien unterbringen zu müssen.

4

Die Geschichte ausarbeiten

Während Sie vom Netz abgekoppelt waren und sich Zeit genommen haben, konnten Sie Ihre Gedanken alleine oder vielleicht in einer kleinen Gruppe sammeln. Sie sind einen Schritt zurückgetreten, um das Gesamtbild zu erkennen, und Sie haben Ihre Kernaussage gefunden. Selbst wenn Sie noch nicht alle Details ausgearbeitet haben, haben Sie nun eine klarere Vorstellung vom Inhalt und Schwerpunkt der Präsentation. Im nächsten Schritt geben Sie Ihrer Kernbotschaft und den begleitenden Aussagen eine logische Struktur. Damit bringen Sie Ordnung in Ihre Präsentation, die Sie dadurch auch flüssiger und für Ihr Publikum besser verständlich vortragen können.

Ehe Sie von der analogen zur digitalen Vorbereitungsphase wechseln – und Ihre Ideen von den Papierskizzen in PowerPoint oder Keynote übertragen –, sollten Sie überlegen, wodurch Ihre Ideen beim Publikum ankommen. Warum sind manche Präsentationen so brillant, während man andere gleich wieder vergisst? Wenn Sie eine unvergessliche Präsentation kreieren möchten, dann müssen Sie darüber nachdenken, wie Sie einprägsame Botschaften formulieren können.

Eine Komponente unvergesslicher Botschaften ist die Erzählung. Wir erzählen andauernd Geschichten. Denken Sie vielleicht an ein Campingerlebnis zurück, als Sie einen kleinen Schritt zurück in vergangene, einfachere Zeiten machten und sich abends am Lagerfeuer in geselliger Runde lange Geschichten entspannen. Es hat etwas sehr Natürliches, Bezwingendes und Erinnerungswertes, Geschichten zu erzählen und ihnen zu lauschen.

Welche Botschaften bleiben haften?

Die meisten wirklich guten Bücher, die Ihnen beim Erstellen besserer Präsentationen helfen, handeln überhaupt nicht direkt von Präsentationen. Ganz sicher handeln Sie nicht vom Umgang mit Präsentationssoftware. Eines dieser Bücher ist *Was bleibt* von Chip und Dan Heath. Die beiden Brüder interessierten sich dafür, wodurch manche Gedanken wirkungsvoll und einprägsam und andere mehr als leicht zu vergessen waren. Manche bleiben hängen, andere verblassen. Warum? Die Autoren haben herausgefunden – und erklären dies in ihrem Buch einfach und brillant –, dass besonders einprägsame Gedanken sechs Schlüsseleigenschaften gemeinsam haben. Sie sind einfach, unvorhersehbar, konkret, glaubwürdig emotional und sie erzählen eine Geschichte.

Diese sechs Eigenschaften lassen sich relativ einfach in Botschaften unterbringen – auch in Präsentationen und Keynote-Ansprachen –, doch die meisten Menschen setzen sie nicht ein. Warum? Den Autoren zufolge liegt es am »Fluch des Wissens«, dass es den meisten nicht gelingt, effektive oder »bleibende« Botschaften zu formulieren. Der Fluch des Wissens ist im Wesentlichen jener Zustand, der den Überbringer der Botschaft an der Vorstellung hindert, wie es wäre, nicht sein Hintergrundwissen zum Thema zu haben. Für ihn macht es vollkommenen Sinn, wenn er in Abstraktionen zum Publikum spricht. In seinem Geist erscheint alles einfach und offensichtlich. Die sechs oben genannten Prinzipien sind Ihre Waffen im Kampf gegen den Fluch des Wissens (mit dem wir alle belegt sind).

Hier ist ein Beispiel, das die Autoren gleich zu Beginn ihres Buchs verwenden, um den Unterschied zwischen einer guten, erinnerungswürdigen und einer schlechten und schwammigen Botschaft zu verdeutlichen. Sehen Sie sich die beiden Botschaften an – beide behandeln dasselbe Thema. Eine davon sollte Ihnen sehr bekannt vorkommen.

> *»Unsere Mission ist es, durch größtmögliche teamorientierte Innovation und strategisch ausgerichtete Luft- und Raumfahrtinitiativen die internationale Führungsrolle in der Raumfahrtindustrie zu übernehmen.«*
>
> *oder*
>
> *»… noch vor Ende dieses Jahrzehnts einen Menschen auf dem Mond zu landen und sicher zur Erde zurückzubringen.«*

Die erste Botschaft klingt sehr nach der heutigen Managersprache. Sie ist kaum verständlich, geschweige denn einprägsam. Die zweite Botschaft – sie entstammt einer 1961 von John F. Kennedy gehaltenen Rede – verfügt über alle sechs der von Chip und Dan Heath angeführten Schlüsselelemente. Sie motivierte eine ganze Nation dazu, ein bestimmtes Ziel zu erreichen, das die Welt veränderte. JFK oder zumindest seinen Redenschreibern war es bewusst, dass Abstraktionen weder erinnernswert noch motivierend sind. Doch wie viele Reden von Managern und anderen Führungspersonen enthalten Phrasen wie »Shareholder Value maximieren, bla, bla, bla«? Es folgt eine kurze Zusammenfassung der sechs Prinzipien aus *Was bleibt.* Sie sollten diese beherzigen, wenn Sie Ihre Gedanken zuspitzen und Ihre Botschaften für Reden, Präsentationen oder jede andere Form der Kommunikation ausformulieren.

- **Einfachheit.** Wenn alles wichtig ist, ist nichts mehr wichtig. Hat alles Priorität, dann hat nichts mehr Priorität. Sie müssen Ihre Aussage schonungslos auf ihren absoluten Kern reduzieren – nicht verwässern oder vereinfachen. Wir reden hier nicht von sinnfreien Sprüchen. Wenn Sie sich genug Mühe geben, lässt sich jeder Gedanke auf seine wesentliche Aussage reduzieren. Was ist der Knackpunkt Ihrer Präsentation? Wo liegt der Kern? Warum ist Ihr Anliegen so wichtig (oder sollte es sein)?

- **Unvorhersehbarkeit.** Sie können beim Publikum Interesse wecken, indem Sie seine Erwartungen durchkreuzen. Überraschen Sie es. Überraschung garantiert Ihnen Aufmerksamkeit. Um die Aufmerksamkeit aufrechtzuerhalten, müssen Sie jedoch die Neugier der Zuhörer wecken. Am besten geht das durch Fragen oder indem Sie Löcher im Wissen der Zuhörer auftun, die Sie dann anschließend wieder füllen. Machen Sie dem Publikum eine Wissenslücke bewusst und füllen Sie diese wieder mit Ihren Lösungen und Puzzleteilen (oder führen Sie es zu den Antworten). Unternehmen Sie mit dem Publikum eine Reise.

- **Konkretheit.** Verwenden Sie eine deutliche Sprache und echte Beispiele aus dem wirklichen Leben, keine Abstraktionen. Sprechen Sie von konkreten Bildern statt von vagen Vorstellungen. Sprichwörter eignen sich gemäß der Heath-Brüder gut dazu, abstrakte Konzepte auf eine konkrete, einfache und doch wirkungsvolle (und einprägsame) Sprache zu reduzieren. Die Redensart *iiseki ni cho* or »Zwei Vögel mit einem Stein erlegen« ist beispielsweise einfacher als etwa zu sagen: »Lassen Sie uns darauf hinarbeiten, unsere

Produktivität durch verbesserte Effizienz in vielen Abteilungen zu steigern.« Und der Satz »zum Mond und zurück« von JFK (und vor ihm Ralph Kramden)? Das ist sehr konkret. Das können Sie sich bildlich vorstellen.

- **Glaubwürdigkeit.** Wenn Sie auf Ihrem Gebiet bekannt sind, dann sind Sie vielleicht automatisch schon glaubwürdig (aber auch das wiegt heutzutage weniger schwer als früher). Den meisten von uns ist diese Art der Glaubwürdigkeit jedoch nicht gegeben, also greifen wir nach Zahlen und kalten, harten Daten, um unsere Ansprüche als Marktführer und so weiter zu unterstreichen. Die Heath-Brüder sagen, dass Statistiken nicht unbedingt hilfreich sein müssen. Wichtig ist, dass der Zusammenhang und die Aussage stimmen. Drücken Sie sie so aus, dass sie vom Publikum verstanden werden. »Fünf Stunden Batterielaufzeit« oder »Genug Batterielaufzeit, um während Ihres nächsten Flugs von Berlin nach Gran Canaria auf dem iPod Ihre Lieblingssendungen anzusehen«? Es gibt viele Möglichkeiten, Glaubwürdigkeit zu erlangen – ein Kunden- oder Pressezitat könnte beispielsweise hilfreich sein. Wenn Sie aber langatmig die Geschichte Ihres Unternehmens herunterbeten, werden Sie Ihr Publikum damit nur langweilen.

- **Emotionalität.** Menschen sind emotionale Wesen. Es genügt nicht, die Zuhörer durch eine Aneinanderreihung von Vortragspunkten und Informationen auf Ihren Folien zu führen; Sie müssen dafür sorgen, dass sie etwas fühlen. Es gibt Millionen von Möglichkeiten, mit Ihren Inhalten beim Publikum Gefühle auszulösen. Mit Bildern können Sie beispielsweise nicht nur Ihre Aussage besser verdeutlichen, sondern Sie erlauben dem Publikum damit auch einen intuitiveren und emotionaleren Zugang zu Ihrem Gedanken. Man könnte zum Beispiel die in den USA vom Hurrikan Katrina und der nachfolgenden Überflutung ausgelösten Zerstörungen anhand von Stichpunktlisten, Daten und Gesprächspunkten diskutieren. Bilder der Sturmfolgen und des tatsächlich aufgetretenen menschlichen Leids erzählen die Geschichte jedoch auf eine Weise, wie Worte, Text und Daten alleine es niemals könnten. Bereits die Worte »Hurrikan Katrina« beschwören im Kopf lebhafte Bilder herauf. Wir gehen eine natürliche emotionale Verbindung mit Bildern oder Geschichten über andere Menschen ein, aber auch Bilder ohne Menschen sprechen uns auf emotionaler Ebene an. Zum Beispiel wurde die Region Tohoku in Japan nach dem großen Erdbeben vom März 2011 von einem heftigen Tsunami heimgesucht. Bilder wie dieses, das mein Schwiegervater in den Wochen nach dem Tsunami aufgenommen hat, schockieren die Sinne, wenn einem bewusst wird, dass es dort früher eine Stadt gab, wo heute nichts mehr ist. Das Foto zeigt die Realität in einer Weise, wie sie Worte allein nicht ausdrücken könnten, und das berührt uns emotional.

- **Geschichten.** Wir erzählen den ganzen Tag Geschichten. Menschen haben schon immer so kommuniziert. Wir erzählen mit unseren Worten und sogar mit unserer Kunst und unserer Musik Geschichten. Wir drücken uns durch die Geschichten, die wir miteinander teilen, aus. Wir lehren, lernen und wachsen durch Geschichten. In Japan ist es für ältere Arbeitnehmer (*sempai*) Brauch, sich eines jüngeren Arbeitnehmers (*kohai*) anzunehmen und ihn verschiedene Dinge hinsichtlich der Firmengeschichte und -kultur und der Ausführung der Arbeit zu lehren. Der sempai greift während dieser informellen Ausbildung gerne auf Geschichten zurück, obwohl niemand sie als solche bezeichnet. Hört ein junger Arbeiter die Geschichte des armen Kerls, der seinen Schutzhelm in der Betriebshalle nicht getragen hatte, dann vergisst er diese Lektion nie wieder (ebenso wenig wie das Aufsetzen seines Schutzhelms). Erzählungen wecken unsere Aufmerksamkeit und sind einprägsamer als eine Latte von Vorschriften. Wir lieben Hollywood-, Bollywood- und Indie-Filme. »Geschichten« begeistern uns. Warum zeigt aber die Mehrzahl der aufgeweckten, talentierten, geschichtenliebenden Menschen in der Regel statt Geschichten oder Beispielen und Illustrationen eine Abfolge lose aneinandergereihter Informationen, sobald sie die Gelegenheit zur Präsentation haben? Großartige Gedanken und Präsentationen besitzen ein erzählerisches Element.

Diese Folien habe ich in Vorträgen verwendet, in denen ich auf die Grundgedanken des Buchs »Was bleibt« von Chip und Dan Heath einging.

Ich glaube, diese Nation sollte sich dem Ziel verschreiben, bis zum Ende des Jahrzehnts einen Menschen auf dem Mond zu landen und ihn wieder sicher zurück zur Erde zu bringen.

– John F. Kennedy
25. Mai 1961

Geschichten erzählen

Vor der Erfindung der Schrift gaben Menschen ihre Kultur von Generation zu Generation durch Geschichten weiter. Wir definieren uns also über Geschichten und wir sind unsere Geschichten. Geschichten können Analogien oder Metaphern enthalten, mächtige Werkzeuge, um die Zuhörer einzubeziehen und ihnen unsere Gedanken klar und konkret zu verdeutlichen. Die besten Präsentatoren veranschaulichen ihre Aussagen mit oft persönlichen Geschichten. Komplizierte Konzepte lassen sich am einfachsten durch Beispiele erfassen oder durch eine Geschichte, die das Anliegen unterstreicht. Wenn Sie wollen, dass sich Ihr Publikum an Ihre Inhalte erinnert, dann suchen Sie nach einer Möglichkeit, Ihre Kernaussage mit guten, kurzen Geschichten oder Beispielen zu stützen, um sie gewichtiger und einprägsamer zu machen.

Gute Geschichten haben einen interessanten, deutlichen Anfang, einen provokativen, fesselnden Hauptteil und einen aussagekräftigen Schluss. Ich spreche hier nicht von Erzählliteratur. Ich spreche von der Realität, ungeachtet des Themas. Bedenken Sie, dass zum Beispiel Dokumentarfilme immer die »Geschichte« dessen »erzählen«, wovon sie berichten. Dokumentarfilme liefern nicht nur einfach Fakten; vielmehr fesseln sie uns mit Geschichten von Krieg, wissenschaftlicher Entdeckung, einer dramatischen Seenotrettung, Klimawandel und so weiter. Uns ist einprogrammiert zu vergessen, was unser Gehirn für unser Überleben als unwichtig empfindet. Unser Bewusstsein sagt uns, dass wir immer wieder das Physikbuch durchlesen sollen, um die Prüfung zu bestehen, doch unser Gehirn sagt uns, dass dies langweilig, uninteressant und für unser Überleben ohne Bedeutung ist. Das Gehirn liebt Geschichten.

Die Macht des Erzählens

Erzählungen sind ist ein wichtiges Mittel, um das Publikum zu fesseln und auf die Bedürfnisse der Menschen nach Logik, Struktur und Emotionen einzugehen. Menschen erinnern sich an Erfahrungen am ehesten in Form von Geschichten; mithilfe einer Erzählstruktur können wir am besten lernen. Schon lange, bevor wir damit angefangen haben, Listen oder Stichpunkte vorzulesen, haben die Menschen über ihre Augen und Ohren Informationen miteinander geteilt. Ein im Jahr 2003 im *Harvard Business Review* erschienener Artikel über die »Macht des Erzählens« besagt, dass der Schlüssel zu Führungsqualität und Geschäftskommunikation im Erzählen von Geschichten liegt. »Vergessen Sie PowerPoint und Ihre Statistiken. Um Menschen auf der tiefsten Ebene mit einzubeziehen, müssen Sie Geschichten erzählen.«

Der legendäre Drehbuchautoren-Coach Robert McKee bemerkt in einem Interview mit dem *Harvard Business Review*, dass die Aufgabe einer Führungsperson auch darin besteht, Menschen zum Erreichen bestimmter Ziele zu motivieren. »Dazu müssen Sie ihre Gefühle wecken«, sagt McKee, »und der Schlüssel zu ihren Herzen ist die Erzählung.« Laut McKee wird zumeist versucht, Menschen durch konventionelle Rhetorik und einen intellektuellen Prozess zu überzeugen. In der Geschäftswelt verwendet man hierzu häufig typische PowerPoint-Präsentationen, mit denen Führungspersonen ihre Anliegen mit Statistiken und Daten belegen. Menschen lassen sich jedoch nicht allein durch Statistiken bewegen, noch trauen sie Ihren Daten in jedem Fall. »Statistiken werden zum Lügen verwendet ... und Bilanzen sind oft schön verpackt und stinken trotzdem zum Himmel.« McKee sagt, Rhetorik sei problematisch, da sich die Zuhörer während des Vortrags unter Zuhilfenahme ihrer eigenen Statistiken und Quellen in Gedanken mit dem Vortragenden stritten. Selbst wenn Sie andere argumentativ überzeugen, sagt McKee, reicht dies nicht aus, da »Menschen nicht nur aus dem Verstand heraus handeln.« Der Schlüssel liegt darin, einen Gedanken mit einem Gefühl zu verbinden und das gelingt am besten durch eine Erzählung. »In eine Geschichte flechten Sie während der Erzählung nicht nur eine Menge Informationen ein, sondern Sie aktivieren damit auch die Gefühle und den Tatendrang der Zuhörer«, sagt McKee.

Suchen Sie den Konflikt

Eine gute Geschichte handelt laut McKee nicht von Anfang bis Ende davon, wie die Erwartungen von den Ergebnissen bestätigt werden. Das ist langweilig. Stattdessen ist es besser, den »Kampf zwischen Erwartung und Realität in all seiner Grausamkeit« darzustellen. Erst durch die »dunkle Seite« wird unser Leben so interessant. Es ist der Kampf bei der Überwindung negativer Mächte, der uns zu einem tieferen Verhältnis zu unserem eigenen Leben zwingt, sagt McKee. Es ist interessant, packend und erinnerungswürdig, Negatives zu überwinden. Solche Geschichten sind überzeugender.

Das wichtigste Element einer Geschichte ist daher der Konflikt. Ein Konflikt ist dramatisch. In ihrem Kern handelt eine Geschichte vom Widerstreit zwischen Erwartungen und kalter Realität. In einer Geschichte geht es um Missverhältnisse, gegenläufige Kräfte oder ein Problem, das gelöst werden muss. Ein guter Erzähler beschreibt den Umgang mit diesen gegenläufigen Kräften, etwa im Falle knapper Arbeitsressourcen, schwieriger Entscheidungen oder einer langen wissenschaftlichen Entdeckungsreise und so weiter. Die Menschen ziehen es vor, nur ein rosiges (und möglicherweise langweiliges) Bild zu zeichnen. »Als Erzähler sollten Sie jedoch die Probleme in den Vordergrund stellen und dann zeigen, wie Sie diese überwunden haben.« Wenn Sie in der Geschichte Ihren Kampf mit den Antagonisten beschreiben, so McKee, dann ist das Publikum ganz bei Ihnen und Ihrem Material.

Kontraste sind fesselnd

Egal ob im Grafikdesign oder beim Aufbau einer Geschichte: Kontrast ist eines der grundlegendsten und wichtigsten Elemente. Kontrast ist Unterschied – und wir sind alle darauf programmiert, Unterschiede wahrzunehmen. Kontraste können Sie in allen gut erzählten Geschichten finden, auch im Film. In *Star Wars IV* gibt es zum Beispiel einen faszinierenden Kontrast zwischen der guten, edlen Rebellenallianz und der dunklen Seite des Todessterns und des feindlichen Imperiums. Es gibt aber auch große Kontraste zwischen den beiden Hauptcharakteren auf einer Seite. Die Person des jungen, naiven, idealistischen Luke Skywalker kontrastiert mit dem alten, weisen und realistischen Obi-Wan Kenobi. Die besonnene, diplomatische und junge Prinzessin Leia steht im Kontrast zum etwas übermütigen, respektlosen und älteren Han Solo. Diese Filmfiguren faszinieren Millionen von Fans aufgrund der ihnen innewohnenden Kontraste und wegen der zahlreichen Auseinandersetzungen, die sie durch ihre Differenzen haben. Selbst R2D2 und C3PO sind fesselnde Charaktere, was hauptsächlich ihren verblüffend unterschiedlichen Persönlichkeiten geschuldet ist. Achten Sie in Ihren eigenen Präsentationen auf Kontraste wie Vorher/Nachher, Vergangenheit/Zukunft, Jetzt/Dann, Problem/Lösung, Streit/Frieden, Wachstum/Rückgang, Pessimismus/Optimismus und so weiter. Die Betonung von Kontrasten ist eine natürliche Methode, den Zuhörern Ihre Geschichte nahezubringen und Ihre Botschaft besser in der Erinnerung zu verankern.

Erzählprinzipien in Präsentationen einsetzen

Nicht immer bleibt Ihnen viel Zeit, eine Präsentation vorzubereiten, und manchmal ist es schwierig, die Geschichte darin zu erkennen. Hier sind drei einfache Schritte, mit denen Sie praktisch jede Präsentation relativ schnell vorbereiten können.

Grundelemente Ihrer Geschichte:

1. *Bestimmen Sie das Problem.* (Das könnte zum Beispiel ein Problem sein, das durch Ihr Produkt gelöst wird.)
2. *Bestimmen Sie die Ursachen des Problems.* (Geben Sie passende Beispiele für den Konflikt, der sich um das Problem rankt.)
3. *Zeigen Sie, wie und warum Sie das Problem gelöst haben.* (Hier bringen Sie Ihre Lösung des Konflikts an.)

Das war es im Grunde schon. Stellen Sie Ihr Problem (oder Ihr einstiges Problem) vor und zeigen Sie, wie Sie es lösen werden (oder gelöst haben). Geben Sie Beispiele, die für Ihr Publikum aussagekräftig und von Bedeutung sind. Denken Sie an die sequenzielle Natur der Erzählung: »Erst geschah dies, dann jenes – und deshalb kam es hierzu (und so weiter).« Nehmen Sie Ihre Zuhörer mit auf eine Reise durch den Konflikt und seine anschließende Auflösung. Wenn Ihnen das gelingt, dann sind Sie anderen Präsentatoren meilenweit voraus. Die meisten von ihnen wiederholen einfach nur Stichpunkte und verbreiten listenweise Informationen. Denken Sie daran, dass Listen und Stichpunkte bei uns leicht in Vergessenheit geraten, während uns Geschichten von Natur aus liegen. Schon immer haben wir versucht, mithilfe von Geschichten die Fragmente unserer Erfahrungen zu verstehen und im Gedächtnis zu behalten. Robert McKees Aussage ist, dass Sie Ihre natürliche Tendenz zum Verpacken von Erfahrungen in Geschichten nicht unterdrücken, sondern sich diese stattdessen zu Eigen machen und dem Publikum die Geschichte Ihrer Erfahrung oder Ihres Themas erzählen sollten.

Geschichten und Gefühle

Unser Gehirn neigt dazu, sich an Erfahrungen und Geschichten mit einem starken emotionalen Element zu erinnern. Emotionale Komponenten von Geschichten rufen diese besser in Erinnerung. Anfang letzten Jahres hielten in meinem japanischen Personalmanagement-Kurs vier Teilnehmer eine Präsentation über Beschäftigungssicherheit in Japan ab. Als ich andere Teilnehmer drei Tage darauf fragte, was für sie die herausragenden Punkte der Präsentation gewesen seien, da waren ihnen nicht etwa die Arbeitsgesetze oder die Gesetzmäßigkeiten und Veränderungen des japanischen Arbeitsmarkts am lebhaftesten in Erinnerung geblieben. Stattdessen erinnerten sie sich an das Thema *karoshi*, arbeitsbedingten Selbstmord, und an das Selbstmordproblem in Japan – Themen, die in der stundenlangen Präsentation eigentlich nur untergeordneten Stellenwert hatten. Etwa fünf Minuten der mehrstündigen Präsentation ging es um *karoshi*, dies blieb jedoch am stärksten in der Erinnerung haften. Die Gründe dafür liegen auf der Hand. Das Problem der durch Überarbeitung bedingten Todesfälle und die relativ hohe Selbstmordrate sind extrem emotionale Themen, die nicht häufig zur Sprache kommen. Die Vortragenden haben von echten Fällen berichtet und Geschichten von Menschen erzählt, die an *karoshi* gestorben sind. Durch die Geschichten und die dadurch im Publikum ausgelösten Emotionen – Überraschung, Sympathie, Mitgefühl – haben sich diese relativ geringfügigen Punkte am stärksten im Gedächtnis der Menschen eingeprägt.

Kamishibai: japanische Lektionen im Erzählen von Bildgeschichten

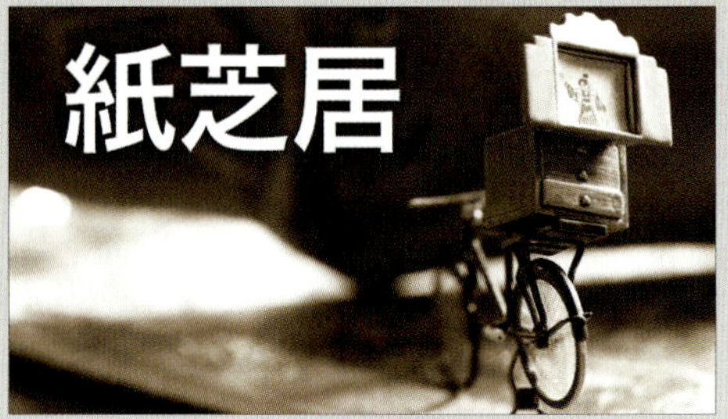

Kamishibai ist eine Form des visuellen und aktiven Geschichtenerzählens. Sie kombiniert den Einsatz handgezeichneter Elemente mit der fesselnden Erzählung eines Livesprechers. *Kami* (紙) bedeutet »Papier« und *shibai* (芝居) heißt »Schauspiel/Drama«. Die Wurzeln von *kamishibai* reichen auf unterschiedliche japanische Erzähltraditionen für Bildergeschichten zurück. Dazu gehören *etoki* und *emaki*-Rollen und andere jahrhundertealte Formen der Bildergeschichten. Die heute bekannte Form von *kamishibai* entwickelte sich allerdings um 1929 und sie erlebte ihren Aufschwung in den 1930er und 1940er Jahren. Durch das Aufkommen des Fernsehens in den 1950er Jahren geriet sie nahezu vollständig in Vergessenheit. Beim typischen *kamishibai* stand ein Erzähler rechts neben einer kleinen Holzkiste oder Bühne, welcher die 12–20 Karten mit den Bildern zur Begleitung der jeweiligen Geschichte aufnahm. Diese Miniaturbühne war am Fahrrad des Geschichtenerzählers angebracht, von dem aus er auch Süßigkeiten an die kleinen Kinder verkaufte, die ihn bei seinen Vorführungen umringten (so verdiente der Erzähler ursprünglich seinen bescheidenen Lohn). Der Präsentator wechselte die Karten von Hand und variierte dabei das Tempo je nach Ablauf seiner Geschichte. Die besten *kamishibai*-Erzähler lasen die Geschichte nicht ab, sondern blickten ins Publikum und gelegentlich auch auf die aktuelle Bildkarte.

Kamishibai unterscheidet sich von Bilderbüchern im selben Maße, wie sich moderne Präsentationen von Dokumenten unterscheiden. Ein Bilderbuch kann mehr visuelle Details und mehr Text aufnehmen. Bilderbücher werden jedoch in der Regel alleine gelesen, während *kamishibai* vor einer größeren Gruppe aufgeführt wird, die sich um den Erzähler und dessen Bilder versammelt hat.

Auch wenn *kamishibai* als bildgestützte Erzählform schon vor über 80 Jahren populär wurde, lassen sich aus dieser Kunst abgeleitete Lektionen auch auf moderne Multimediapräsentationen übertragen. Tara McGowan hat das Buch *The Kamishibai Classroom* (Libraries Unlimited) verfasst. Sie vergleicht *kamishibai*-Bilder mit den Bildern eines Films. »Kamishibai-Bilder wurden für die kurzzeitige Betrachtung innerhalb weniger Augenblicke gestaltet. Überflüssige Details lenken also von der Handlung ab und bergen das Risiko von Missinterpretationen.« Es sei wichtig, jede Karte so zu gestalten, »... dass die Aufmerksamkeit des Publikums auf die jeweils wichtigsten Charaktere und Gegebenheiten gelenkt wird. Wenn es um Deutlichkeit und den Ausdruck von Zielen geht, werden Sie kaum ein perfekteres Medium finden können.« Wir können uns leicht vorstellen, wie wir den Geist von *kamishibai* auf unsere heutigen multimedialen Bildschirmpräsentationen übertragen können. Die nachfolgenden *kamishibai*-Ratschläge lassen sich auf unsere Präsentationen anwenden:

1. Visuelle Elemente sollten groß, kühn, deutlich und gut sichtbar sein.
2. Verwenden Sie bildfüllende Grafikelemente mit angeschnittenen Kanten.
3. Verwenden Sie visuelle Elemente aktiv und nicht zur Dekoration.
4. Verringern Sie sorgfältig den Detailgehalt.
5. Gestalten Sie Ihre Präsentation – sowohl das gesprochene Wort als auch die Folien – so, dass das Publikum aktiv daran teilnehmen kann.

Geschichten und Authentizität

Ich habe einige recht gute (wenn auch nicht herausragende) Präsentationen gesehen, deren Durchführung und grafische Gestaltung eher durchschnittlich waren. Dennoch waren sie ziemlich wirkungsvoll, weil der Sprecher mit natürlichem, menschlichem und informellem Redestil und auf klare, deutliche Weise zu seiner Argumentation passende Geschichten vortrug. Es genügt nicht, einfach etwas herunterzurattern; Sie müssen dem Publikum Ihre Punkte in natürlicher Sprache vortragen (und zeigen).

Vor einigen Jahren sah ich eine wirklich fantastische Präsentation von dem Manager eines der bekanntesten in Japan tätigen ausländischen Unternehmen. Die Folien des Vorsitzenden waren von der Gestaltung her mittelmäßig. Er hatte auch den Fehler begangen, statt eines Assistenten zum Weiterschalten der Folien gleich zwei an seinen Seiten zu haben. Offenbar hatten sie Probleme mit der Präsentationssoftware und hinter dem Redner erschien häufig die falsche Folie. Dieser einflussreiche Mann zuckte aber lediglich mit den Schultern und sagte: »... Ach, das macht nichts. Mir geht es darum ...« Er machte weiter und fesselte das Publikum mit seinen Geschichten von früheren Fehlschlägen in der Firmengeschichte, Erfolgen aus der jüngeren Vergangenheit – Geschichten, die mehr packende und einprägsame Wirtschaftslektionen aus der Praxis enthielten, als die meisten Wirtschaftsstudenten in einem ganzen Semester oder mehr lernen.

Tatsächlich wäre die Präsentation mit besser gestalteten und richtig eingesetzten Folien sogar noch besser gewesen. In diesem besonderen Fall hat der Manager aber trotz der Mängel eine starke und erinnernswerte Präsentation abgehalten. Glauben Sie mir, bei Präsentationen auf Vorstandsebene ist das äußerst selten. Es gibt vier Hauptgründe für seinen Erfolg an diesem Abend:

1. Er kannte sein Material in- und auswendig und er wusste, was er sagen wollte.
2. Er stand vorne in der Mitte und verwendete eine ehrliche, bodenständige Sprache, die verständlich und zugleich leidenschaftlich wirkte.
3. Er ließ sich nicht von technischen Pannen beirren. Traten sie auf, machte er einfach weiter, ohne den Faden oder seinen Kontakt zum Publikum zu verlieren.
4. Er verwendete zur Verdeutlichung seiner Aussagen echte, teils witzige Anekdoten und all seine Geschichten waren äußerst spannend und treffend und unterstützten seine Kernaussage.

Die Präsentation dieses Managers war vor allem deshalb so fesselnd und einprägsam, weil sie authentisch war. Seine Geschichten kamen aus dem Bauch und aus dem Herzen heraus und nicht von einem auswendig gelernten Manuskript. Wir erzählen eine Geschichte nicht alleine aus unserem Gedächtnis; eine Geschichte, die Bedeutung für uns hat, brauchen wir uns gar nicht zu merken. Wenn sie echt ist, dann ist sie ein Teil von uns. Aufgrund unserer Nachforschungen, unseres Wissens und unserer Erfahrungen können wir sie aus dem Bauch heraus erzählen. Verinnerlichen Sie Ihre Geschichte, aber lernen Sie sie nicht Zeile für Zeile auswendig. Sie können niemanden täuschen. Entweder glauben Sie an Ihre Geschichte oder nicht. Und wenn nicht, dann werden Sie durch keine noch so übertriebene, oberflächlich vorgegaukelte Begeisterung oder Überzeugung jemals eine bedeutungsvolle Zeit mit Ihrem Publikum verbringen können. Wenn Sie nicht daran glauben oder Sie sich nicht sicher sind, ob es wahr ist, wie sollen Sie dann zu anderen Verbindung aufnehmen und sie mit Ihren Worten in Form einer Erzählung überzeugen können? Ihre Worte werden leere Hülsen sein.

Es geht nicht nur um Informationen

Wer früher viele Informationen zu einem bestimmten Themenbereich besaß, war heiß begehrt und konnte hohe Honorare für den Zugang zu seinem faktengefüllten Gehirn verlangen. Das kam daher, dass Fakten früher schwer zugänglich waren. Jetzt ist das anders. In einem Zeitalter, wo Informationen über scheinbar alles nur einen Mausklick entfernt sind, reicht der bloße Besitz von Informationen kaum noch als Abgrenzungsmerkmal aus. Viel wichtiger als jemals zuvor ist heute die Fähigkeit, die Fakten zusammenzufassen und sie in den richtigen Kontext und Blickwinkel zu setzen. Picasso sagte einmal: »Computer sind nutzlos, weil sie uns nur Antworten liefern.« Tatsächlich können uns Google und Computer die benötigten Routineinformationen und Fakten liefern. Von denen, die vor uns stehen und einen Vortrag halten, erwarten wir etwas, das Daten und Informationen alleine nicht zu liefern vermögen: Bedeutsamkeit.

Denken Sie daran, dass wir in einer Zeit leben, in der grundlegende menschliche Talente eine wichtige Rolle spielen. Jeder – ja, sogar jede Maschine – kann einem Publikum eine Liste mit Aufzählungspunkten oder eine Aneinanderreihung von Fakten vorlesen. Das ist es nicht, was wir wollen oder brauchen. Wir sehnen uns danach, einem intelligenten und anregenden, zeitweise vielleicht sogar provokativen menschlichen Wesen zuzuhören, das uns – mit Wissen und Bedeutsamkeit – auf erinnernswerte Weise lehrt, inspiriert oder stimuliert.

Und gerade hierzu sind Erzählungen wichtig. Informationen plus Gefühle und bildliche Darstellungen, verpackt in unvergessliche Anekdoten – das ist der Stoff, aus dem Geschichten sind. Ginge es in Präsentationen nur darum, einen geradlinigen Schritt-für-Schritt-Algorithmus zur Vermittlung von Informationen und Fakten abzuarbeiten, dann würde sich heute niemand über langweilige Präsentationen beklagen; schließlich folgen ja weiterhin die meisten Präsentationen genau so einem Schema. Und wenn Sie zur Gestaltung Ihrer Anschauungsmaterialien lediglich eine Reihe von Regeln befolgen müssten, warum in aller Welt sollten wir weiterhin unsere Zeit mit der Erstellung von Folien und anderer Multimediaelemente verschwenden? Warum überlassen wir unsere Fakten, Aufzeichnungen und Stichpunkte dann nicht einfach jemandem, der das billiger für uns erledigen kann?

Doch Präsentationen sind mehr, als nur das Ablesen einer Stichpunktliste von der Leinwand, mehr als das Befolgen einer Formel zum Transfer von Fakten aus unserem Kopf in die Köpfe der vor uns Sitzenden. (Warum versendeten Sie ansonsten nicht eine E-Mail und sagten die Präsentation ab?) Die Zuhörer wünschen sich etwas wesentlich Menschlicheres. Sie wollen die Geschichte zu Ihren Fakten hören.

Finden Sie Ihre Stimme

Die Stimme des Erzählers ist ebenfalls wichtig. Gut gesprochenen, menschlich klingenden und unterhaltsam formulierten Vorträgen schenken wir unsere Aufmerksamkeit. Warum ist das so? Ein Grund könnte sein, dass unser Gehirn – nicht unser bewusster Geist – den Unterschied zwischen dem Anhören oder der Lektüre einer unterhaltsamen Geschichte und einer tatsächlichen Unterhaltung mit einem anderen Menschen nicht kennt. Im Gespräch mit einer anderen Person sind Sie automatisch viel angeregter, weil Sie sich aktiv daran beteiligen müssen. Formalen, emotionslosen Reden und Schriftstücken können wir nur unter größter Mühe länger als einige Minuten folgen. Ihr Bewusstsein wird Ihnen dann immer wieder befehlen: »Bleib' wach, das ist wichtig!« Spricht jemand hingegen auf natürliche, unterhaltsame Weise, so bleibt unsere Aufmerksamkeit viel leichter erhalten.

Wenn Sie im Plauderton sprechen, ist das für die Anwesenden anregender und gibt ihnen die Möglichkeit, sich einzubringen.

Dana Winslow Atchley (1941–2000)
Ein Pionier der digitalen Erzählkunst

Dana Atchley war eine Legende und ein Pionier auf dem Feld der digitalen Erzählkunst. Zu seinen Kunden gehörten neben Coca-Cola, Electronic Data Services (EDS, inzwischen ein Teil von DXC Technology), Adobe und Silicon Graphics noch viele andere mehr. Sogar für Apple arbeitete er als Mitbegründer des AppleMasters-Programms. In den 1990er Jahren half Atchley Führungskräften bei der Ausarbeitung emotionaler, fesselnder Vorträge. Dabei setzte er auf die neueste Technologie, um »digitale Geschichten« zu kreieren, die das Publikum auf eine intuitive, visuelle, emotionale und einprägsame Weise mit einbezogen. Wäre Atchley nicht 2000 im Alter von 59 Jahren verstorben, wären Präsentationen heutzutage vielleicht – selbst in der Businesswelt – viel zweckdienlicher, spannender und wirkungsvoller.

Dana Atchley lehrte, dass das digitale Geschichtenerzählen »das Beste aus zwei Welten vereint: die ›neue Welt‹ digitalisierter Videos, Fotografie und Kunst und die ›alte Welt‹ des Geschichtenerzählens«. In seiner Vision werden Präsentationen, die mit PowerPoint-Folien voller Stichpunktlisten (die »alte Welt«) belastet sind, ersetzt durch Vorträge, die auf Beispielen aufbauen, eingepackt in Geschichten und unterstützt von anregenden Bildern und Klängen (die »neue Welt«).

Dan Pink, der für *Fast Company* schreibt, sagt in einem »What's Your Story?« titulierten Artikel von 1999 über Dana Atchley und dessen Mission:

> *»Warum ist Kommunikation im Geschäftsleben immer noch so langweilig? Die meisten Geschäftsleute beschreiben ihre Träume und Strategien – ihre Geschichten – immer noch so, wie sie es seit Jahrzehnten tun: Steif, hinter einem Pult stehend und vielleicht mithilfe einiger Folien. Die ewig gestrigen Unternehmen. Digitale Erzählkunst ist mehr als eine Technik. Tatsächlich wird sie zu einer Art Bewegung, sowohl unter Künstlern als auch unter Geschäftsleuten.«*

Dieser kurze Auszug aus dem Fast Company-Artikel zeichnet ein vielversprechendes Bild der Zukunft von Geschäftspräsentationen. Ich breche in Begeisterung aus, wenn ich das lese und über die Möglichkeiten nachdenke. Doch wie viel hat sich seit 1999 tatsächlich verändert? Manche Leute verwenden heute in Präsentationen tatsächlich wie von Atchley vorhergesehen Digitaltechnik. Aber es wird noch sehr, sehr lange dauern, bis wir die Businesswelt von ihrer »ewigen Gestrigkeit« befreit haben.

Die Vorgehensweise

Das Problem mit Präsentationsprogrammen ist, dass sie die Anwender schon immer standardmäßig dazu hingeleitet haben, in Übersichtsform mit Titeln und darunter angeordneten Stichpunktlisten zu präsentieren. Das gilt besonders für das Urgestein PowerPoint, das eine ganze Generation beeinflusst hat. Diese Struktur erscheint zwar logisch, die so vorgetragenen Inhalte verblassen aber auch rasch vollständig aus der Erinnerung des Publikums. Hier können Storyboards hilfreich sein. Wenn sie sich in dieser Vorbereitungsphase die Zeit nehmen, Ihre Gedanken logisch im Storyboard-Format zu ordnen, dann können Sie den zeitlichen Ablauf Ihres Erzählinhalts und den Gesamtfluss Ihrer Präsentation visualisieren und erspüren.

Da Sie Ihre Kernbotschaft bereits abseits des Computers bestimmt haben, können Sie jetzt mit dem Erstellen eines Storyboards beginnen. Dieses wird dem erzählerischen Inhalt Ihrer kurzen Präsentation eine Form verleihen. Storyboards stammen ursprünglich aus dem Filmbereich. Sie werden aber häufig auch im Geschäftsleben eingesetzt, insbesondere in den Bereichen Werbung und Marketing.

Eine der einfachsten und zugleich nützlichsten Funktionen von PowerPoint und Keynote ist die Foliensortierung (in Keynote: Folienübersicht). Sie können Ihre Notizen und Skizzen nehmen und Ihr Storyboard direkt in PowerPoint oder Keynote erstellen. Oder aber Sie bleiben etwas länger in der analogen Welt und entwerfen Ihr Storyboard auf Papier, zum Beispiel mithilfe von Haftnotizen oder einem Whiteboard.

Jede Situation und jeder Mensch sind anders und es gibt wirklich sehr viele Wege zu besseren Präsentationen. Dazu gehört auch eine verbesserte Vorbereitung. Mein persönlicher Ansatz, von groben analogen Skizzen zu digitalen Folien überzuwechseln, ist alles andere als ungewöhnlich. Ich war jedoch überrascht, dass die meisten Fachleute, Unternehmer und Studenten häufig einfach ein Präsentationsprogramm öffnen, etwa ein Dutzend Folien mit Überschriften versehen und diese mit Stichpunkten ihres Vortrags füllen. Das ist kein effektiver Ansatz und auch keine von mir empfohlene Herangehensweise.

Die nachfolgenden fünf Schritte stellen meinen bevorzugten Ansatz dar. Manchmal überspringe ich den dritten und vierten Schritt, aber für die Gruppenarbeit eignen sie sich meiner Ansicht nach sehr gut. Für Studentengruppen, die eine gemeinsame Präsentation ausarbeiten, ist Schritt 3 sogar unerlässlich.

Schritt 1

Ideen sammeln. Treten Sie einen Schritt zurück, schalten Sie den Computer aus und betreten Sie die analoge Welt. Nutzen Sie Ihre rechte Gehirnhälfte und sammeln Sie Ideen. Hier müssen Sie keine Zurückhaltung üben. Aussortiert wird später. Bei diesem sogenannten Brainstorming kommt es auf die Quantität an. Ich schreibe meine Ideen auf Karteikarten oder Haftnotizen, die ich auf einem Tisch oder Whiteboard ausbreite. Sie können das alleine oder in der Gruppe tun. Falls Sie in einer Gruppe arbeiten, bewerten Sie die Ideen anderer nicht. Notieren Sie sie einfach und platzieren Sie sie zunächst neben den anderen. Zu diesem Zeitpunkt sind selbst verrückte Ideen willkommen, denn diese ausgefallenen Gedanken könnten später zu praxistauglicheren und dennoch überzeugenden Zusatzgedanken führen. Der große Linus Pauling formulierte es einmal so: »Am besten finden Sie eine gute Idee, indem Sie viele Ideen haben.«

Brainstorming »weg vom Netz« und ohne Computer. Dies ist ein sehr ungeradliniger Prozess und je mehr Ideen dazukommen, desto besser. Gedanken werden vorgetragen, rasch auf Haftnotizen festgehalten und aufs Fenster geklebt.

Schritt 2

Gruppieren und den Kern erkennen. In diesem Schritt suche ich nach der aus Sicht der Zuhörer zentralen (und erinnernswerten) Kernaussage. Ich arbeite mit »Blöcken«, um ähnliche Gedanken zu gruppieren und zugleich nach einem übergreifenden Gesamtschema zu suchen. Die Präsentation könnte in drei Teile gegliedert sein, also suche ich zunächst nach dem Hauptthema, das sich wie ein roter Faden durch die Präsentation zieht. Es gibt keine Regel, die besagt, dass Ihre Präsentation aus drei Abschnitten oder »Akten« bestehen muss. Diese Anzahl ist aber eine gute Zielsetzung, weil es sich dabei um eine gut umsetzbare Beschränkung handelt, die in aller Regel eine einprägsame Struktur ergibt. Egal, wie viele Abschnitte ich verwende, es gibt immer nur ein Schema. Alles bezieht sich immer wieder auf die Kernaussage. Die stützende Struktur aus drei Abschnitten dient zur Stützung der Kernaussage und der Geschichte.

Die Teilnehmer eines Presentation-Zen-Seminars an der Kansai-Gaidai-Universität in Japan fangen nach der Brainstorming-Session damit an, die Kernaussagen herauszufiltern und zu gruppieren.

Schritt 3

Storyboard ohne Computer anlegen. Ich nehme die in Schritt 2 grob vorsortierten Haftnotizen und lege sie der Reihe nach aus. Der Vorteil dieser Methode gegenüber der Foliensortierung in PowerPoint oder der Folienübersicht in Keynote besteht darin, dass ich sehr einfach zusätzliche Inhalte hinzufügen kann. Dazu muss ich nur einen zusätzlichen Klebezettel beschriften und ihn unter den betreffenden Abschnitt kleben. Auf diese Weise verliere ich niemals den Überblick über die Struktur und den Präsentationsablauf. In der Software muss ich zunächst die Folie aufrufen, um etwas einzutippen oder hinzuzufügen, und dann wieder zur Foliensortierungsansicht wechseln, um mir einen Überblick über die Struktur zu verschaffen. Alternativ können Sie auch Leerfolien ausdrucken, zwölf Folien pro Seite. Diese Methode ist bei meinen japanischen Wirtschaftsstudenten sehr beliebt – Sie erhalten so im Wesentlichen eine vergrößerte Version eines Moleskine-Storyboards. Wenn Sie mehr Platz pro Folie möchten, drucken Sie sechs Folien auf jede Seite (siehe Abbildung bei Schritt 5). Sie können diese Blätter dann an die Wand kleben oder auf dem Tisch ausbreiten und am Ende in einem Hefter aufbewahren. Wie unten dargestellt, können Sie Ihre Folien auf einem Ausdruck des Präsentationsprogramms skizzieren und daneben Ihre Schlüsselaussagen aufschreiben.

Nachdem sie viele Ideen aus ihrer Brainstorming-Session verworfen haben, beginnen diese japanischen Kursteilnehmer, eine Struktur für ihre Präsentation zu erarbeiten. Dazu bringen sie ihre Botschaft in eine bestimmte Reihenfolge und präsentieren sie den anderen Teilnehmern. In dieser Phase geht es immer noch etwas chaotisch zu, weil sie auf Grundlage der kritischen Kommentare immer wieder Ideen verwerfen und neue hinzufügen, um die Gesamtgeschichte zu verbessern.

Schritt 4

Skizzieren Sie Ihre Folien. Sie haben nun ein eindeutiges Thema und eine einprägsame Kernaussage gefunden. Zwei oder drei Präsentationsabschnitte enthalten Detailinformationen in passender Menge (Daten, Geschichten, Zitate, Fakten und so weiter). Jetzt können Sie also beginnen, sich über die Darstellung Gedanken zu machen. Wie können Sie Ihre Ideen visualisieren, damit sie Ihrem Publikum besser zugänglich und zugleich erinnerungswürdiger werden? Nehmen Sie einen Skizzenblock, Haftnotizen oder ein Stück Pauspapier zur Hand und beginnen Sie, Ihre Notizen in grobe Bildskizzen umzuwandeln – Skizzen, die am Ende zu qualitativ hochwertigen Fotos, Zahlenaufstellungen, Diagrammen, Zitatfolien etc. werden. Sie können einige der in Schritt 3 verwendeten Haftnotizen zum Anfertigen Ihrer groben Skizzen verwenden. Einige davon können Sie auch mit neuen Zetteln ersetzen.

Ein kleines Beispiel von acht Folien zeigt einen Abschnitt aus einer Präsentation über Publikumsbeteiligung. Es werden einige Gedanken aus John Medinas Buch Brain Rules zitiert. Für meine schnellen Skizzen werde ich keinen Kunstpreis gewinnen, aber das ist völlig egal. Diese groben Skizzen sind nur für mich selbst. Das hier gezeigte Bild zeigt das Presentation Zen Storyboarding Sketchbook (New Riders). Später verwendete ich die Skizzen, um daraus schlichte Computerfolien zusammenzustellen (gegenüberliegende Seite).

Gehirnregel 1
1
Regel 1
Übung verstärkt die Hirnleistung
2
»Keine andere Umgebung steht der Gehirnleistung so sehr entgegen wie Klassenzimmer oder Bürowürfel.«
– Dr. John Medina
3
»Keine andere Umgebung steht der Gehirnleistung so sehr entgegen wie Klassenzimmer oder Bürowürfel.«
– Dr. John Medina
4
»Wäre es ein Geschäftsmodell, in einer Vorlesung Aufmerksamkeit zu erlangen, es würde zu 80 % versagen.«
– Dr. John Medina
5
Warum langweilen sie sich?
6
Das Gehirn braucht eine Pause.
7
Menschliche Aufmerksamkeitsspanne
hoch
Aufmerk-samkeit
niedrig
Meeting vertagt!
10
20
30
40
50
Minuten im Meeting
8

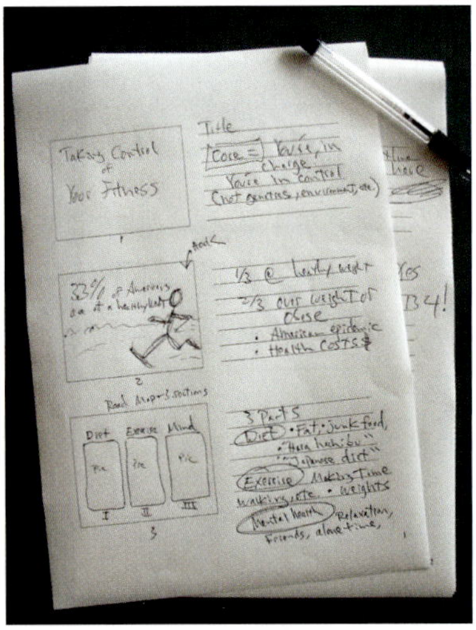

Sie können Ihre in Schritt 3 gefundenen Ideen auch verwenden, um grobe Skizzen auf vom Präsentationsprogramm aus ausgedruckten Leerfolien anzufertigen. In diesem Beispiel wurden neben jede Folie Schlüsselpunkte der Erzählung geschrieben. Diese Skizzen wurden später zu den rechts gezeigten Folien.

Hier sehen Sie die Titelfolie, den »Aufhänger«, und die Vortragsübersicht. Bevor ich zum Überblick kam, widmete ich zunächst einige Folien dem Aufhänger und den Hintergründen des Übergewichtsproblems. (Bilder auf den Folien von Shutterstock.com)

Schritt 5

Storyboard am Computer anlegen. Wenn Sie eine klare Vorstellung von Ihrer Präsentationsstruktur haben, können Sie die Schritte 3 und 4 überspringen und den Ablauf Ihrer Präsentation direkt im Präsentationsprogramm modellieren. (Ich empfehle jedoch, für wichtige Präsentationen die Skizzierungs- und Storyboarding-Schritte einzuhalten.) Erstellen Sie anhand einer Vorlage Ihrer Wahl eine leere Folie (wenn Sie es müssen, wählen Sie die einfachste Vorlage Ihres Unternehmens). Ich verwende in der Regel eine Leerfolie, auf der ich ein einfaches Textfeld mit der von mir am häufigsten eingesetzten Schriftart und -größe platziere. (Sie können in PowerPoint und Keynote mehrere Masterfolien definieren.) Dann dupliziere ich einige dieser Folien, denn sie werden später die visuellen Komponenten meiner Präsentation aufnehmen: kurze Sätze oder einzelne Worte, Bilder, Zitate, Diagramme und Schaubilder und so weiter. Die Kapitelfolien – vom Präsentationsguru Jerry Weismann als *Pufferfolien* bezeichnet – sollten sich in ihrer Farbe so deutlich von den übrigen abheben, dass Sie den Kontrast in der Foliensortierung auf Anhieb gut erkennen. Wenn Sie möchten, können Sie diese Folien verbergen, sodass sie nur bei der Planung in der Foliensortierung zu sehen sind. In meinem Fall dienen diese Folien jedoch als visueller Abschluss der einzelnen Abschnitte und als Einleitung des jeweils nächsten Präsentationsteils.

Nachdem nun meine Grundstruktur in der Sortieransicht vorliegt, kann ich Bilder einfügen, die meine Erzählung stützen. In meiner Einleitung stelle ich das Problem oder das »Leiden« vor und führe auch die Kernaussage ein. Mithilfe der nächsten drei Abschnitte stütze ich meine Erklärungen oder »löse das Leiden« auf interessante und informative Weise, wobei die einfache Kernbotschaft aber nie aus dem Blickfeld geraten darf.

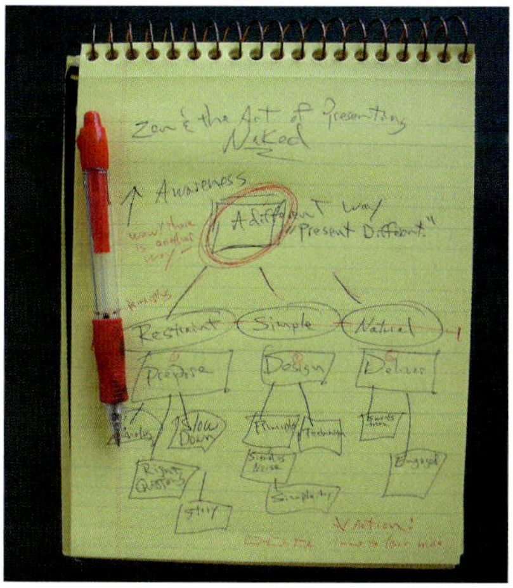

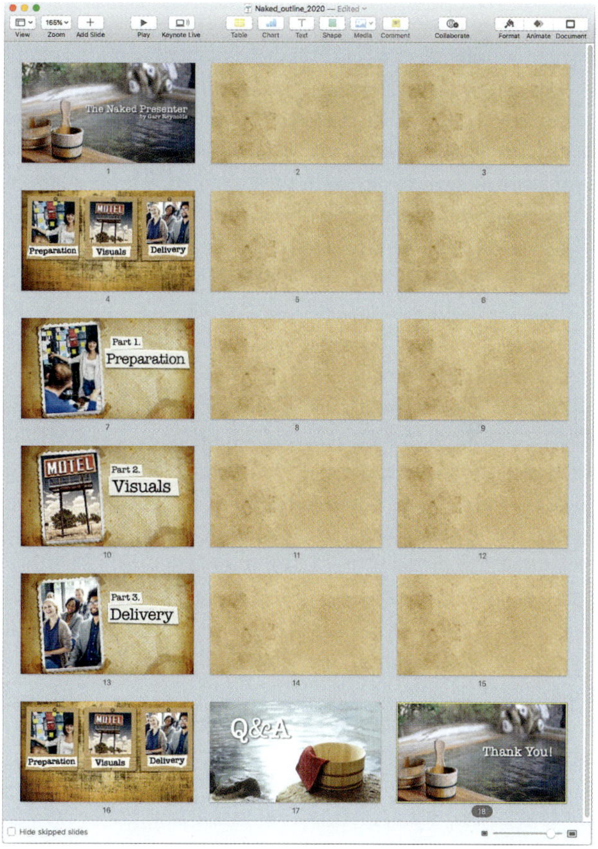

Oben *Grober Entwurf aus Schritt 2 für eine Präsentation mit dem Titel »The Naked Presenter«. Hier habe ich anstelle von Haftzetteln einen einfachen Notizblock verwendet. Aus den Ideen dieser Seite habe ich jedoch auf Haftnotizen grobe Skizzen angefertigt und Schlüsselbegriffe notiert, um daraus genau wie in Schritt 4 eine Struktur aufzubauen (hier nicht abgebildet).* **Rechts** *Der Anfang des Storyboardings in Schritt 5 für dieselbe Präsentation. Sie erkennen die einfache Struktur, noch ehe die Folien der entsprechenden Abschnitte eingefügt werden. Insegesamt verwendete ich noch viel mehr Folien, als hier abgebildet sind.*

Nancy Duarte

Geschäftsführerin von Duarte, Inc., dem weltweit führenden Präsentationsunternehmen. Zu den Kunden zählen internationale Marken und Vordenker. Nancy hat zudem zahlreiche Bestseller verfasst, darunter ihr letztes Werk DataStory: Explain Data and Inspire Action Through Story.
www.duarte.com

Nancy Duarte spricht über den Stellenwert von Storyboards und den Vorgang des Präsentationsdesigns.

Ein Großteil unserer Kommunikation erscheint heute nicht mehr greifbar. Dienstleistungen, Software, Vordenkertum, Veränderungsprozesse, Unternehmensziele – oft sind sie eher konzeptionell als konkret, eher flüchtig als beständig. Und daran gibt es auch nichts auszusetzen. Wir haben jedoch regelmäßig Probleme damit, diese Art nahezu unsichtbarer Gedanken zu vermitteln. Es ist schwer, seine Vision zu vermitteln, wenn es nichts zu sehen gibt. Diese unsichtbaren Ideen visuell auszudrücken, sodass sie greif- und umsetzbar erscheinen, ist eine Art der Kunst und der beste Ausgangspunkt dafür ist nicht der Computer. Ein Bleistift und ein Blatt Papier sind vollkommen ausreichend.

Warum dieser scheinbar technikfeindliche Ansatz? Weil Präsentationsprogramme niemals als Ideenfindungs- oder Zeichenwerkzeuge gedacht waren. Diese Anwendungen sind lediglich Behältnisse für Ideen und Materialien, keine Mittel zur Ideenfindung. Nur zu viele von uns sind schon in die Falle getappt, zur Vorbereitung unserer Inhalte das Präsentationsprogramm zu starten. Für einen optimalen Kreativprozess müssen Sie der Technik in Wahrheit den Rücken kehren und sich auf jene Ausdrucksmittel verlassen, mit denen wir aufgewachsen sind – Bleistifte, Füller, Kulis, Filz- und Buntstifte. Skizzieren Sie rasch viele Ideen. Das können Worte sein, Diagramme oder Szenen, sowohl buchstäblicher als auch metaphorischer Natur. Die einzige Anforderung ist, dass sie Ihre zugrunde liegenden Gedanken stützen. Das Beste an dieser Vorgehensweise ist, dass Sie sich nicht erst darum sorgen müssen, wie ein Grafikprogramm funktioniert oder wo Sie eine Datei speichern. Sie haben bereits alles, was Sie brauchen (und sagen Sie jetzt nicht, Sie könnten nicht zeichnen; Ihnen fehlt nur die Übung). Das bedeutet, dass Sie in relativ kurzer Zeit eine Vielzahl von Ideen produzieren können.

Ich bevorzuge eine Idee pro Haftnotiz. Und ich verwende einen Edding. Der Grund dafür? Eine Idee, die nicht mit einem Edding auf einer Haftnotiz aufgezeichnet werden kann, ist zu komplex. Einfachheit ist der Grundstein klarer Kommunikation. Zudem lassen sich Inhalte auf Haftnotizen leicht an- und umordnen, bis ihre Struktur und ihr Ablauf schlüssig wirken. Andererseits bevorzugen viele Leute aus meinem Team einen traditionelleren Storyboard-Ansatz und drücken ihre Ideen lieber detailliert und linear aus. Auch das ist in Ordnung. Es geht nicht darum, Ihnen exakte Arbeitsanweisungen zu geben. Vielmehr sollen Sie angeregt werden, viele Ideen zu produzieren.

Häufig fallen uns Dinge spontan ein. Das ist gut, aber vermeiden Sie die mögliche Falle, gleich beim ersten Gedanken zu bleiben, der Ihnen kommt. Skizzieren Sie weiter und zwingen Sie sich dazu, einige weitere Ideen zu durchdenken. Das erfordert Disziplin und Beharrlichkeit – besonders, wenn Sie es scheinbar bereits im ersten Anlauf geschafft haben. Erkunden Sie Worte und Wortassoziationen, um mehrere Ideen zu erhalten. Verwenden Sie Mind-Mapping und Word-Storming-Techniken, um noch mehr Ideen zu erhalten (Digital Natives greifen in dieser Phase möglicherweise lieber auf Mind-Mapping-Software zurück). Meist finden sich stärkere Lösungen, nachdem sich vier oder fünf Ideen herauskristallisiert haben. Hören Sie nicht auf, neue Ideen zu finden, selbst wenn diese scheinbar nicht mehr zum Thema passen; Sie können schließlich nie wissen, worauf Sie vielleicht noch stoßen werden. Nachdem Sie dann eine Unmenge von Ideen gesammelt haben, filtern Sie eine Handvoll heraus, die dem Anliegen Ihrer zu vermittelnden Vision oder Ihres Konzepts entsprechen. Zu diesem Zeitpunkt spielt deren äußere Form eine geringere Rolle als die Tatsache, dass Sie Ihre Botschaft übermitteln.

Übrigens, billige Metaphern sind Armutszeugnisse. Sollten Sie sich versucht fühlen, ein Bild zweier sich schüttelnder Hände vor einer Erdkugel zu verwenden, legen Sie Ihren Bleistift nieder, treten Sie vom Schreibtisch zurück und denken Sie darüber nach, Urlaub zu machen oder sich mit Aromatherapie zu beschäftigen. Streben Sie nach Ideen außerhalb festgelegter Denkmuster. Nehmen Sie sich die Zeit und investieren Sie die kreative Energie, denn der Lohn wird eine Präsentation sein, die vom Publikum nicht nur erinnert, sondern auch als Anlass zum eigenen Handeln genommen werden wird.

Fangen Sie jetzt damit an, Ihre Ideen in Bildskizzen umzusetzen. Diese Skizzen werden zu visuellen Keimzellen für weitere Ideen. Das Skizzieren sollte grob und schnell erfolgen – wirklich nur Kritzeleien. Malen Sie so viele Bilder wie möglich. Das Skizzieren wirkt auf diese Weise als Machbarkeitsnachweis, denn übermäßig komplexe, zeit- oder kostenaufwändige Ideen disqualifizieren sich hierbei von selbst. Kümmern Sie sich nicht darum, wenn Sie Dinge verwerfen müssen – deshalb haben Sie ja überhaupt erst so viele Ideen gesammelt. Tatsächlich müssen Sie letztendlich sogar alle Ideen, bis auf eine, verwerfen (Designer sehen hierin den destruktiven Aspekt im Kreativprozess; das ist eine gute Sache). Einige Ihrer Ideen erfordern möglicherweise mehrere Szenen, die sich auf verschiedenen Folien verteilten – bei anderen reicht eine einzige Folie. Andererseits genügt es manchmal auch völlig, das perfekte Bild oder Diagramm zu verwenden. Konzentrieren Sie sich auf das, was am besten funktioniert, was auch immer das sein mag – nicht auf die am leichtesten umzusetzende Idee.

Richten Sie sich darauf ein, einen Designer zu Rate zu ziehen. (Sie haben doch hoffentlich weit genug gedacht, einen einzuplanen und in Reichweite zu haben, oder?) Sie brauchen sich nicht dafür zu schämen, professionelle Hilfe in Anspruch zu nehmen; was zählt, ist effektive Kommunikation, egal ob Sie diese selbst realisieren können oder nicht.

Haley Rich, leitende Designerin bei Duarte, Inc., skizziert ihr Storyboard zur schnellen Ideenfindung auf einem Whiteboard.

Digitale Storyboards

Die Ideenfindungsphase jedes kreativen Projekts verfolgt das Ziel, so viele Ideen wie möglich zu generieren. Den schnellsten Weg, Ideen aus dem Gehirn in die Welt zu übertragen, bieten die eigenen Hände – etwa durch Zeichnen auf einem Whiteboard oder in einer Kladde.

Allerdings hat sich die Technik in den letzten zehn Jahren rasch weiterentwickelt, sodass professionelle Zeichentabletts mit Eingabestift zum neuen Papier und Stift geworden sind. Mit diesen Tools können Designer ihre Ideen jetzt in digitalen Storyboards festhalten und ihren nunmehr leicht reproduzier- und mainpulierbaren Skizzen dabei auch Farbe, Bewegung und Tiefe verleihen. Das spart wertvolle Zeit und kostspielige Iterationen auf dem Weg in die Produktion.

Designer müssen manchmal komplexe, dreidimensionale Konzepte skizzieren. Mit den herkömmlichen Werkzeugen wie Stift und Papier wäre dies sehr zeitaufwendig. Digitale Apps sorgen dagegen sofort für Bewegung und Tiefe. Mithilfe dieser Skizzen kann Ihr Kunde ein kreatives Konzept besser beurteilen und abnicken, bevor es mit teuren 3D-Werkzeugen produziert wird.

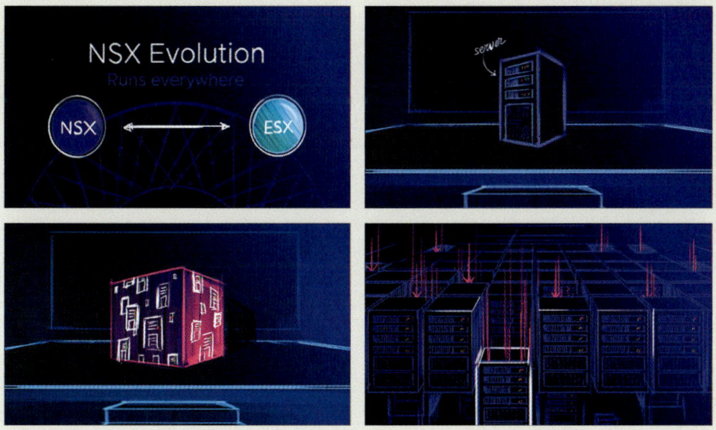

Traditionelle Bleistiftskizzen beginnen in der Regel mit einem weißen Blatt Papier. Mit digitalen Storyboards können Sie die Idee eines Kunden in voller Farbe zum Leben erwecken. Durch diese facettenreichen Bilder kann sich ein Kunde seine endgültigen Folien schon lange vor dem Beginn der eigentlichen Produktion vorstellen (und sich dafür begeistern!)

Sollten Sie damit liebäugeln, ein Bild zweier sich schüttelnder Hände vor einer Erdkugel zu verwenden, legen Sie Ihren Bleistift nieder, treten Sie vom Schreibtisch zurück und denken Sie darüber nach, Urlaub zu machen oder sich mit Aromatherapie zu beschäftigen.

– Nancy Duarte

Reduktion und Selbstbeschränkung

Ich bin ein ziemlicher *Star Wars*-Freak. Über die Jahre hinweg habe ich immer mehr über die unglaubliche Kreativität (und harte Arbeit) hinter Lucas' Filmen herausgefunden. Dabei stellte ich auch fest, dass wir auch als Normalsterbliche viel über Präsentationen (die im Grund Gelegenheiten zum Erzählen unserer Geschichte sind) lernen können, indem wir den Ratschlägen eines Meistererzählers wie George Lucas folgen.

Über Jahre hinweg habe ich zahlreiche Interviews gesehen und gelesen, in denen Lucas über die Entstehung der *Star Wars*-Filme spricht. Dabei kommt er immer wieder auf ein Schlüsselthema zurück: das rigorose Schneiden des Filmmaterials, um die Story auf ungefähr zwei Stunden Spielzeit zu begrenzen. Hierfür untersuchte das Team jede Szene bis ins Detail, um sicherzustellen, dass sie tatsächlich etwas zur Handlung beitrug – der Coolnessfaktor blieb dabei völlig außen vor. Wenn eine Szene während des Schneidens als überflüssig beurteilt wurde, dann wurde sie weggeschnitten (oder gekürzt, falls die Länge das einzige Problem war). Man war sehr darum bemüht, das zweistündige Format beizubehalten, denn dies war im besten Interesse des Publikums.

Wir alle haben schon Filmszenen gesehen, bei denen wir uns am Kopf gekratzt und gefragt haben, inwiefern sie einen Beitrag zur Handlung geleistet haben. Vielleicht fand der Regisseur die Szene technisch so raffiniert oder anspruchsvoll zu drehen, dass er die Vorstellung, sie nicht im fertigen Filmprodukt zu haben, einfach nicht ertragen konnte. Doch das ist kein guter Grund, eine Szene zu zeigen. Auch bei Präsentationen haben wir alle schon erlebt, dass Leute Daten, Fakten, Grafiken oder eine scheinbar zusammenhanglose Anekdote einbeziehen, die schlichtweg nichts zur Hauptaussage des Sprechers beitragen konnten (die wir möglicherweise sowieso vermissten). Präsentatoren bauen häufig überflüssige Elemente ein, weil sie stolz auf ihre Arbeit sind und sie zur Schau stellen möchten – selbst wenn sie ihre tatsächliche Aussage in keiner Weise unterstützt.

Die Moral der Geschichte: Denken Sie immer an das Publikum, indem Sie Ihren Vortrag zum einen so kurz wie möglich halten und Ihre Geschichte dennoch auf effektive Weise erzählen. Treten Sie zum anderen nach der Vorbereitung Ihrer Präsentation nochmals einen Schritt zurück und bearbeiten Sie sie rigoros. Verwerfen Sie dabei alle Teile, die nicht absolut notwendig sind, um Ihre Gesamtaussage oder Ihr Gesamtziel zu vermitteln. Hier dürfen Sie keine Rücksicht zeigen – im Zweifel werfen Sie sie raus.

Es ist oberstes Gebot, unser eigenes Material gnadenlos zu schneiden. Wir müssen harte Entscheidungen treffen und uns sogar auch gegen einige

Dinge entscheiden (weil sie beispielsweise unsere Standards nicht erfüllen). Am schwierigsten ist es oft, Material komplett herauszunehmen und zu verwerfen, aber es muss eben sein.

Vielen Menschen bereitet das Überarbeiten ihrer Präsentationen Probleme, weil sie ängstlich sind. Sie denken sich, dass noch niemand gefeuert wurde, weil er zu viel Informationen geliefert hat. Sicher ist sicher, lautet ihre Devise. Doch das führt zu einer Menge Material und verschwendeter Zeit. Aus Sicherheitsgründen alles und jedes mit einzubeziehen, ist der falsche Ansatz; schon die Motivation stimmt hier nicht. Es geht doch schließlich nur um eine Präsentation, und egal was Sie alles mit hineinnehmen, am Ende wird immer jemand kommen und fragen: »Hey, warum haben Sie nicht ______!« Ja, es gibt schwierige Leute. Nach denen brauchen Sie sich aber nicht zu richten. Und lassen Sie nicht zu, dass Ihre Entscheidungen von Furcht geleitet werden.

Es ist nicht einfach, eine straffe Präsentation zu gestalten, die alle Fakten richtig wiedergibt – und zwar durch einfache, konkrete Anekdoten, die die Präsentationsteilnehmer auf emotionaler Ebene berühren. Aber es lohnt sich. Jede erfolgreiche Präsentation enthält erzählerische Elemente. Ihre Aufgabe besteht darin, diejenigen Elemente Ihres Inhalts zu finden, die sich zu einer einprägsamen Geschichte verknüpfen lassen.

Der legendäre Filmregisseur Akira Kurosawa zur Notwendigkeit, bei der Bearbeitung Ihrer Geschichte absolut schonungslos vorzugehen (aus dem Buch Something Like an Autobiography. *Vintage, 1983.*

Zusammenfassung

- Verankern Sie Ihre Aussagen in den Köpfen des Publikums, indem Sie Ihre Präsentation einfach halten, Beispiele und Geschichten einsetzen, das Unerwartete suchen und die Gefühle der Zuhörer ansprechen.
- Eine Präsentation handelt niemals ausschließlich von den Fakten.
- Überdenken Sie Ihr Thema bei ausgeschaltetem Computer und fassen Sie die wichtigsten Ideen zu Gruppen zusammen. Identifizieren Sie das zugrunde liegende Leitmotiv und bleiben Sie dieser Kernaussage während des gesamten Gestaltungsprozesses treu.
- Skizzieren Sie Ihre Ideen in einem Storyboard auf Papier und übertragen Sie diese Struktur dann in Ihre Präsentationssoftware.
- Üben Sie sich jederzeit in Zurückhaltung und reduzieren Sie alles auf die Kernaussage.

gestaltung

Wir verplempern unser Leben mit Details. Vereinfachen Sie! Vereinfachen Sie!

– Henry David Thoreau

5

Einfachheit: Warum sie wichtig ist

Je komplexer unser tägliches Leben wird, desto mehr Menschen verspüren den Wunsch nach Einfachheit. Heutzutage scheint es jedoch schwieriger denn je, im Arbeitsumfeld Einfachheit zu finden. Die Menschen haben im Berufsleben Angst vor Einfachheit, weil sie befürchten, als Dünnbrettbohrer betrachtet zu werden. Sie setzen deshalb lieber »noch einen drauf«. Ein Grund dafür ist, dass »Einfachheit« heutzutage falsch interpretiert wird.

Viele Menschen verwechseln »Einfachheit« mit Vereinfachung oder gar irreführender Vergröberung, wodurch komplexe Zusammenhänge außer Acht gelassen werden, Verwirrung und komplette Unwahrheiten entstehen. Politiker machen sich häufig dieser Art grober Vereinfachung schuldig. Aber diese Art Vereinfachung meine ich nicht, sondern vielmehr eine Einfachheit, die weder der Faulheit noch der Ignoranz entspringt, sondern dem intelligenten Wunsch nach Klarheit, die den Kern eines Themas erfasst. Und diese ist nicht leicht zu erlangen.

Einfachheit – sowie Prinzipien wie Selbstbeschränkung und Natürlichkeit – sind Kernideen des Zen und der Zen-Künste. Teezeremonie, *haiku*, *ikebana* oder *sumi-e* erfordern bis zu ihrer vollständigen Beherrschung jahre- oder sogar lebenslanges Lernen. Sie haben nichts Seichtes an sich, auch wenn sie wundervoll mühelos erscheinen mögen, wenn sie von einem Meister ausgeführt werden. Es ist schwierig, eine Definition von Einfachheit zu liefern. Wenn ich aber fordere, dass unsere Botschaften und Anschauungsmaterialien einfach sein müssen, meine ich nicht, dass Sie es sich leicht machen, Komplexes ignorieren oder zweckfreie Floskeln und seichte Inhalte gutheißen sollen. Das Wort *einfach* (oder *Einfachheit*) dient mir grundsätzlich als Synonym für die Begriffe »Klarheit«, »Direktheit«, »Unaufdringlichkeit« und »Minimalismus«. Designer – zum Beispiel Interaktionsdesigner – suchen stets die einfachste Lösung für ein komplexes Problem.

Die einfachen Lösungen sind nicht notwendigerweise am leichtesten umzusetzen; aber die Ergebnisse sind am Schluss für den Endnutzer am »einfachsten« anwendbar.

Die besten Folien sind häufig einfach gestaltet. Dies sagt jedoch nichts über die Besonderheiten einer visuellen Präsentation aus. Es kommt immer auf den Inhalt und den Zusammenhang an. Zum Beispiel könnten Ihre Präsentationsfolien – meinetwegen über die Grundlagen der Quantenmechanik –, für ein bestimmtes Publikum optimal geeignet sein, auf ein anderes Publikum aber kompliziert und verwirrend wirken. Einfachheit kann zu mehr Klarheit führen. Einfachheit kann jedoch auch die Folge unserer sorgfältigen Bemühungen um eine Geschichte und dazu passende, klare, zweckmäßige und publikumsorientierte Anschauungsmaterialien sein.

Einfachheit ist ein wichtiges Designprinzip, aber kein Allheilmittel an sich. Zwar sind die meisten Präsentationsfolien tendenziell komplizierter als notwendig; in Wirklichkeit ist es aber durchaus möglich, »zu einfach« zu gestalten. Einfachheit ist das Ziel; aber schon Albert Einstein sagte: »Man muss die Dinge so einfach wie möglich machen. Aber nicht einfacher.«

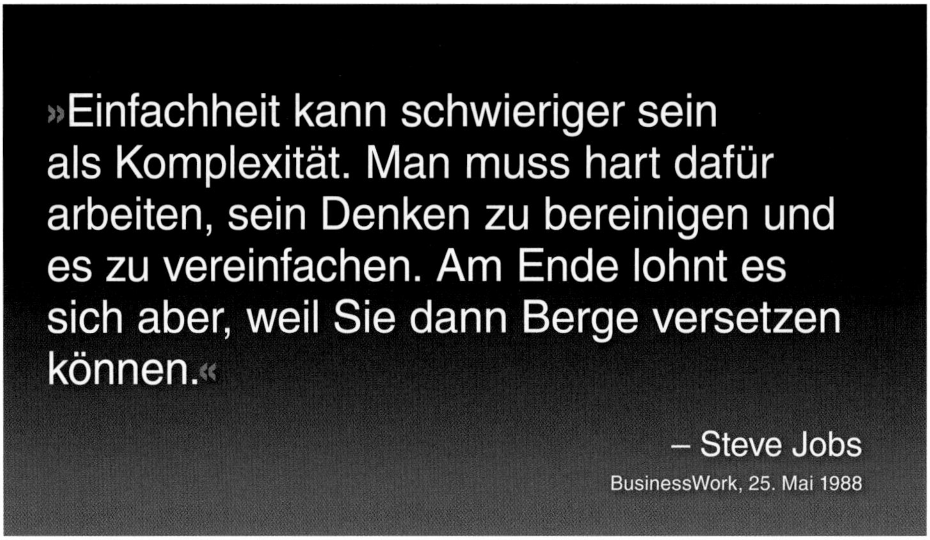

Eine Folie im bekannten »Steve-Jobs-Keynote-Hintergrundstil«. Wenngleich Sie lange Textzeilen nach Möglichkeit vermeiden sollten, ist ein längeres Zitat in großer Schrift manchmal auch angebracht.

Steve Jobs und die Zen-Ästhetik

Steve Jobs war einer der besten Präsentatoren, die die Geschäftswelt jemals gesehen hat. Wenn Jobs auf der Bühne sprach, brachte er seine Aussagen klar auf den Punkt. Als CEO von Apple löste er mit seinen Präsentationen Begeisterung und eine Welle viraler Kommunikation aus. Ein Grund dafür war, dass der Inhalt sowohl von den Medien als auch von normalen Kunden leicht erfasst werden konnte und in Erinnerung blieb. Sie können keine Botschaft verbreiten, wenn Sie diese selbst nicht kennen. Jobs öffentliche Präsentationen zeichneten sich durch verbale und visuelle Klarheit aus.

Jobs war Zen-Schüler und schon recht bald von der japanischen Ästhetik beeinflusst. »Schon immer empfand ich den Buddhismus, vor allem den japanischen Zen-Buddhismus, als ästhetisch vollendet«, äußerte Jobs gegenüber seinem Biografen Walter Isaacson, der das Buch *Steve Jobs* geschrieben hat. »Ich hab noch nie etwas so Erhabenes gesehen wie die Gärten um Kyoto. Ich bin tief bewegt, was diese Kultur erschaffen hat und es stammt direkt aus dem Zen-Buddhismus.« Jobs persönlicher Stil und seine Präsentationsmethode verkörperten zweifellos das Wesen von Einfachheit und Klarheit. Dies ist unter CEOs oder Führungskräften aller Art äußerst selten.

Auch Jobs' Präsentationsfolien ließen eine große Klarheit erkennen. Eine Art »Zen-Ästhetik« zeichnete sie aus. Die Folien waren zurückhaltend, einfach und verwendeten den Leerraum wirkungsvoll, aber subtil. Unordnung und Unwichtiges waren strikt verboten.

Bill Gates' Präsentationsfolien standen früher oft im Gegensatz zu Jobs' visueller Einfachheit auf der Bühne – damals, im Jahr 2007, als Gates noch für Microsoft präsentierte, ich meinen *Presentation-Zen*-Blog schrieb und an der ersten Ausgabe dieses Buches arbeitete. Inzwischen ist Bill Gates viel besser geworden, und beispielsweise die Visualisierungen seiner TED-Vorträge und Gates-Foundation-Präsentationen waren gut.

Jahrelang war Bill Gates jedoch für seinen typischen Präsentationsstil bekannt. Seine Anschauungsmaterialien glichen den typischen Präsentationsfolien, die wir heute immer noch viel zu häufig zu Gesicht bekommen und die dem Publikum mehr schaden als nutzen. Seine Folien enthielten unter anderem zu viele Elemente, übertrieben viel, teilweise auch zu langer Aufzählungstext, kitschige Bilder, zu viele Farben und Farbverläufe. Er legte nur wenig Priorität auf die visuelle Kommunikation und erzeugte ein Gesamtbild von einem Durcheinander auf der Leinwand.

Sowohl Jobs als auch Gates verwendeten in ihren Vorträgen Präsentationsfolien. Der größte Unterschied war, dass Jobs' Anschauungsmaterialien nicht nur eine Verzierung oder Erinnerungsstütze, sondern einen wichtigen und integralen Bestandteil seines Vortrags darstellten. Die Folien halfen ihm, seine Geschichte zu erzählen, und er ging mit ihnen auf eine dynamische, aber natürliche Weise um, wobei er seinem Publikum selten den Rücken zukehrte. Jobs verwendete das große Anzeige-Display auf die gleiche Weise, wie ein Filmemacher die Leinwand nutzt: als Hilfsmittel, eine Geschichte zu erzählen. Ein Filmemacher vermittelt seine Botschaft mithilfe von Schauspielern, Bildern und Effekten. Jobs verwendete dazu visuelle Elemente sowie seine eigenen Worte und natürliche Präsenz. Seine Folien passten stets ausgezeichnet zum Fluss seines Vortrags.

Foto: Justin Sullivan/iStockphoto.com

Foto: Ron Wurzer/iStockphoto.com

Bill Gates' Präsentationsfolien hingegen fehlte es nicht nur an ästhetischer Qualität. Oft konnten sie seinen Vortrag einfach nicht unterstützen. Gates' Folien waren häufig nicht wirklich notwendig; sie waren eher ein Ornament oder eine Dekoration am Rande. In vielen Fällen wäre es besser gewesen, wenn Gates sich einfach einen Stuhl geschnappt, seine Visionen mitgeteilt und dann vor der Präsentation von Publikumsmitgliedern eingereichte Fragen beantwortet hätte. Nicht jeder Vortrag muss unbedingt durch Präsentationsfolien unterstützt werden; wenn Sie aber Anschauungsmaterialien verwenden, sollten diese ein Teil der Show sein und nicht nur ein »schmückendes Beiwerk«.

Ich habe Bill Gates stets für seine Arbeit und seine großartige Stiftung bewundert. Hinsichtlich der öffentlichen Keynote-Präsentationen in seinen Zeiten bei Microsoft – und der Anschauungsmaterialien, die diese Ansprachen begleiteten – hätte er viel von Steve Jobs lernen können. Gates Keynote-Präsentationen waren keineswegs grauenhaft; sie waren nur einfach sehr durchschnittlich und wenig bemerkenswert. Sein von PowerPoint beeinflusster Stil war normal und typisch und seine Präsentationen waren deshalb nicht besonders einprägsam. Bill Gates ist ein bemerkenswerter Mann; seine Präsentationen sollten ebenfalls bemerkenswert sein. Erfreulicherweise scheint er mittlerweile anders über seine Präsentationsfolien zu denken, wovon seine Präsentationen deutlich profitiert haben.

Die Moral der Geschichte lautet für den Rest von uns: Wenn Sie vor einer großen Menschenmenge stehen und erklären, welch große Rolle das Design Ihrer Strategie oder Ihrer Software spielt, dann sollten auch die zugehörigen Präsentationsfolien – genau hier und jetzt, vor diesem speziellen Publikum – von durchdachtem Design zeugen und keine eilig angefertigte Dekoration sein.

Kanso, Shizen und Shibumi

Zen selbst urteilt nicht darüber, ob ein Design gut oder schlecht ist. Einige Konzepte der Zen-Ästhetik können uns jedoch helfen, unsere eigenen Präsentationsfolien zu vereinfachen und damit zu verbessern.

Kanso (Einfachheit)

Ein Grundsatz der Zen-Ästhetik ist *kanso* oder Einfachheit. Dem *kanso*-Gedanken zufolge entstehen Schönheit und visuelle Eleganz durch Weglassen und Selbstbeschränkung. Der Künstler, Designer und Architekt Dr. Koichi Kawana sagt: »Einfachheit ist das Erzielen der größten Wirkung mit den geringsten Mitteln.« Können Sie beispielsweise sagen, dass Ihre Folien die größte Wirkung mit möglichst wenigen grafischen Elementen erzielen? Wie schneiden Jobs' Präsentationsfolien und Gates' frühere Folien hinsichtlich des *kanso*-Gedankens ab?

Shizen (Natürlichkeit)

Das ästhetische Konzept der Natürlichkeit oder *shizen* verbietet gemäß Dr. Kawana »die Verwendung aufwändiger und übertrieben verfeinerter Designs«. Zurückhaltung ist schön. Begabte Musiker beispielsweise sind in der Lage, ihr Spiel niemals in den Vordergrund zu stellen, sondern sich stattdessen stets nach den anderen Musikern zu richten und ihren eigenen Platz innerhalb der Musik und in dem gemeinsam erlebten Augenblick zu finden. Grafikdesigner zeigen Zurückhaltung, wenn sie nur diejenigen Elemente verwenden, die sie zur Übermittlung ihrer Botschaft an die spezielle Zielgruppe benötigen. Selbstbeschränkung ist schwierig. Verkomplizierung und Ausschmückung sind leicht ... und verbreitet. Der suggestive Ausdruck ist ein Kernelement der Zen-Ästhetik. Dr. Kawana sagt zur Gestaltung traditioneller japanischer Gärten: »Der Designer muss sich an das Konzept des *miegakure* halten, weil die Japaner glauben, dass das Interesse des Betrachters verloren geht, sobald das Ganze zum Ausdruck gebracht wird.«

Shibumi (Eleganz)

Das Prinzip des *Shibumi* lässt sich auf viele Aspekte des Lebens anwenden. Hinsichtlich der visuellen Kommunikation und des Grafikdesigns steht *shibumi* für elegante Einfachheit und prägnante Kürze, eine zurückgenommene Eleganz. In ihrem Buch *Wabi-Sabi Style* gehen die Autoren James und Sandra Crowley auf die tiefgründige japanische Empfänglichkeit von Schönheit in diesem Sinne ein:

»Die (japanische) Denkweise weist aufwändige Dekoration und lebhafte Farben als Geschmacklosigkeit zurück ... das Übermaß erfordert keinen wirklichen Tiefgang und keine Kreativität. Die höchste Stufe des Geschmacks bewegt sich fernab leuchtender Farben und reicher Ausschmückung und bedient sich einer einfachen und dezenten Verfeinerung, die die Schönheit von *shibumi* ausmacht. *shibumi* stellt das Höchste an gutem Geschmack durch bewusste Zurückhaltung dar. Dies entspricht der ursprünglichen Idee des »Weniger ist mehr«. Weniger, dafür gedämpfte und elegante Farben, weniger Durcheinander.«

Sie müssen auf Ihren Folienpräsentationen nicht immer alles visualisieren. Nicht jedes Detail muss visuell oder verbal in die Köpfe der Präsentationsteilnehmer gehämmert werden. Vielmehr sollten Ihre Worte zusammen mit den gezeigten Bildern den Betrachter motivieren, seine Vorstellungskraft fördern, ihm helfen, sich in Ihre Ideen einzufühlen und sie zu verinnerlichen – weit über die kurzlebige PowerPoint-Folie vor seinen Augen hinaus. Die ästhetischen Werte des Zen beinhalten unter anderem:

- Einfachheit
- Zurückhaltung
- Eleganz
- Andeutung statt Beschreibung oder dem Offensichtlichem
- Natürlichkeit, nichts Künstliches oder Erzwungenes
- Leerraum oder negativer Raum
- Ruhe, Stille
- Verzicht auf das Unwesentliche

Alle diese Prinzipien lassen sich auf das Foliendesign, Webdesign und andere Bereiche anwenden.

Wabi-Sabi-Einfachheit

Vor vielen Jahren erlernte ich auf der Halbinsel Shimokita in der Präfektur Aomori, einem ländlichen Gebiet in Nordjapan, die japanische Teezeremonie *sado*. Die Shimokita-Halbinsel ist ein perfekter Ort, um traditionelle japanische Werte und Ideen zu erfahren. Hierbei hörte ich das erste Mal den Begriff *wabi-sabi*. Bei der Beschäftigung mit *sado* erkannte ich nach und nach die ästhetische Einfachheit des Rituals, das der Ausdruck grundlegender Zen-Prinzipien ist: Reinheit, Ruhe, der Respekt vor der Natur und der Wunsch, in Harmonie mit ihr zu leben.

Die Ideale des *wabi-sabi* kommen aus Japan und die Ursprünge basieren auf sorgfältiger Beobachtung der Natur. *Wabi* bedeutet »Armut« oder Verzicht auf materiellen Wohlstand und fehlende materielle Besitztümer und die gleichzeitige Unabhängigkeit von weltlichen Dingen wie dem sozialen Status, das innere Gefühl von etwas Höherem. *Sabi* bedeutet »Einsamkeit« oder »Alleinsein« – stellen Sie sich etwa vor, dass Sie tief in Gedanken alleine über einen menschenleeren Strand wandern. Die Kombination von *wabi* und *sabi* ermöglicht es uns, die Anmut und Schönheit einer Landschaft oder eines Kunstwerks in uns aufzunehmen, während wir uns gleichzeitig der Unbeständigkeit und Vergänglichkeit dieses Anblicks völlig bewusst sind.

Manche Menschen in der westlichen Welt kennen den Begriff *wabi-sabi* möglicherweise aus der Raumgestaltung. Eine *wabi-sabi*-inspirierte Innenarchitektur wirkt kernig, ausgewogen, organisch, aufgeräumt, niemals pompös oder dekoriert und einfach schön in ihrer Einfachheit.

Die Ideale von *wabi-sabi* lassen sich vor allem auf Disziplinen wie die Architektur, die Innenarchitektur und die Bildenden Künste anwenden. Auch auf die Kunst des digitalen Geschichtenerzählens mit multimedialer Unterstützung oder Integration können wir *wabi-sabi* anwenden. *Wabi-sabi* umfasst die in der heutigen Gesellschaft oft diskutierte (und oft ignorierte) Idee des »Weniger ist mehr«. Im Geiste von *wabi-sabi* gestaltete Präsentationsfolien sind niemals zufällig, willkürlich, unruhig oder überladen. Sie sind möglicherweise schön; aber niemals überflüssig, gegenstandslos oder dekorativ. Sie können symmetrisch oder asymmetrisch gestaltet sein, erscheinen aber immer harmonisch und ausgewogen. Der Verzicht auf Ablenkungen und Störungen verhilft zu einfachen und klaren Präsentationsmaterialien.

Ein weitere Lektion in Einfachheit ist der Zen-Garten: eine Freifläche ohne Verzierungen, ein paar sorgfältig ausgewählte und platzierte Felsbrocken, geharkter Kies. Schön. Einfach. Der Zen-Garten unterscheidet sich deutlich von westlichen Gärten, die so sehr mit Schönheit angefüllt sind, dass uns viel von dieser entgeht. Es gibt gewisse Parallelen zu Präsentationen: Manchmal werden wir in so kurzer Zeit mit so vielen visuellen und akustischen Reizen überflutet, dass wir am Ende nur sehr wenig verstehen und uns an noch weniger erinnern können. Wir haben ziemlich viel erlebt – spielen aber nicht die Qualität der Beispiele und die Gesamterfahrung eine größere Rolle als die schiere Datenmenge und die Länge der Veranstaltung?

Weil ich seit vielen Jahren in Japan lebe, bot sich mir schon oft die Möglichkeit, Zen-Ästhetik zu erfahren, zum Beispiel beim Besuch eines Gartens, bei *zazen* (der Meditation) in einem Tempel in Kyoto oder sogar bei einem traditionellen japanischen Essen mit Freunden. Ich bin überzeugt, dass die ästhetischen Konzepte der Einfachheit und des Verzichts auf Unwichtiges praktische Auswirkungen auf unser Berufsleben haben und letztendlich zu einem sehr viel besseren Design führen können. Mir geht es keinesfalls darum, an eine Präsentationsfolie dieselben Maßstäbe wie an ein Kunstwerk anzulegen. Wenn Sie aber das Wesen der Zen-Einfachheit verstehen, kann sich Ihre kreative Arbeit, und dazu gehört das Design von Präsentationsfolien, verbessern.

Die Kannon-Halle in Ginkaku-ji in Kyoto, Japan, erinnert uns daran, nur das Wesentliche mit aufzunehmen.

Die »Fischgeschichte«

Nachdem ich für ein großes Technikunternehmen im Silicon Valley eine Präsentation gehalten hatte, erhielt ich eine Nachricht von Deepak, einem Ingenieur aus dem Publikum. Diese kleine Geschichte, die auch von westlichen Quellen des 19. Jahrhunderts wiedergegeben wird, illustriert die Idee, das Unwichtige wegzulassen.

Lieber Garr… Als Sie empfahlen, den Text auf den Folien zu reduzieren, fiel mir eine Geschichte aus meiner Kindheit in Indien ein. Wenn ich mich recht erinnere, geht sie folgendermaßen:

Als Vijay seinen Laden eröffnete, stellte er ein Schild mit der folgenden Beschriftung auf: »Hier verkaufen wir frischen Fisch.« Sein Vater sah sich das Schild an und fand, dass das Wort »Wir« zu viel Gewicht auf den Verkäufer statt auf den Kunden legte und dass es deshalb wirklich überflüssig sei. Also wurde das Schild geändert: »Hier Verkauf von frischem Fisch.«

Sein Bruder kam des Weges und meinte, dass das Wort »hier« wegfallen könne – es sei überflüssig. Vijay stimmte zu und korrigierte das Schild in »Verkauf von frischem Fisch.«

Nun schaute seine Schwester vorbei und kritisierte, dass auf dem Schild nur stehen sollte: »Frischer Fisch.« Klar, dass er verkauft würde, was sonst sollte man damit tun?

Später hielt sein Nachbar an, um ihm zu gratulieren. Er erwähnte, dass die Passanten leicht selbst sehen könnten, dass der Fisch wirklich frisch sei. Wenn man das Wort »frisch« erwähnte, würde es eher defensiv klingen, als gäbe es Raum für Zweifel bezüglich der Frische. Nun stand auf dem Schild nur noch: »FISCH«.

Als Vijay nach einer Pause zurück zu seinem Laden kam, stellte er fest, dass er den Fisch schon von Weitem an seinem Geruch erkennen konnte, lange bevor man das Schild lesen konnte. In diesem Augenblick wurde ihm klar, dass auch das Wort »FISCH« überflüssig war.

Durch die Reduktion eines Bilds auf seine grundlegende Aussage erhöht der Künstler diese Aussage.

– Scott McCloud

Verstärkung durch Vereinfachung

Die japanischen Zen-Künste lehren uns, dass man durch Vereinfachung große Schönheit ausdrücken und Botschaften übermitteln kann. Auch wenn Zen diese »Verstärkung durch Vereinfachung« nicht direkt thematisiert, können Sie diese Idee überall in den Zen-Künsten finden. So gibt es in der japanischen Malerei den »Ein-Ecken«-Stil, der sich 800 Jahre zurückverfolgend aus den Konzepten von wabi und sabi ableiten lässt. Gemälde in diesem Stil sind sehr einfach und zeigen viel leeren Raum. Ein solches Bild könnte etwa einen riesigen Ozean und viel Himmel enthalten. In einer Ecke befindet sich – kaum sichtbar – ein winziges, altes Fischerboot. Durch die Winzigkeit und die Platzierung des Boots wirkt das Meer unermesslich groß und vermittelt ein Gefühl von Ruhe und auch Einsamkeit, der sich der Fischer gegenübersieht. Diese wenigen Elemente genügen für eine tiefe Aussagekraft.

Von der Cartoon-Kunst lernen

Selbst in unerwarteten Zusammenhängen können wir viel über die Einfachheit von Präsentationsmaterialien lernen, zum Beispiel – und das mag überraschend wirken – in der Cartoon-Kunst. Der beste Ausgangspunkt ist Scott McClouds Werk *Comics richtig lesen*. In diesem bekannten Buch geht McCloud mehrfach auf die »Verstärkung durch Vereinfachung« ein. McCloud zufolge sind Cartoons eine Form von Verstärkung durch Vereinfachung, weil es bei den stilisierten Bildern weniger um das Weglassen von Details geht als vor allem um die Konzentration auf bestimmte Details.

Ein hervorstechendes Merkmal vieler Comics ist ihre visuelle Einfachheit. Doch MacCloud erinnert uns mit Blick auf die wunderbare Welt der japanischen Manga, dass »einfacher Stil nicht notgedrungen eine einfache Geschichte erzählt«. Viele Menschen haben (zumindest außerhalb Japans) wegen ihrer einfachen Linien und Formen ein Vorurteil gegenüber Comics. Sie seien notwendigerweise simpel und wenig anspruchsvoll und deshalb vielleicht für Kinder und Lesefaule geeignet, könnten aber weder Tiefgang noch Intelligenz mit sich bringen.

Inspiration durch den Eineck-Kompositionsstil

Ma Yuan (1160–1225) war ein chinesischer Maler der Song-Dynastie. Sein Stil beeinflusste später viele große japanische Künstler wie Tensho Shubun (1403–1450) und Sesshu Toyo (1420–1506). Unten sehen Sie das Bild *Frühlingsspaziergang*, ein Beispiel für Ma Yuans »Eineck«-Kompositionen (das Original ist im Nationalen Palastmuseum in Taipeh zu bewundern). Beim Eineck-Stil werden die Elemente oft am Rand oder in einer Ecke platziert. Beachten Sie, wie die Motive von Ma Yuan von der linken unteren Ecke aus platziert werden. Dadurch bleibt ein Großteil des Bildes leer und suggestiv, was die Phantasie des Betrachters anregt. Die Elemente führen Ihren Blick sanft in die rechte obere Ecke zur chinesischen Schrift, einem Gedicht von Kaiser Ningzong.

Es geht nicht darum zu versuchen, mit unseren einfachen Präsentationsfolien etwas so Großartiges wie ein Ma-Yuan-Gemälde zu schaffen. Wir können aber die Art würdigen, wie die alten Meister den Freiraum und das asymmetrische Gleichgewicht genutzt haben, um den Betrachter einzubinden und Bilder zu schaffen, die leicht zu verstehen und auch visuell interessant sind. Die gegenüberliegende Seite zeigt vier Folien mit Fotos, die ich selbst aufgenommen habe, und die in keinem besondern Zusammenhang stehen. Obwohl die Aufnahmen nicht absolut streng im »Ein-Ecken-Stil« gehalten sind, befinden sich doch in der Ecke jeder dieser Folien kleine Elemente.

Frühlingsspaziergang von *Ma Yuan*

Diese Folie war Teil einer Präsentation über Kreativität. Ich habe das Foto in Cannon Beach, Oregon, aufgenommen. Die einsame Läuferin wirkt winzig im Vergleich zu der Natur um sie herum. Das Motiv ist klein und seitlich versetzt, sodass der Text bequem Platz findet.

Am Cannon Beach in Oregon herrscht im August meist gutes »Badewetter« mit milden Temperaturen. Diese Tatsache spiegelt sich in dem Foto wider, das viel Freiraum und ein kleines, aber kontrastreiches Element in der unteren Ecke aufweist.

Ein weiteres Foto, das ich am Cannon Beach in Oregon aufgenommen habe. Das Meer füllt das untere Drittel des Bildes aus, und der Felsen nimmt das rechte Drittel ein, sodass viel Platz für große Schrift bleibt. Was man angesichts des übermächtigen Felsens und der Wellen vielleicht nicht sofort bemerkt, ist der winzige Surfer links auf der Folie.

Diese Aufnahme habe ich während des Wartens auf einen Flug in Ishigaki, Okinawa, gemacht. Ich habe diese Folie in meinen Präsentationen über japanische Gastfreundschaft und das Omotenashi-Konzept verwendet. Als Beispiel für die »kleinen Dinge« dient das Bodenpersonal ganz unten auf dem Foto, das sich in einer Reihe aufstellt und den Passagieren zuwinkt, während das Flugzeug zur Startbahn rollt.

Ganz sicher kann ein so einfacher Stil, wie er in Comics verwendet wird, keine komplexe Geschichte illustrieren. Wenn Sie jedoch Cafés rund um die elitäre Universität von Tokio besuchen, werden Sie stapelweise Comics (*Manga*) in den Regalen sehen. In Japan wird das Comic-Genre nicht als notwendigerweise geistlos angesehen, vielmehr werden Sie Intellektuelle der unterschiedlichsten Ausprägungen antreffen.

Den wenigsten Menschen ist heutzutage klar, dass sie eine bildliche Darstellung verstärken können, indem Sie sie auf ihr Wesentliches reduzieren. Weniger ist in den Augen der meisten Menschen eben weniger. Wenn wir diese visuelle Analphabetentum auf die Welt der Präsentationen übertragen, können Sie sich die Frustration einer jungen, engagierten Mitarbeitern vorstellen, wenn ihr Chef ihre Folien am Tag vor ihrer großen Präsentation betrachtet und sagt: »Das ist nicht gut. Zu einfach. Ihre Folien haben keine Aussage! Wo sind die Aufzählungspunkte?! Wo ist das Firmenlogo? Warum ist hier so viel Leerraum? – zeigen Sie ein paar mehr Daten!« Sie versucht zu erklären, dass die Folien nicht die Präsentation sind, sondern dass sie die Präsentation ist und dass sie die Punkte mündlich vermitteln wird. Sie versucht herauszustellen, dass die Folien ein sorgfältig ausgewogenes Gleichgewicht aus Texten, Bildern und Zahlen zeigen und eine zwar unterstützende, aber doch wichtige Rolle spielen und ihre Botschaft verstärken werden. Sie erinnert ihren Chef daran, dass sie eine starke, detaillierte Dokumentation für den Kunden haben, und erklärt, dass Folien und Dokumente nicht dasselbe sind. Ihr Chef will aber nichts davon hören. Er ist erst zufrieden, als die Materialien wie normale PowerPoint-Folien aussehen, Sie wissen schon: wie Präsentationsfolien von ernsthaften Leuten. Wir müssen jedoch

alles tun, um in einer solchen Situation standhaft zu bleiben und den Gedanken der Verstarkung durch Vereinfachung so weit wie möglich umzusetzen.

Sie müssen kein Künstler sein oder Ihre eigenen Bilder zeichnen. Stattdessen geht es mir darum, dass Sie aus der »primitiven« Cartoon-Kunst viel über die Präsentation von Bildern und Texten lernen können. Sicherlich dachte McCloud kaum an Präsentationsfolien, als er sein Buch verfasste. Dennoch enthält sein Buch mehr Einsichten über die effektive Kommunikation im Konzeptzeitalter als viele Bücher über PowerPoint. So gibt McCloud im vorderen Teil des Buchs eine Definition von Comics, die, wie er selbst zugibt, nicht in Stein gemeißelt ist:

> *»Das Nebeneinander von Bildern und anderen Illustrationen in wohlüberlegter Reihenfolge mit dem Ziel, Informationen zu vermitteln und/oder eine ästhetische Reaktion im Betrachter hervorzurufen.«*

Dies lässt sich mit ein paar kleinen Änderung leicht auf andere erzählerische Formen und auch auf Präsentationen anwenden. Es gibt keine gute Definition für »Live-Präsentationen mit Folien«, aber eine hervorragende Präsentation kann in der Tat Folien mit einem »Nebeneinander von Bildern und anderen Illustrationen« enthalten. Und eine hervorragende Präsentation einhält sicherlich Elemente »in wohlüberlegter Reihenfolge mit dem Ziel, Informationen zu vermitteln und/oder eine ästhetische Reaktion ... hervorzurufen«.

Am Ende des Buchs vermittelt uns McCloud einige einfache Zen-hafte Ratschläge. Er bezieht sich zwar auf Autoren, Künstler und die Cartoon-Kunst, seine Hinweise sind aber für alle Arten kreativer Betätigung wertvoll: »Es zählt nur der Wunsch, sich Gehör zu verschaffen. Der Wille zu lernen. Und die Fähigkeit zu sehen.« Das Wesentliche ist das Verlangen, der Wunsch zu lernen und die Fähigkeit, tatsächlich zu sehen. Viele von uns verspüren das Verlangen; der schwere Teil ist das Lernen und Sehen. Wenn wir Cartoons verstehen möchten, sagt McCloud, müssen wir »unseren Geist von allen Vorurteilen gegenüber Comics befreien. Nur wenn wir bei null beginnen, erkennen wir die gesamte Bandbreite, die in Comics steckt.« Dasselbe gilt für das Präsentationsdesign. Nur wer der Präsentation und dem Präsentationsdesign mit einem vollständig offenen Geist begegnet, kann die Möglichkeiten erkennen. Es ist nur eine Frage des Sehens.

Ich empfehle Ihnen dazu den TED-Vortrag »The Visual Magic of Comics« von Scott McCloud auf *ted.com*.

Der unvergleichliche Carl Sagan: Wissenschaftler, Präsentator

Carl Sagan (1934–1996) war ein berühmter und herausragender Astronom und zugleich auch großer Redner und Fernsehmoderator. In den 1980er Jahren war ich ein begeisterter Fan von Carl Sagan und habe viel aus seiner berühmten Fernsehserie »Cosmos« gelernt. Sagan erklärte komplizierte Themen immer auf eine leicht verständliche Art und Weise, die die Zuschauer für die Wissenschaft begeisterte. Obwohl er nicht nur Wissenschaftler, sondern auch Wissenschaftsjournalist war, vereinfachte er die Themen nicht zu sehr, sondern hatte stattdessen eine faszinierende und einzigartige Art und Weise, seine Themen in einen Kontext zu setzen und sie so zu beleuchten und zu veranschaulichen, dass die Zuschauer sie verstehen konnten. Er war ein wissenschaftlicher Präsentator, der klare Botschaften verständlich vermitteln wollte. Wenn Carl Sagan Statistiken einsetze, ließ er den Zahlen gewöhnlich eine Illustration oder einen Vergleich folgen, um ihnen einen Zusammenhang zu geben. In der Originalfolge 13 von *Cosmos*, »Who Speaks for Earth?« nutzt Sagan etwa eine beschreibende Sprache, um Bilder in den Köpfen des Publikums entstehen zu lassen – eine Technik, die manchmal sogar noch effektiver ist als viele grafische Bilder oder Animationen. Wie viel sind 20 Tonnen TNT, fragt Sagan. Genug für eine Bombe, die ausreicht, um einen ganzen Häuserblock zu zerstören, antwortet er. Alle im Zweiten Weltkrieg eingesetzten Bomben, so Sagan, beliefen sich auf insgesamt zwei Megatonnen TNT oder das Äquivalent von hunderttausend »Blockbuster«-Bomben. Jetzt können wir uns also die explosive, tödliche Zerstörung vorstellen, die sich während der sechs Jahre des Zweiten Weltkriegs abspielte. Zwei Megatonnen TNT sind keine Abstraktion mehr; wir können die verheerenden Auswirkungen vor unserem inneren Auge sehen. Daraufhin wirft Sagan seine eigene Bombe ab: »Heute sind zwei Megatonnen das Äquivalent einer einzigen Thermonuklearbombe – einer Bombe mit der Zerstörungskraft des Zweiten Weltkriegs. Das ist ein erschreckendes, aber lebendiges Bild.

Es ist immer wieder schwer, vor lauter Bäumen noch den Wald zu sehen. Gute Redner werden uns bitten, einen Schritt zurückzutreten und das Problem aus einer anderen Perspektive zu betrachten, um zu sehen, was wahr ist und was nicht. In der letzten Cosmos-Folge fragt Sagan: »Wie würden wir das alles einem leidenschaftslosen außerirdischen Beobachter erklären? Wie würden wir über unsere Verantwortung für den Planeten Erde Rechenschaft ablegen?« Durch die Aufforderung an das Publikum, das Problem aus der Sicht eines Außerirdischen (also eines leidenschaftslosen Beobachters von außen) zu betrachten, wird das Problem von Abstraktionen wie Nation, Parteibuch, Religion usw. losgelöst. Sagan sagt: »Aus der Sicht eines Außerirdischen steht unsere globale Zivilisation eindeutig an der Schwelle zum Scheitern, und ihre wichtigste Aufgabe ist jetzt die Bewahrung des Lebens und des Wohlergehens ihrer Bürger und der zukünftigen Bewohnbarkeit des Planeten. Sagan erklärt, dass sich ein neues Bewusstsein entwickelt, das die Erde als eigenen Organismus betrachtet und begreift, dass ein Organismus, der sich im Krieg mit sich selbst befindet, dem Untergang geweiht ist. Wir wissen, wer für die einzelnen Nationen spricht. Aber, so fragt Sagan, wer spricht für die Erde? Die Antwort lautet natürlich: wir. Sagans abschließender Kommentar in der letzten *Cosmos*-Folge lautet: »Unsere Loyalität gilt den Spezies und dem Planeten. Wir sprechen für die Erde. Unsere Verpflichtung, zu überleben und zu gedeihen, ist nicht nur uns selbst, sondern auch dem uralten und unermesslichen Kosmos geschuldet, dem wir entspringen!«

Noch einmal: Einfachheit ist nicht leicht

Wenn wir an Zeit denken, überlegen wir gewöhnlich, wie wir sie sparen können. Zeit erscheint uns als Einschränkung. Wie wäre es jedoch, wenn wir die Zeit bei der Planung einer Präsentation einmal aus dem Blickwinkel des Publikums betrachten, statt unser eigenes Bedürfnis, unsere Aufgaben schneller zu erledigen, in den Vordergrund zu stellen? Wie wäre es, wenn es nicht nur um *unsere Zeit* geht, sondern auch um *ihre Zeit*? Wenn ich im Publikum sitze, weiß ich einen engagierten Sprecher sehr zu schätzen, der seine Hausaufgaben gemacht hat, dessen ansprechende Anschauungsmaterialien nicht für Langeweile sorgen, sondern eine Bereicherung sind und der mir allgemein das gute Gefühl vermittelt, dass sich der Besuch der Präsentation gelohnt hat. Was ich mehr als alles andere hasse – und ich weiß, dass es Ihnen ebenso geht –, ist das Gefühl, wenn ich merke, dass mir eine Stunde verlorener Zeit bevorsteht.

In vielen Fällen erfordert der von mir vertretene Ansatz nicht weniger, sondern mehr Zeit für die Vorbereitung. Die Zeitersparnis für Ihr Publikum kann jedoch immens sein. Noch einmal: Geht es immer nur darum, Zeit für sich selbst zu gewinnen? Ist es etwa nicht wichtig, Zeit für andere zu gewinnen? Wenn ich Zeit für mich selbst gewinne, freue ich mich. Wenn ich aber Zeit für mein Publikum gewinne – indem ich seine Zeit *nicht* verschwende und ihm stattdessen etwas Bedeutsames mitteile –, fühle ich mich inspiriert, energiegeladen und belohnt.

Ich kann im Vorfeld Zeit sparen; dann verschwende ich am Ende aber möglicherweise mehr Zeit meines Publikums. Wenn ich beispielsweise eine völlig wertlose, einstündige Tod-durch-PowerPoint-Präsentation vor 200 Menschen halte, entspricht das 200 Stunden verschwendeter Zeit. Wenn ich meinetwegen 25 bis 30 Stunden oder auch mehr in die Planung und Gestaltung der Botschaft und der Präsentationsfolien investiere, dann kann ich der Welt 200 Stunden lohnender, unvergesslicher Erfahrung schenken.

Software-Firmen werben mit zeitsparenden Funktionen. Deshalb glauben wir möglicherweise, dass wir bei der Planung einer Präsentation und der Vereinfachung unseres Arbeitstags Zeit gespart haben. Welche Rolle spielt es aber, dass wir bei der Vorbereitung unserer Folien eine Stunde Zeit gespart haben, wenn wir die Zeit nicht für das Publikum sparen – wenn das Publikum seine Zeit vergeudet, weil wir nicht vorbereitet sind, keine guten Folien gestaltet haben oder unser Vortrag misslingt? Manchmal scheint es tatsächlich einfacher, weniger Zeit auf eine Aufgabe zu verwenden. Sind die Ergebnisse aber später vergeudete Zeit und verschenkte Gelegenheiten, verkehrt sich der Nutzen ins Gegenteil.

Zusammenfassung

- Einfachheit ist wirkungsvoll und führt zu mehr Klarheit, ist aber weder leicht noch mühelos zu erreichen.
- Es geht nicht darum, es uns leicht zu machen, es geht darum, es dem Publikum leicht zu machen.
- Sie erzielen Einfachheit, wenn Sie sorgfältig an der Reduktion aller unwichtigen Elemente arbeiten.
- Gestalten Sie Ihre Folien unaufdringlich, ausgewogen mit schlichter Eleganz.
- Gute Designs enthalten viel Leerraum. Weniger ist mehr.
- Einfachheit steht zwar an erster Stelle; es ist jedoch durchaus möglich, zu einfach zu sein. Ihre Aufgabe besteht darin, für Ihre Situation die bestmögliche Ausgewogenheit zu finden.

6

Präsentationsdesign: Grundsätze und Techniken

Während meiner Arbeit bei Sumitomo Mitte der 1990er Jahre bemerkte ich, dass japanische Geschäftsleute im Zusammenhang mit zukünftigen Entscheidungen und Strategien häufig den Begriff »case by case« (*keisu bai keisu*) verwenden. Das frustrierte mich, denn ich war an konkrete, verbindliche Planung und schnelle Entscheidungsfindung gewöhnt. Ich erfuhr jedoch, dass für meine japanischen Kollegen der Kontext, die Begleitumstände und eine Art »Partikularismus« sehr wichtig waren.

Heute verwende ich teilweise selbst japanische Wendungen wie *jyoukyou ni yotte* (das Urteil hängt von den Umständen ab) oder *toki to baai ni yotte* (hängt von der Zeit und den Umständen ab), wenn ich etwa die Techniken und die Gestaltung für eine bestimmte Präsentation diskutiere. Zuvor war ich der Ansicht, »kommt darauf an« sei eine schwache Aussage, eine Art Rückzieher. Inzwischen ist mir aber klar, dass sie weise ist. Ohne gute Kenntnis des Orts und der Begleitumstände, des Inhalts und des Kontexts einer Präsentation ist es schwer zu beurteilen, was »passend« und was »unpassend« ist, geschweige denn, »gut« oder »schlecht«. Es gibt keine allgemeingültigen Gestaltungsansätze. Grafikdesign ist Wissenschaft und Kunst zugleich.

Nichtsdestotrotz existieren einige grundlegende Richtlinien, auf denen die meisten treffenden und aussagekräftigen Folien aufbauen. Einige wenige einfache und grundlegende Konzepte und Designprinzipien können dem Durchschnittsmenschen bei eingehendem Verständnis tatsächlich zu deutlich effektiveren Folien verhelfen. Mit Gestaltungsgrundsätzen und -techniken ließen sich mehrere Bände füllen: Mehr zum Thema erfahren Sie in meinem Buch *Zen oder die Kunst des Präsentationsdesigns* (Addison-Wesley). In diesem Kapitel werde ich Zurückhaltung üben und nur einige Grundsätze ausführen. Zusätzlich zeige ich Ihnen praktische Beispiele und einige Techniken. Sehen wir uns zunächst an, was mit Design überhaupt gemeint ist.

Ein Hinweis zu Folienformaten

Bevor wir über Grundsätze und Techniken zur Foliengestaltung sprechen, sollten Sie unbedingt etwas über das Format beziehungsweise das Seitenverhältnis Ihrer Folien wissen. In den meisten Präsentationsprogrammen können Sie Foliensätze in zwei verschiedenen Seitenverhältnissen erstellen – 4:3 oder 16:9. Das eher kastenförmige 4:3-Format (»Vier-zu-Drei«) wird dabei zumeist als »Standard« angesehen. Vor dem Siegeszug der Flachbildfernseher waren Röhrengeräte mit einem Seitenverhältnis von 4:3 üblich. Heutzutage ist auch bei Präsentationen eher das 16:9-Seitenverhältnis (»Sechzehn-zu-Neun«) gebräuchlich, das, genau wie beim Fernsehen, meist als »Breitbild« bezeichnet wird. Bei Ihrer Entscheidung für ein Seitenverhältnis ist es wichtig, das Leinwandformat der Bildfläche zu kennen, auf der Sie Ihre Präsentation abhalten werden. Wenn Sie wissen, dass Ihre Folien auf einem Flachbildschirm gezeigt werden – was heutzutage in Schulen und Unternehmen immer häufiger vorkommt – dann stellen Sie sicher, dass Sie Ihre Folien im Breitbildformat gestalten. Wenn Sie sich sicher sind, dass die Präsentationsfläche dem älteren 4:3-Standard entspricht, dann ist es akzeptabel, Ihre Folien entsprechend zu gestalten. Denken Sie aber daran, dass, links und rechts von Ihrer sorgfältig gestalteten Folie unschöne leere Bildbereiche sichtbar werden, wenn Sie diese Folien später einmal an einem Veranstaltungsort mit 16:9-Leinwand zeigen. Davon geht die Welt nicht unter und Ihre Folien werden trotzdem noch ihren Zweck erfüllen, aber sie werden unprofessionell oder zumindest altertümlich wirken. Wenn Sie andererseits 16:9-Folien auf eine 4:3-Leinwand projizieren, entstehen am unteren und oberen Bildrand leere Bereiche, aber meist können Sie die Bildfläche im Unterrichtsraum oder im Konferenzsaal so einstellen, dass zumindest der untere Balken verschwindet.

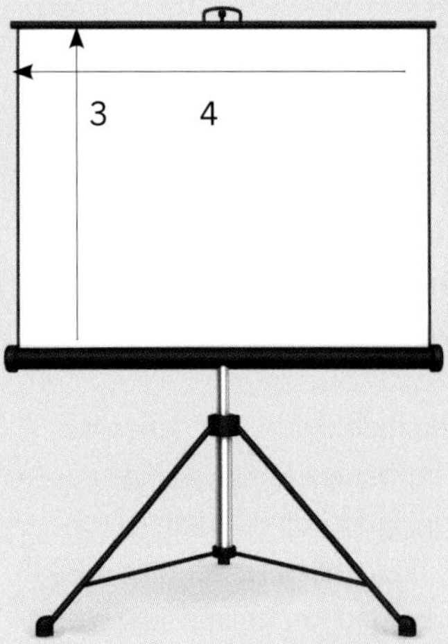

Dieses Format ist mit der Bezeichnung »Vier-zu-Drei-Seitenverhältnis« (4:3) gemeint. Beispielauflösungen für solche Folien sind 1024 × 768 oder 800 × 600 Pixel.

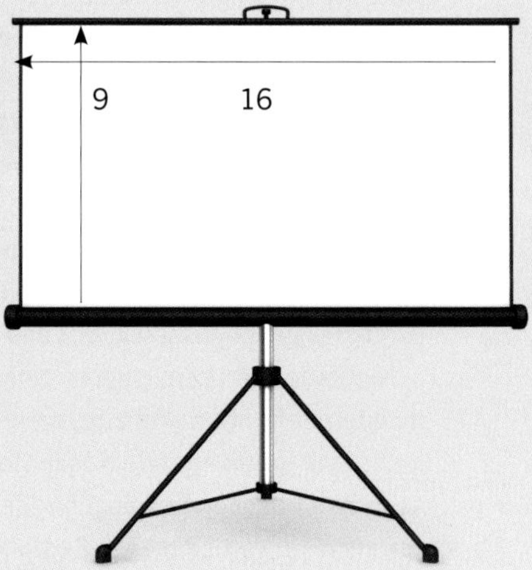

Dieses Seitenverhältnis wird meist »Breitbildformat« oder »Sechzehn-zu-Neun« (16:9) genannt. Eine gängige Auflösung dafür sind 1920 × 1080 Pixel.

Die Folie mit einem Seitenverhältnis von 4:3 füllt hier die gesamte Leinwand aus, die das gleiche Seitenverhältnis hat.

Wenn Sie diese Folien jedoch auf eine Breitbildleinwand mit dem Seitenverhältnis 16:9 projizieren, wird das Bild die Leinwand nicht vollständig ausfüllen und an den Seiten auffällige Ränder hinterlassen.

Diese Breitbildfolie wird auf eine Leinwand mit einem Seitenverhältnis von 16:9 projiziert und füllt diese dadurch aus. Dabei ergeben sich zahlreiche Vorteile, wie etwa die Möglichkeit, den Bildschirm mit beliebigen Widescreen-Videoclips zu füllen, auch solchen, die Sie mit Ihrem Smartphone aufgenommen haben.

Die gleichen Breitbildfolien können auch auf eine ältere (4:3)-Leinwand projiziert werden, allerdings wird das Bild dabei kleiner dargestellt, damit es in die Projektionsfläche passt.

Allgemeine Designgrundsätze

Ein häufiges Missverständnis im Zusammenhang mit Designs ist, dass diese erst ganz am Ende hinzugefügt werden – so wie der Zuckerguss und der Schriftzug »Happy Birthday!« auf einer Geburtstagstorte. Ich meine mit Design aber etwas anderes. Für mich kommt das Design nicht erst ganz zum Schluss, sondern vielmehr gleich zu Beginn, schon von Anfang an. Design ist nötig, um Informationen so zu gliedern, dass Zusammenhänge besser verdeutlicht werden; es kann eine Sache für den Betrachter oder Nutzer vereinfachen. Design ist auch ein Mittel zur Überzeugung. Es ist keine Dekoration.

Design ist, wenn Menschen Lösungen erarbeiten, die anderen Menschen helfen oder das Leben vereinfachen – oftmals auf umfassende Weise und eher unbemerkt und im Kleinen. Wenn wir gestalten, müssen wir darüber nachdenken, wie andere Menschen unsere Designlösungen und Botschaften interpretieren. Design ist nicht Kunst, wenngleich es eine künstlerische Komponente beinhaltet. Künstler können mehr oder weniger ihren kreativen Impulsen folgen und schaffen, was immer sie auszudrücken wünschen. Designer arbeiten hingegen in einem geschäftlichen Umfeld. Sie müssen zu jedem Zeitpunkt den Endanwender im Blick haben und stets versuchen, ein Problem aus dessen Sicht zu lösen (oder zu vermeiden). Kunst ist in und an sich gut oder schlecht. Gute Kunst kann Menschen bewegen; sie kann deren Leben in gewissen Aspekten verändern. Wenn dem so ist, wunderbar. Gutes Design *muss* sich aber unbedingt auf das Leben anderer auswirken, wenn vielleicht auch scheinbar nur sehr geringfügig. Gutes Design schafft Veränderung.

Design ist viel mehr als reine Ästhetik. Gut gestaltete Dinge, auch Grafiken, sind jedoch oft von hohem ästhetischen Wert. Gut gestaltete Sachen sehen gut aus. In der Welt des Designs gibt es immer mehrere Lösungen für ein einzelnes Problem. Sie müssen experimentieren, aber letztlich müssen Sie nach der im Zusammenhang mit Ihren Informationen passendsten Problemlösung suchen. Beim Design geht es darum, bewusst zu entscheiden, was bleibt und was wegfällt.

Im besonderen Fall von Präsentationsfolien müssen Grafiken fehlerfrei und akkurat sein. Doch – ob Sie es wollen oder nicht – unsere Folien berühren die Menschen im Publikum auch auf einer emotionalen Ebene. Sie beurteilen spontan, ob etwas attraktiv, vertrauenswürdig, professionell oder zu glatt erscheint usw. Diese Reaktion erfolgt intuitiv – und sie ist wichtig.

In den nächsten Abschnitten gehe ich mit Ihnen sieben miteinander in Verbindung stehende Gestaltungsgrundsätze durch, die für eine gute Foliengestaltung grundlegend sind. Die beiden ersten – Signal-/Rauschverhältnis und Bildüberlegenheitseffekt – sind breit angelegte Konzepte mit praktischer Anwendung im Foliendesign. Der dritte – die Verwendung von Weißraum – hilft uns, einen anderen Blickwinkel für Folien zu bekommen und zur Verstärkung visueller Botschaften die Wirkung des nicht Vorhandenen zu nutzen. Die vier letzten Designprinzipien bilden eine Gruppe, die ich gerne als die »Großen Vier« unter den Gestaltungsgrundsätzen bezeichne: Kontrast, Wiederholung, Ausrichtung und Nähe. Die Designerin und Autorin Robin Williams hat diese vier Grundprinzipien in ihrem Bestseller *Design & Typographie für Dich* (Addison-Wesley) erstmals zusammengefasst und auf die Kunst der Dokumentengestaltung angewendet. Ich zeige Ihnen, wie Sie diese Grundsätze zur Verbesserung Ihres Foliendesigns einsetzen. Sehen wir uns zunächst das Signal-/Rauschverhältnis und seine Auswirkungen auf die Foliengestaltung an.

Eine großartige Präsentation ist nicht zwingend auf Folien angewiesen, aber in den meisten Fällen werden die Bilder Ihre Botschaft unterstreichen. Wenn Sie die allgemeninen Grundlagen des Grafikdesigns und der visuellen Kommunikation verstehen, können Sie, sobald Sie Ihren Computer starten, überzeugende visuelle Darstellungen entwickeln und mit der visuellen Gestaltung Ihres Vortrags beginnen.

Signal und Rauschen

Das Signal-/Rauschverhältnis (SNR) ist ein Prinzip, das eher aus technischen Bereichen wie etwa dem weiten Feld der Rundfunk- und Nachrichtentechnik stammt. Das Prinzip selbst hat jedoch auch für praktisch alle Design- und Kommunikationsprobleme Gültigkeit. Für unsere Zwecke definiert sich das Signal-/Rauschverhältnis als das Verhältnis aus wichtigen und unwichtigen Informationen und Elementen auf einer Folie oder einer anderen Darstellung. Das Ziel ist ein möglichst großes Signal-/Rauschverhältnis Ihrer Folien. Ein Übermaß an Informationen lässt sich schwer verarbeiten. Wir können neue Informationen einfach nur in begrenztem Umfang effektiv und mit Erfolg verarbeiten. Indem Sie ein größeres Signal-/Rauschverhältnis anstreben, vereinfachen Sie diesen Vorgang für Ihr Publikum. Das Verständnis kann schon schwer genug fallen, ohne dass Sie Ihre Zuhörer noch mit einer Masse irrelevanter Folien bombardieren, die Ihren Vortrag angeblich unterstützen sollen.

Das größtmögliche Signal-/Rauschverhältnis sicherzustellen, bedeutet, die Botschaft klar und möglichst unverfälscht zu kommunizieren (d.h., zu gestalten). Visuelle Botschaften lassen sich auf vielerlei Arten verwässern. Dazu gehören ungeeignete Diagramme, unklare Beschriftungen und Symbole und unnötigerweise betonte Elemente wie Linien, Formen, Symbole und Logos, denen bei der Vermittlung der Botschaft keine Schlüsselrolle zukommt. Mit anderen Worten, wenn Sie ein Element weglassen können, ohne damit die visuelle Botschaft zu beeinträchtigen, dann sollten Sie dieses im Zweifelsfall wohl besser minimieren oder entfernen. Linien in Rastern oder Tabellen können beispielsweise oft sehr dünn oder hell ausgeführt werden – oder sogar ganz weggelassen werden. Fußzeilen, Logos und Ähnliches können in der Regel – mit positiven Auswirkungen – komplett wegfallen (falls Ihr Unternehmen dem zustimmt).

Edward Tufte nimmt in *Visual Explanations: Images and Quantities, Evidence and Narrative* Bezug auf das wichtige Prinzip des »kleinsten wirksamen Unterschieds«. Dieses befindet sich im Einklang mit dem Signal-/Rauschverhältnis. »Alle optischen Unterscheidungen sollten möglichst dezent sein«, sagt Tufte, »aber zugleich eindeutig und wirkungsvoll.« Wenn sich eine Botschaft mit weniger Elementen ausdrücken lässt, dann gibt es keinen Grund dafür, mehr einzusetzen.

Auf den nächsten drei Seiten sehen Sie Vorher-/Nachher-Beispiele überarbeiteter Folien. Vergleichen Sie die Originalfolien links mit den Folien rechts, deren Signal-/Rausch-Verhältnis verbessert wurde. Für ein aufgeräumteres Design mit verbessertem Signal-/Rausch-Verhältnis habe ich unwesentliche Elemente weggelassen und andere auf ein Minimum reduziert. Im dritten und vierten Beispiel (gegenüberliegende Seite) habe ich die Tortendiagramme in Balkendiagramme umgewandelt, was die zahlenmäßigen Unterschiede viel leichter erkennbar macht. In anderen Beispielen habe ich ein Balkendiagramm in ein Liniendiagramm umgewandelt, wodurch Trends im zeitlichen Verlauf leichter zu erkennen sind. In jedem Fall bestand das allgemeine Prinzip darin, Unwesentliches zu entfernen und die Sache für das Publikum übersichtlicher zu gestalten.

VORHER

NACHHER

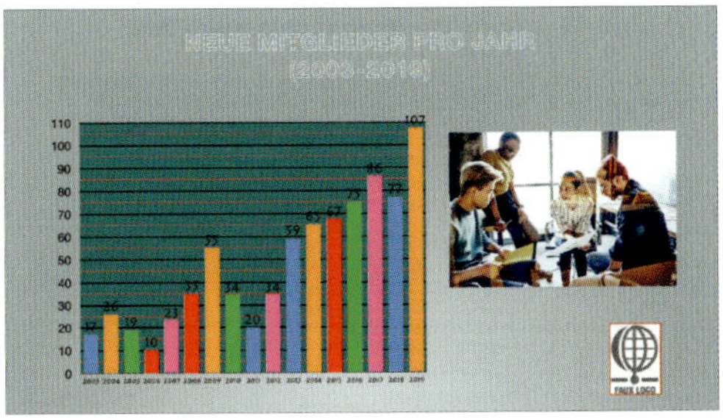

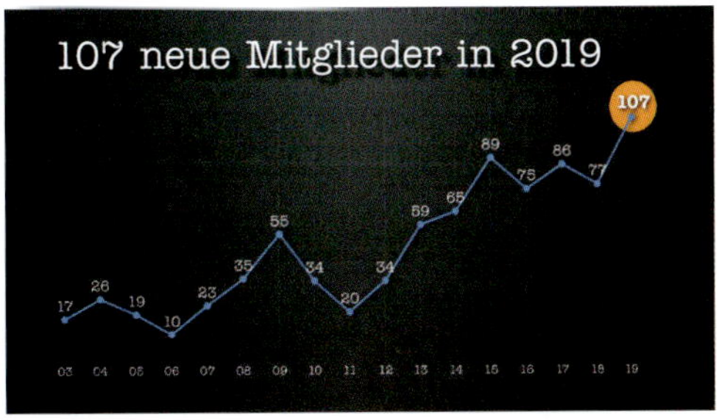

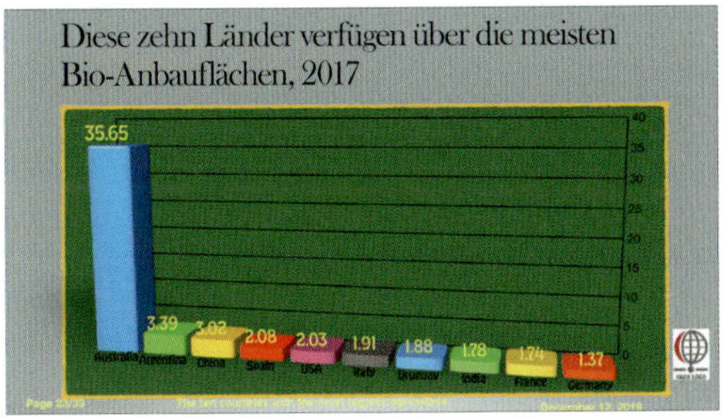

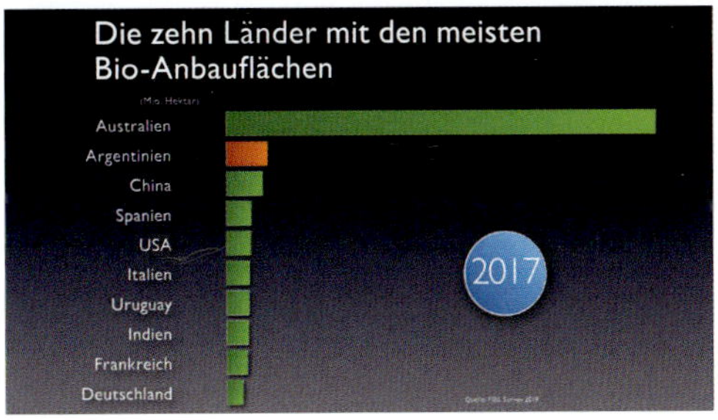

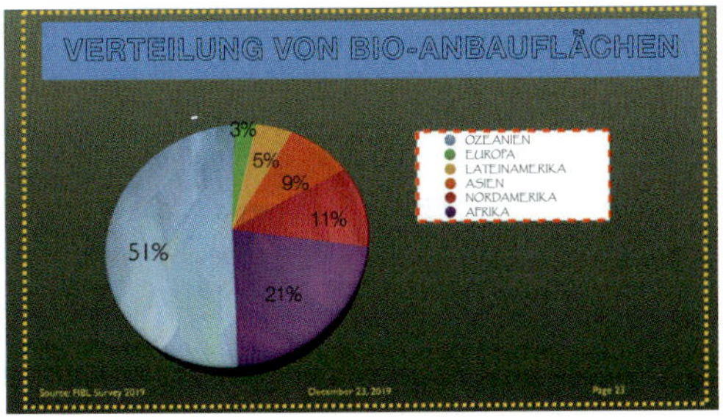

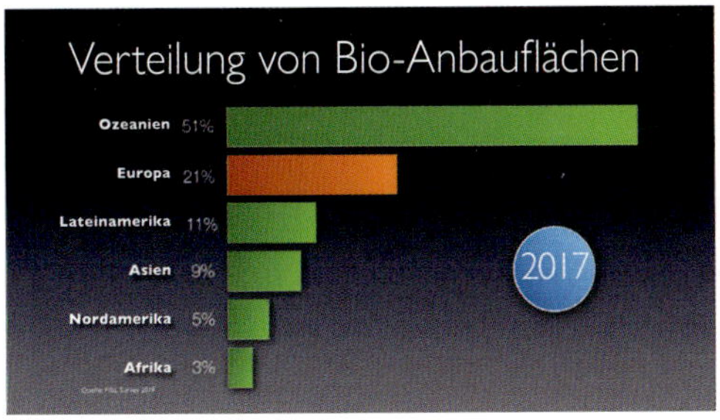

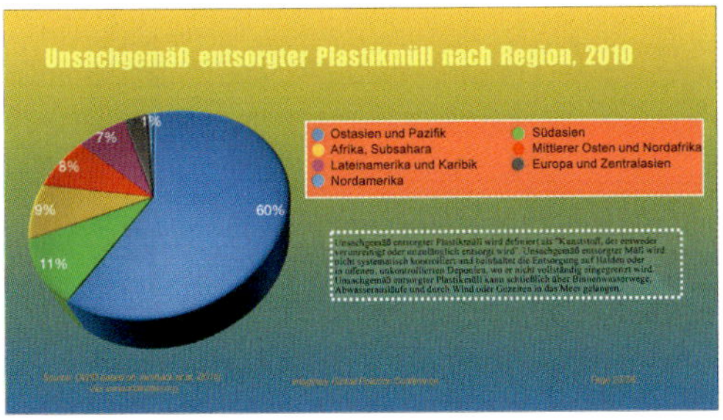

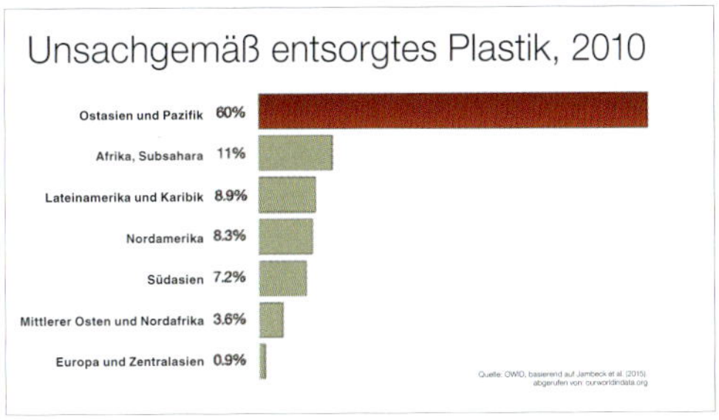

VORHER

NACHHER

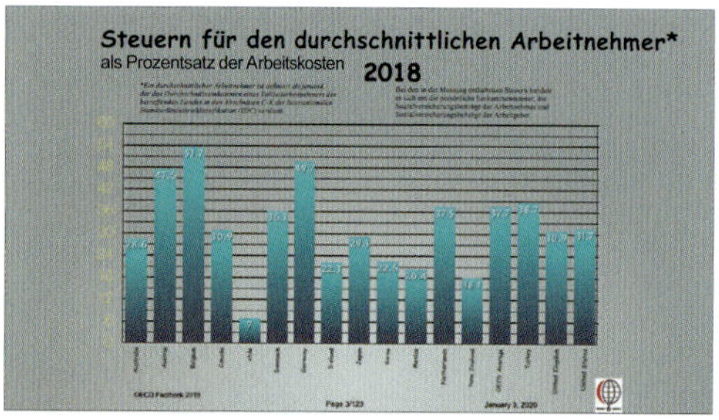

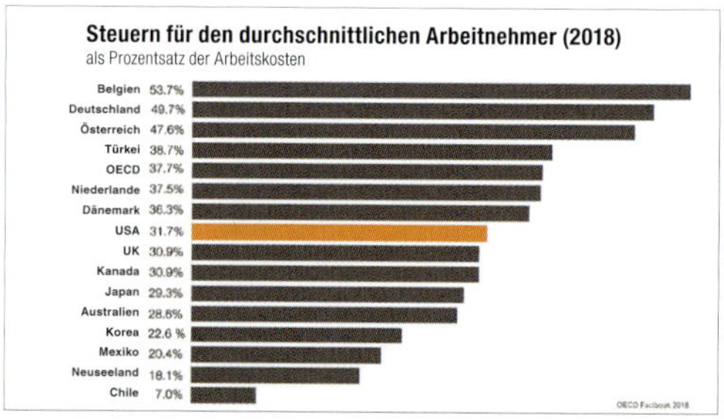

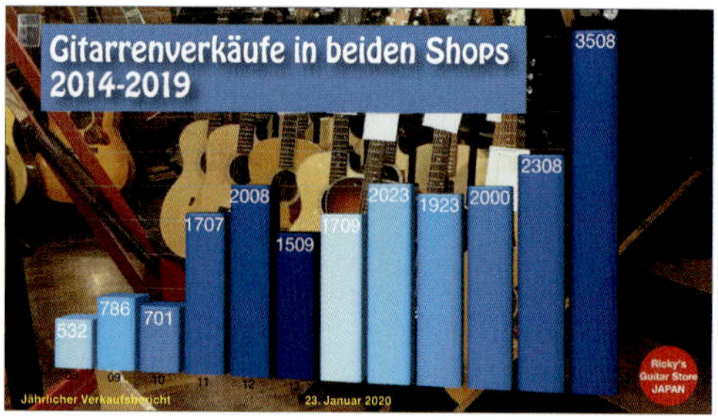

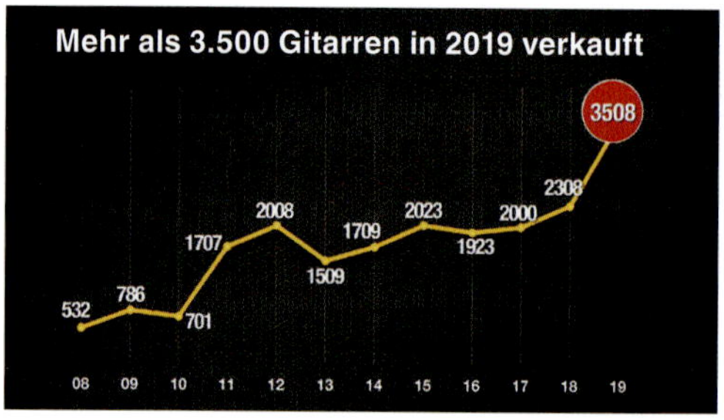

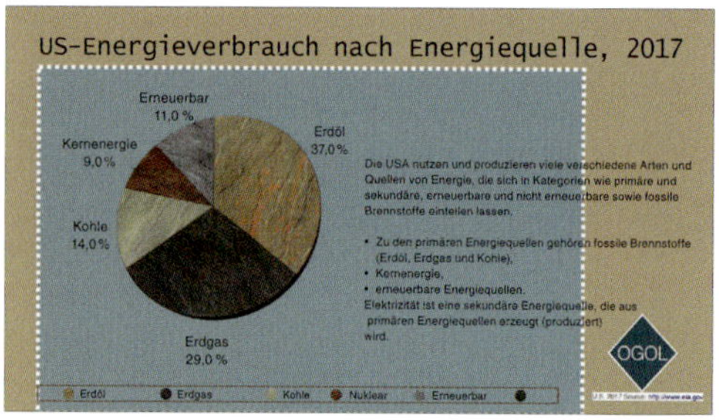

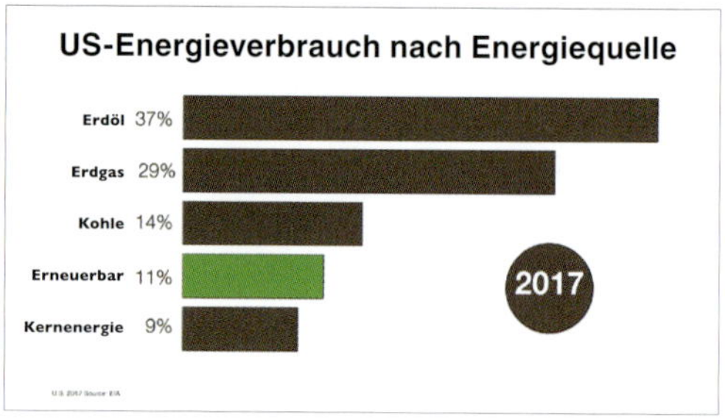

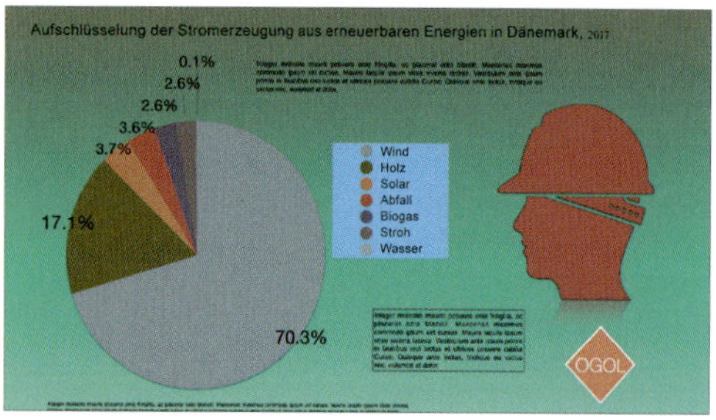

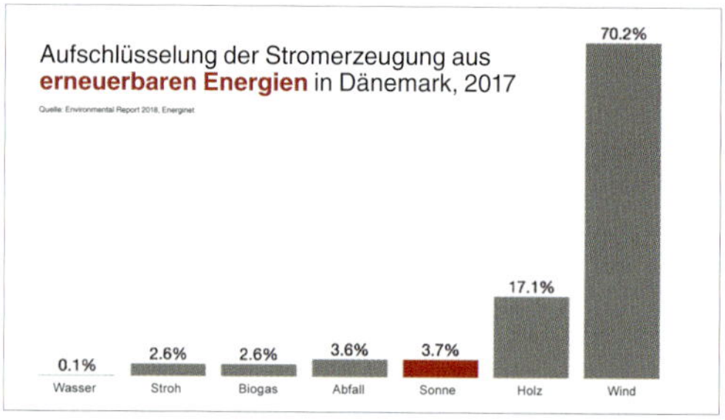

VORHER ▼

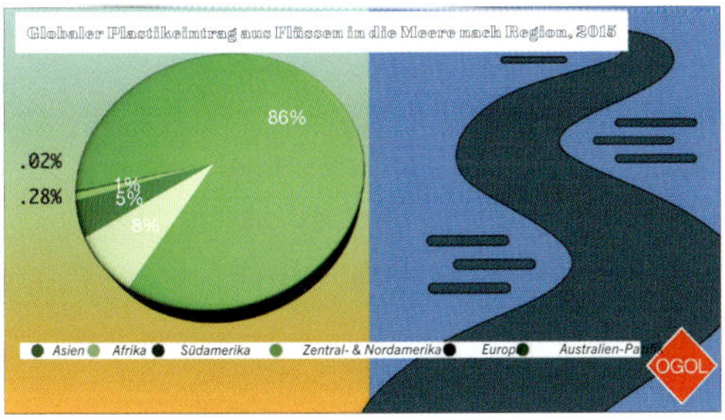

NACHHER ▼

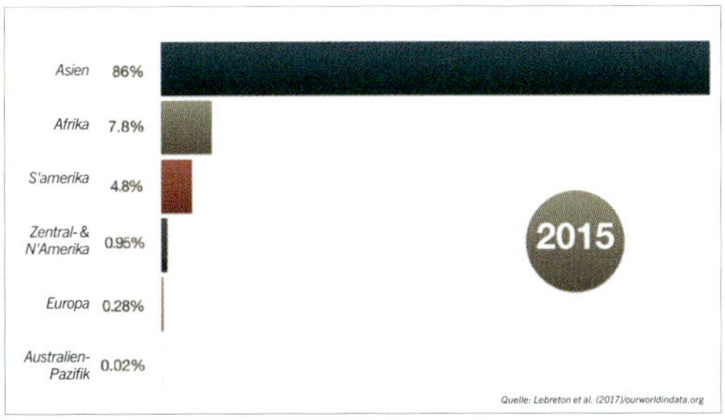

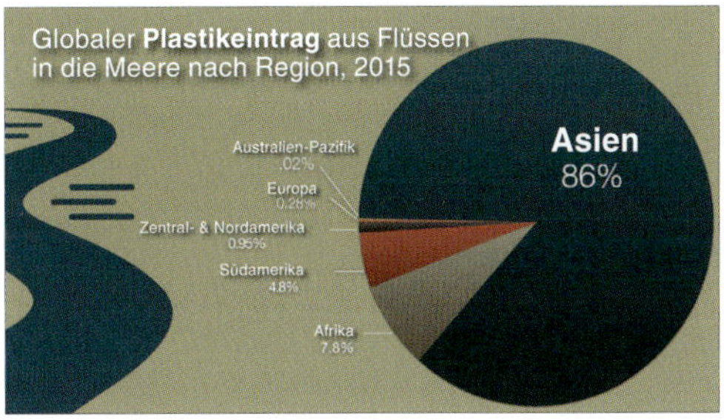

In der oberen Originalfolie mit dem 3D-Tortendiagramm ist es umständlich, anhand der Legende herauszufinden, welche Farbe zu welchem Land gehört. Ich bevorzuge die Verwendung eines Balkendiagramms (rechts), das auf einen Blick zu verstehen ist. Da es sich nur um sechs Segmente handelt, könnte man auch ein 2D-Tortendiagramm verwenden, dann allerdings eines ohne Legende und mit deutlich lesbaren, schnell verständlichen Werten.

VORHER ▼

NACHHER ▼

Normalerweise lagern wir Tabellen in Textdokumente aus, aber wenn die Tabelle groß genug ist und nicht zu viele Daten enthält, kann sie hilfreiches Anschauungsmaterial sein. Die obere Originalfolie enthält im Original viel unnötiges Dekorationsrauschen, was die Lesbarkeit der Tabelle erschwert und sie unübersichtlich wirken lässt. Bei der ersten Umgestaltung rechts wurden Linien und Farben sowie das Hintergrundbild entfernt, was die Lesbarkeit der Daten erheblich verbessert. Bei der zweiten Überarbeitung kam der Hochgeschwindigkeitszug hinzu, um den Kontext des Themas (auf Bahnhöfen verkaufte Bentos) in einer Weise zu verstärken, die die Folie interessanter wirken lässt, ohne jedoch die Lesbarkeit der Tabelle zu beeinträchtigen.

Ist Nebensächliches immer »Rauschen«?

Grundsätzlich ist es richtig, dass unnötige Elemente die Effektivität eines Designs herabsetzen und die Wahrscheinlichkeit unbeabsichtigter Auswirkungen erhöhen. Müssen Sie deshalb aber alles, was nicht absolut zur Gestaltung benötigt wird, entfernen? Einige sprechen einem minimalistischen Ansatz die größte Wirkung zu. Effizienz an sich ist aber nicht unbedingt immer nur positiv und nicht immer der ideale Ansatz.

Zur Darstellung quantitativer Informationen in Diagrammen, Tabellen, Schaubildern und so weiter bevorzuge ich eindeutig schnörkellose Designs mit größtmöglichem Signal-/Rauschverhältnis. Ich setze in meinen Präsentationen viele Fotos ein – in der Regel verwende ich keine zusätzlichen Elemente auf der Folie, wenn ich ein Schaubild oder Diagramm zeige. Es ist völlig in Ordnung, beispielsweise ein Balkendiagramm vor einem Bildhintergrund zu platzieren, solange es genug Kontrast besitzt und sich gut abhebt. Ich bin aber der Meinung, dass die Daten selbst (mit gutem Signal-/Rauschverhältnis) eine sehr starke und einprägsame Grafik abgeben können.

Bei anderen Darstellungen sollten Sie aber möglicherweise darüber nachdenken, Elemente beizubehalten oder hinzuzufügen, die Ihre Botschaft auf einer emotionaleren Ebene stützen. Das erscheint vielleicht wie ein Widerspruch zu dem Gedanken »weniger ist mehr«. Emotionale Elemente sind aber oft wichtig – manchmal sogar sehr wichtig. Klarheit sollte Ihr oberstes Leitprinzip sein. Wie bei allen Dingen kommt es auf die Balance an und der Einsatz emotionaler Elemente hängt von den besonderen Umständen, Ihrem Publikum und Ihren Zielen ab. Letztendlich handelt es sich beim Signal-/Rauschverhältnis um eines von vielen Prinzipien, die Sie beim Ausarbeiten visueller Botschaften berücksichtigen sollten.

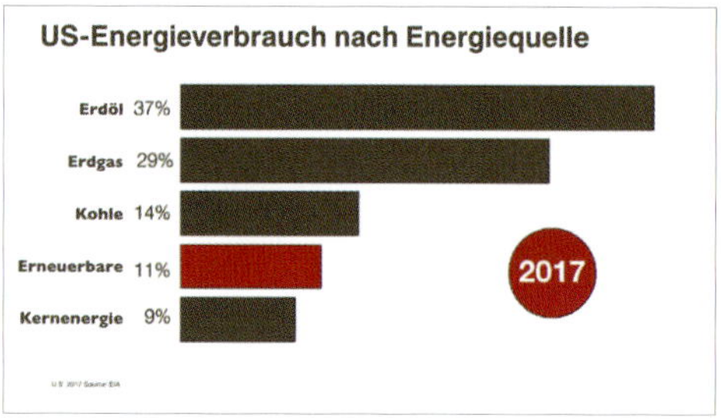

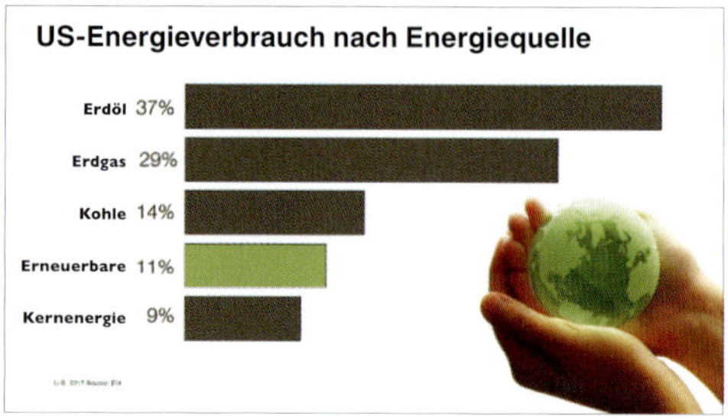

Links *Dieses einfache Balkendiagramm ohne Bild ist sofort verständlich. Die Jahreszahl und der Balken »Erneuerbare« wurden hervorgehoben.* **Rechts** *Dieselben einfachen Daten, hier jedoch mit einem zusätzlichen Foto. Das Bild stützt das zugrunde liegende Thema – den Erhalt der Erde –, ohne dabei mit dem Diagramm in Konflikt zu geraten. Zur Hervorhebung des Balkens »Erneuerbare« habe ich eine Farbe verwendet, die zum hellen Grün im Bild passt. Die Hintergrundbilder auf dieser und der gegenüberliegenden Seite stammen von iStockphoto.com.*

VORHER ▼

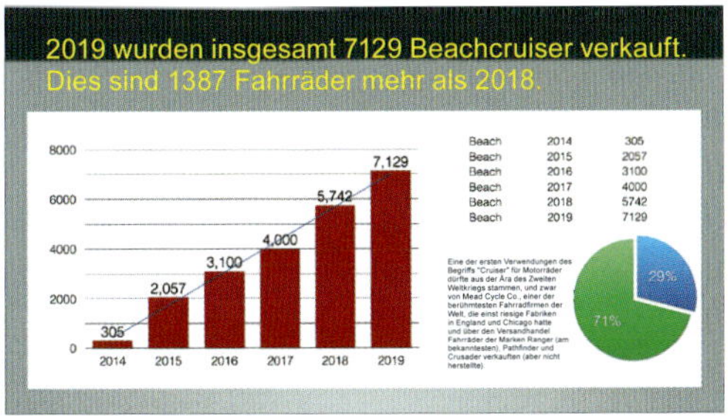

Der oben gezeigte Stil ist für Datenfolien auch heute noch anzutreffen, wirkt aber ziemlich verrauscht. Das umgestaltete Beispiel rechts zeigt die Informationen auf zwei Folien, ergänzt durch relevantes Bildmaterial – das eigentliche Produkt und eine Kundin, die das Produkt genießt. Dies verleiht den Darstellungen zusätzlich ein emotionales Element.

NACHHER ▼

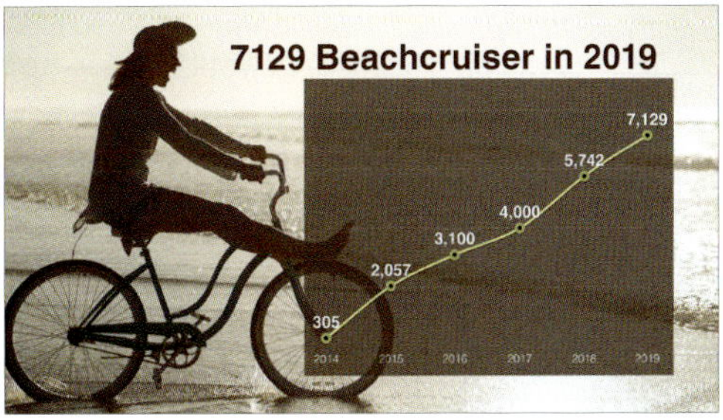

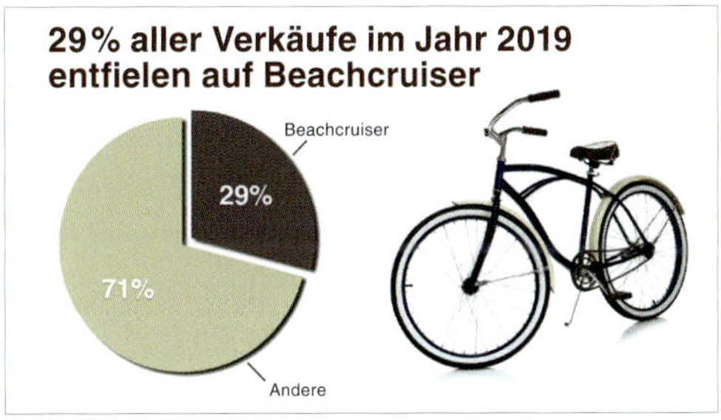

Solche wortreichen Folien (oben) sind nicht ungewöhnlich, aber mit dem ganzen Text kann das Publikum nicht besonders viel anfangen. Die Tortendiagramme, die den zukünftigen prozentualen Anteil erwerbstätiger Senioren zeigen, sind schwer zu erkennen. Deshalb habe ich einen Großteil des Texts weggelassen und die wichtigsten Aussagen auf zwei Folien verteilt (rechts). Passende Bilder bringen ein themenbezogenes und emotionales Element ein, und auch die Zahlen kommen jetzt besser zur Geltung.

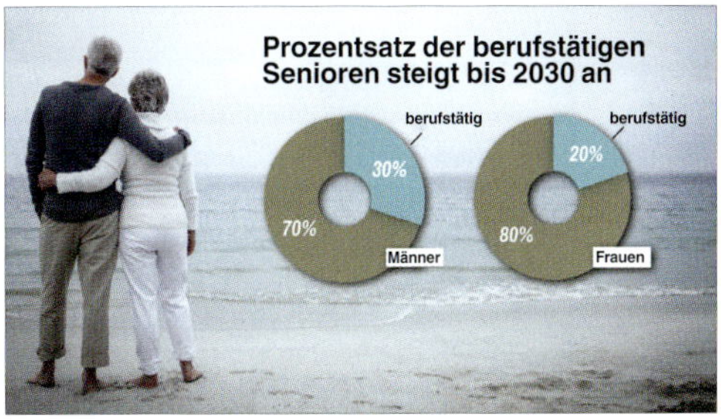

2D oder nicht 2D, Sein oder Schein? Das ist hier die Frage

Viele der Gestaltungswerkzeuge in Keynote und PowerPoint sind recht nützlich – auf das 3D-Werkzeug könnte ich jedoch sehr gut verzichten. Wenn Sie ein 3D-Diagramm aus 2D-Daten anfertigen, werden diese dadurch keineswegs leichter verständlich. Dahinter steht der Gedanke, dass 3D die Gefühlsebene stärker ansprechen könnte. Bei Schaubildern und Diagrammen sollten Sie jedoch immer eine simple, klare 2D-Darstellung anstreben (für 2D-Daten). In Das Zen der Kreativität. Den Künstler in sich erwecken schreibt der Buchautor John Daido Loori, dass die Zen-Ästhetik »eine Einfachheit widerspiegelt, die es durch Weglassen überflüssiger Elemente ermöglicht, unsere Aufmerksamkeit auf das Wesentliche zu lenken«.

Die Entscheidung, was wesentlich und was Beiwerk ist, liegt bei Ihnen. Es scheint jedoch sinnvoll, die zusätzliche Tinte für 3D-Diagramme einzusparen. Eine 3D-Darstellung von 2D-Daten vergrößert das von Edward Tufte beschriebene »Tinten-/Datenverhältnis«. Es ist schön, die Wahl zu haben – aber 2D-Diagramme und Schaubilder stellen fast immer die bessere Lösung dar. Dreidimensionale Schaubilder wirken ungenauer und können schwerer verständlich sein. Zudem lässt der Blickwinkel auf 3D-Diagramme häufig schlechter erkennen, wo auf der Achse ein Datenpunkt sitzt. Wenn Sie 3D-Diagramme verwenden, vermeiden Sie extreme Perspektiven.

Die Folien auf der linken Seite zeigen Beispiele für 3D-Effekte, die die Lesbarkeit einfacher Daten beeinträchtigen. Rechts sehen Sie Verbesserungsvorschläge.

VORHER ▼

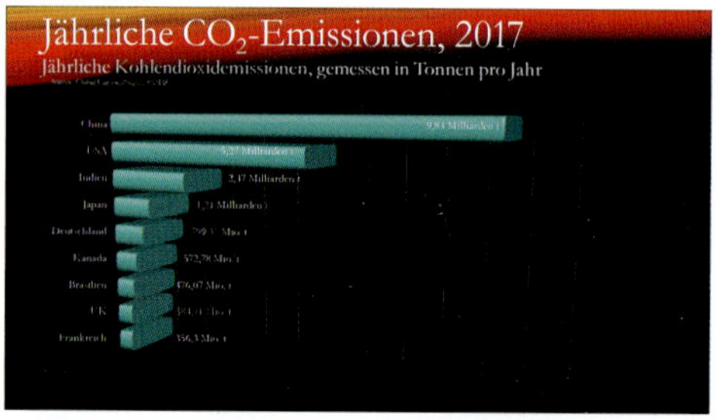

NACHHER ▼

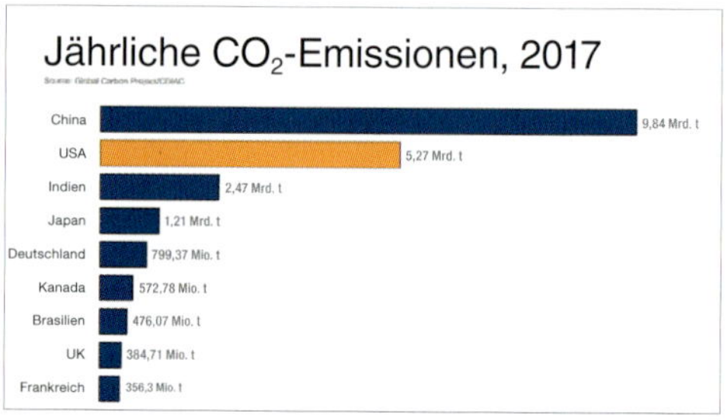

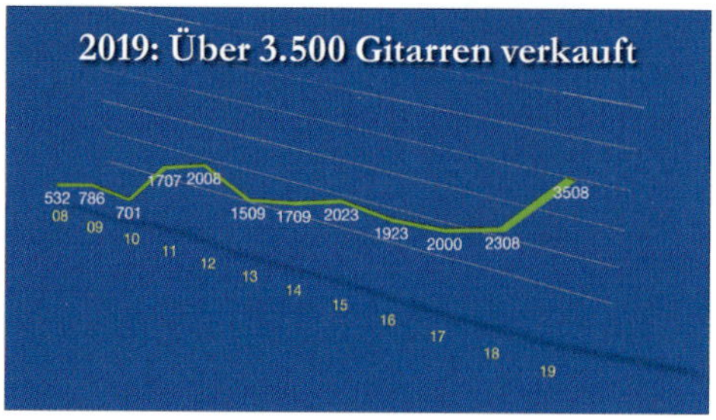

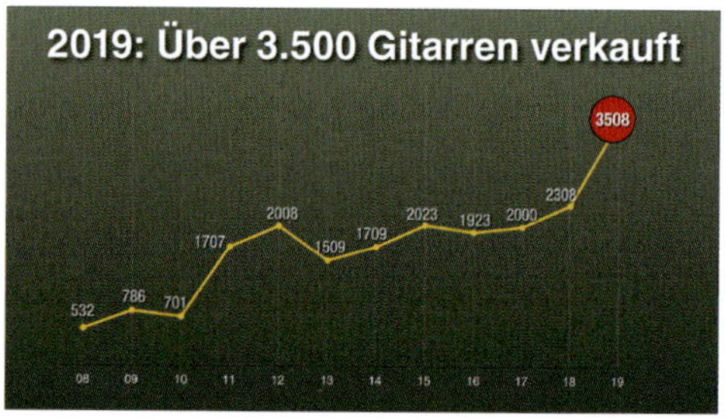

Wer sagt, dass jede Folie Ihr Logo enthalten muss?

»Branding« ist einer der heute am meisten überstrapazierten und missverstandenen Begriffe. Viele Menschen verwechseln die zahllosen Elemente der Markenidentität mit der Marke oder dem Branding. Die Bedeutung von Marke und Branding geht weit darüber hinaus, sein Logo möglichst prominent und mit hohem Wiedererkennungswert zu gestalten und zu platzieren. Wenn Sie eine Präsentation für eine Organisation abhalten, versuchen Sie, deren Logo von allen Folien zu entfernen, außer von der ersten und der letzten Folie. Wenn Ihr Publikum etwas lernen und sich an Sie erinnern soll, dann bieten Sie ihm eine gute, ehrliche Präsentation. Das Logo wird Ihnen bei keinem Verkaufsabschluss und bei keiner Argumentation helfen – stattdessen wird die Präsentation überfüllt wirken und die Folien werden wie Werbebotschaften wirken. Wenn wir miteinander sprechen, fangen wir auch nicht jeden neuen Satz mit unserem Namen an, warum also sollten Sie das Publikum auf jeder Folie wieder mit Ihrem Firmenlogo bombardieren? Als ich anfing, bei Apple zu arbeiten, enthielten nur die erste und die letzte Folie der offiziellen Foliensätze für unsere Kundenpräsentationen ein prominent platziertes Apple-Logo, und auf den anderen Folien waren keine Logos zu sehen.

Der Platz auf den Folien ist ohnehin begrenzt, also überladen Sie sie nicht mit Logos, Markennamen, Fußzeilen und Ähnlichem. Können Sie einen Foliensatz erstellen, der Ihr Logo, ähnlich dem untenstehenden Beispiel, nur auf der ersten und letzten Folie zeigt?

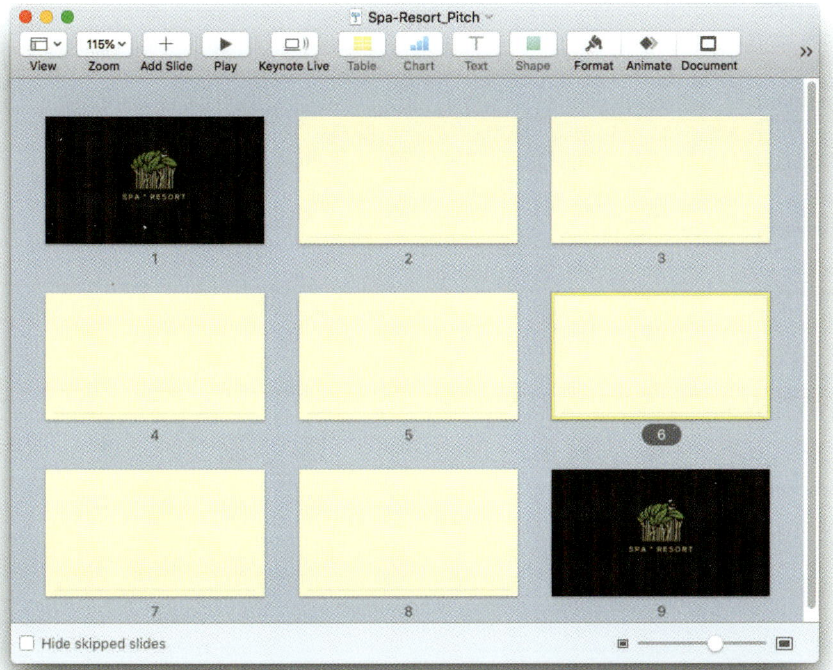

Ein paar Punkte zu Stichpunkten

Die »traditionelle« Präsentationsmethode mit Folien voller Aufzählungszeichen und Stichpunktlisten ist nun schon so lange verbreitet, dass sie inzwischen Teil der Unternehmenskultur ist. So »wird es eben einfach gemacht«. In Japan etwa wird frisch eingestellten, jungen Arbeitnehmern erklärt, dass sie bei Präsentationen auf jeder Folie ein gewisses Textminimum unterbringen sollten. Klingt das nicht nach einem guten Ratschlag? Dieses »Minimum« besteht dann allerdings aus sechs oder sieben Zeilen abgekürzten Texts, zusammen mit Schaubildern und einigen Komplettsätzen. Befänden sich auf der Folie nur ein oder zwei Wörter – oder (huch!) gar keine Wörter –, dann würde das als Zeichen dafür gewertet, dass jemand seine Hausaufgaben nicht ordentlich gemacht hat. Eine Reihe textgefüllter Folien mit zahlreichen Diagrammen oder Tabellen beweist, dass Sie ein »ernstzunehmender Mitarbeiter« sind. Dann stört es doch nicht, dass das Publikum die Feinheiten auf den Folien nicht richtig erkennen kann (oder dass die Vorstandsmitglieder die Schaubilder nicht wirklich verstehen). Es sieht kompliziert aus, also muss es auch »gut« sein.

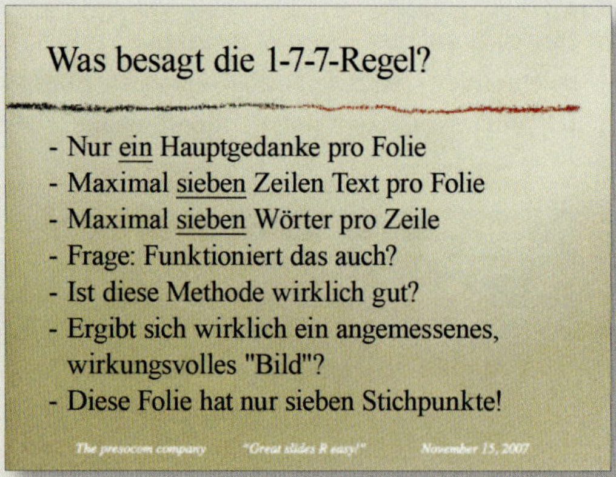

Ich besitze ein ganzes Regal voller Präsentationsbücher auf Englisch und Japanisch. Alle davon raten zu einem »Minimum an Text«. Die meisten definieren »Minimum« irgendwo zwischen fünf und acht Stichpunktzeilen. Präsentatoren lernen häufig die »1-7-7-Regel«, was beweist, dass die gängige Meinung überkommen ist. Hier liegt der Hund begraben: Niemand kann eine gute Präsentation abliefern, wenn Folie für Folie mit Stichpunkten gefüllt ist. Niemand. Sparsam eingesetzt eignen sich Stichpunkte gut für Dokumente, um das Querlesen zu erleichtern und die wichtigsten Aspekte zusammenzufassen. Bei Livevorträgen sind Stichpunkte in der Regel weniger effektiv.

Wie viele Stichpunkte pro Folie?

Eine gute allgemeine Richtschnur ist, Stichpunkte nur sehr selten einzusetzen. Suchen Sie zuvor immer nach Alternativen, wie Sie die Information optimal darstellen können, um Ihre Botschaft zu unterstützen, und wägen Sie sorgfältig ab. Lassen Sie sich von den programmseitig vorgegebenen Aufzählungszeichen nicht Ihre Entscheidung diktieren. In manchen Fällen können Stichpunktlisten die beste Wahl sein. Wenn Sie beispielsweise Schlüsseleigenschaften eines neuen Produkts zusammenfassen oder auf die einzelnen Schritte eines Prozesses eingehen, kann eine deutliche Liste mit Aufzählungszeichen oder Nummerierung angemessen sein (wie immer kommt es dabei auch auf Ihre Inhalte, Ziele und auf Ihr Publikum an). Es wird die Zuhörer jedoch schnell ermüden, wenn Sie folienweise Aufzählungen präsentieren, also setzen Sie diese mit Bedacht ein. Ich plädiere hier nicht dafür, Stichpunktlisten komplett aus Ihren Multimediapräsentationen zu verbannen; ihr Einsatz sollte aber eine seltene Ausnahme bleiben.

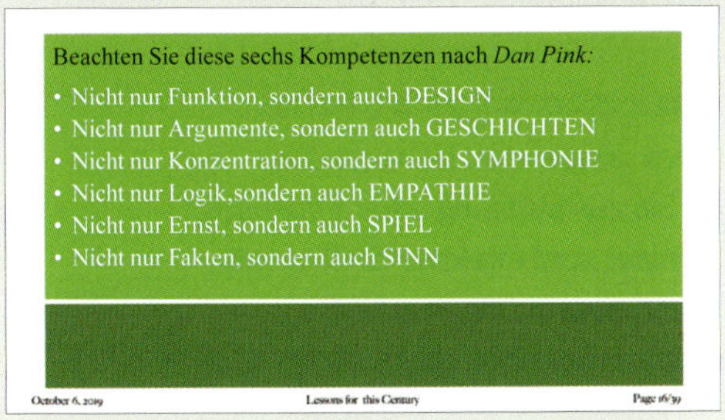

Dies ist unsere »Vorher«-Folie. Stellen Sie sich vor, wir wollten die wichtigsten Punkte des Buchs »A Whole New Mind« von Dan Pink besprechen. Viele Leute würden dann so etwas wie die oben gezeigte, wortreiche Folie erstellen.

In diesem »Nachher«-Beispiel habe ich zusätzliche Stilelemente aus dem Themenbereich Ideen und Kommunikation hinzugefügt und den meisten Text weggelassen.

Hier habe ich den gleichen Inhalt mit wirkungsvolleren, suggestiveren Bildern neu gestaltet.

Derselbe Inhalt, aber diesmal mit der Anmutung einer Collage oder eines Fotoalbums. Das passte zum Thema der Präsentation über Kreativität in der Lehre.

Bildüberlegenheitseffekt

Der Bildüberlegenheitseffekt besagt, dass wir uns an Bilder besser erinnern können als an Worte – besonders dann, wenn wir der Information eher nebenbei und nur für sehr kurze Zeit ausgesetzt sind. Wird die Erinnerung der Information direkt nach dem Zeigen einer Bild- oder Wortreihe gemessen, ist der Erinnerungsgrad für beide ungefähr gleich hoch. Bereits bei Zeiten ab 30 Sekunden nach der Exposition kommt laut der in *Universal Principles of Design* (Rockport Publishers) zitierten Forschungsergebnisse jedoch der Bildüberlegenheitseffekt zum Tragen. »Setzen Sie den Bildüberlegenheitseffekt ein, um das Erkennen und Erinnern von Schlüsselinformationen zu verbessern. Verwenden Sie Bilder zusammen mit Worten, und achten Sie für eine optimale Wirkung darauf, dass sie beide dieselbe Information stützen«, sagen die Autoren Lidwell, Holden und Butler. Der Effekt ist am stärksten, wenn die Bilder bekannte, konkrete Dinge zeigen.

Der Bildüberlegenheitseffekt wird häufig in Werbebotschaften wie Postern, Reklametafeln, Broschüren, Jahresberichten usw. eingesetzt. Behalten Sie diesen Effekt auch immer im Hinterkopf, wenn Sie zur Stützung einer Erzählung Folien mit Bildern und Text gestalten. Visuelle Bilder sind effektive Gedächtnishilfen, die das Lernen erleichtern und das Erinnerungsvermögen stärken – gerade auch im Vergleich zu einem von der Projektionsfläche abgelesenen Textvortrag.

Auf Visualisierung setzen

Bilder sind für uns Menschen eine wirkungsvolle und natürliche Kommunikationsmethode. Das Schlüsselwort ist hier *natürlich*. Unser Gehirn ist darauf ausgelegt, Bilder zu verstehen und sie zu Kommunikationszwecken zu verwenden. Etwas in uns sehnt sich – schon von klein auf – danach, zu zeichnen, zu malen, zu fotografieren oder die Ideen in unseren Köpfen auf irgendeine andere Weise darzustellen.

Alexis Gerard und Bob Goldstein veröffentlichten im Jahr 2005 ihr Buch *Going Visual: Using Images to Enhance Productivity, Decision-Making and Profits* (Wiley). Darin fordern sie uns zur Verwendung von Bildern auf, um eine Geschichte zu erzählen oder eine Aussage zu beweisen. Die Autoren befürworten den Einsatz von Bildtechnologien aber nicht, weil er »cool« oder »modern« ist. Es geht beim Einsatz visueller Elemente vielmehr darum, Bilder zur Verbesserung der Kommunikation und des Geschäftsbetriebs zu nutzen. Sie könnten zum

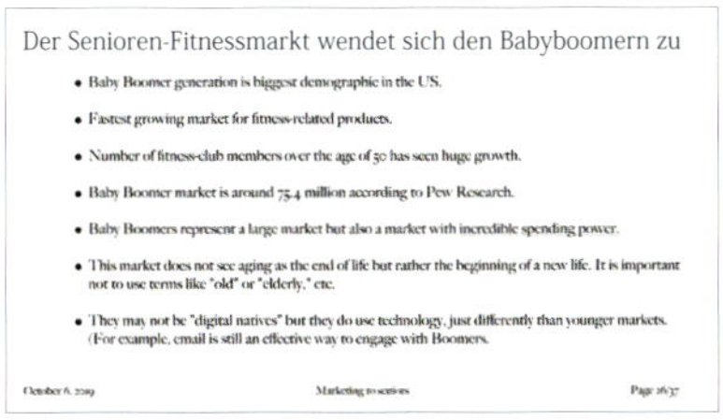

Aufzählungspunkte können als Zusammenfassung oder zur Hervorhebung von Schlüsselpunkten in einem Dokument nützlich sein, aber bei einer Live-Präsentation ist ein visueller Ansatz für das Publikum reizvoller. In diesem Fall wurden alle Punkte aus der »Vorher«-Folie vom Vortragenden angesprochen, aber die Folien wurden neu gestaltet, um die Ausführungen zu ergänzen und zu verstärken. Andere Folien enthielten beispielsweise ein Diagramm, das konkret zeigt, wie groß der Markt ist und wie schnell er wächst. Wann immer Sie eine Folie mit viel Text haben, fragen Sie sich, ob Sie Ihre Botschaft durch Bildmaterial besser verdeutlichen können.

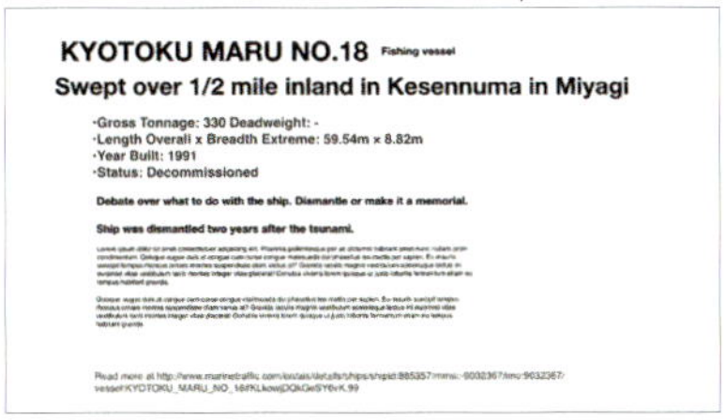

Am 11. März 2011 wurde der Norden Japans von einem verheerenden Tsunami heimgesucht. In Kesennuma in der Präfektur Miyagi trug der Tsunami ein großes Fischfangschiff, die »Kyotoku Maru Nr. 18«, fast einen Kilometer landeinwärts. Das Schiff verblieb dort über zwei Jahre und diente als Anschauungsobjekt für die Stärke des Tsunamis. Nach vielen Diskussionen wurde das Schiff im Jahr 2013 schließlich abgewrackt. Eine mit Text gefüllte Folie wie die obige mag dem Präsentator zwar als Gedächtnisstütze dienen, aber für das Publikum ist sie weder ansprechend, noch hilft sie, die Geschichte dieser Naturkatastrophe zu erzählen oder die Macht des Tsunami zu veranschaulichen. Das auf der Leinwand gezeigte Bild der Kyotoku Maru Nr. 18 ist eigentlich ein Standbild aus einem Video, das ich ein Jahr nach dem Tsunami gedreht habe. Dies ist ein ziemlich deutliches Beispiel dafür, dass eine visuelle Darstellung des behandelten Themas viel wirkungsvoller ist als eine Menge Text auf dem Bildschirm.

Bilder eignen sich sehr gut zum Vergleichen und Gegenüberstellen von Veränderungen, wie etwa die Auswirkungen der Dürre in diesem fiktiven Beispiel. Präsentationen zu Themen wie Umwelt und Klimawandel greifen häufig auf Bilder zurück, um starke Veränderungen im Laufe der Zeit aufzuzeigen. Al Gore bediente sich in seinen Präsentationen und in dem Film »Eine unbequeme Wahrheit« vieler visueller Damals-Heute-Vergleiche, um Veränderungen im Laufe der Zeit zu zeigen.

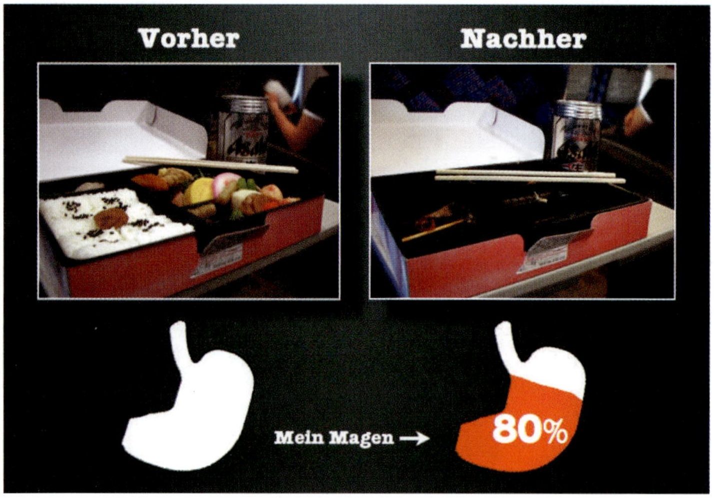

Dieses augenzwinkernde Beispiel zeigt die in Kapitel 1 erwähnte Bento-Mahlzeit, in der dieses Buch seinen Ursprung nahm. Visuelle Vorher-Nachher- und Früher-Jetzt-Vergleiche sind leicht realisierbar und einprägsam.

Beispiel darüber schreiben oder sprechen, welche Auswirkungen kürzlich ein Brand auf die Produktion hatte – doch hätte das annähernd dieselbe Wirkung, wie wenn Sie zur Beschreibung der Situation Bilder und etwas weniger Text (oder gesprochene Worte) einsetzten? Was würde sich stärker einprägen? Was hätte die stärkere Wirkung?
Stellen Sie sich folgende Frage: Welche Informationen vermitteln Sie in Schriftform auf einer Folie, die Sie auch mit einem Foto (oder anderen passenden Bildern oder Grafiken) ersetzen könnten? Beschriftungen und andere Elemente erfordern weiterhin Text. Wenn Sie aber auf einer Folie Text verwenden, um etwas zu beschreiben, dann könnten Sie mit einem Bild wahrscheinlich eine bessere Wirkung erzielen.

Bilder sind mächtig, wirkungsvoll und direkt. Bilder lassen sich auch sehr effektiv als Gedankenstützen einsetzen, um Botschaften einprägsamer zu gestalten. Wenn wir schon nicht gleichzeitig lesen und zuhören können, warum enthalten dann die meisten Präsentationsfolien viel mehr Worte als Bilder? Historisch gesehen liegt ein Grund dafür in der ehemals begrenzten Technik, die den Geschäftsleuten zur Verfügung stand. Visuelle Kommunikation und Technik sind untrennbar miteinander verbunden. Heute stehen die wesentlichen Werkzeuge, um einfach zu platzierende, hochwertige Bilder für Präsentationen zu erhalten – etwa Digitalkameras und Bildbearbeitungssoftware – den meisten aber zur Verfügung.

Es gibt keine Ausreden mehr. Wir müssen Präsentationen nur einmal aus einem anderen Blickwinkel betrachten. Wir müssen erkennen, dass moderne Präsentationen mit Folien und anderen multimedialen Elementen mehr mit Kino (Bilder und Erzählung) und Comics (Bilder und Text) zu tun haben als mit geschriebenen Dokumenten. Die heutigen Präsentationen vereint mehr mit einem Dokumentarfilm als mit einer Overheadfolie.

Auf den nachfolgenden Seiten sehen Sie einige Folien, die unterschiedliche visuelle Ansätze zur Unterstützung einer einzigen Botschaft demonstrieren. Es geht um eine Präsentation über Gender- und Arbeitsfragen in Japan. Die Folien sollten zur optischen Unterstützung der Aussage »70 % der Teilzeitangestellten in Japan sind Frauen« dienen. Diese Statistik stammt vom japanischen Arbeitsministerium. Der Vortragende wollte, dass sich das Publikum an den Wert von 70 % erinnerte, da dieser in der Präsentation später erneut aufgenommen werden sollte. Also gestalteten wir eine dezente, einfache, einprägsame Folie, die sich gut in ein ansprechendes und attraktives Gesamtschema einfügte.

Die Originalfolie zeigt einige Probleme auf: Das ClipArt hat nichts mit der simplen Statistik zu tun und ebenso wenig mit dem Thema Frauen auf dem japanischen Arbeitsmarkt; als Hintergrund dient eine abgeschmackte, überstrapazierte PowerPoint-Vorlage und der Text ist schwer lesbar.

Der Text auf dieser Folie ist zwar gut lesbar und das ClipArt passt etwas besser zum Thema, eine starke visuelle Wirkung oder ein professioneller Eindruck will sich aber dennoch nicht einstellen.

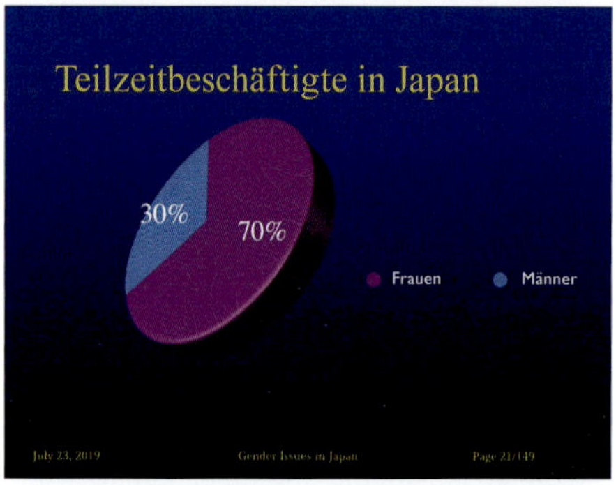

Diese Folie zeigt dieselben Informationen in einem typischen Tortendiagramm. Der 3D-Effekt des Diagramms und die zusätzlichen Linien verbessern aber nicht die Wirkung oder die Lesbarkeit der Information.

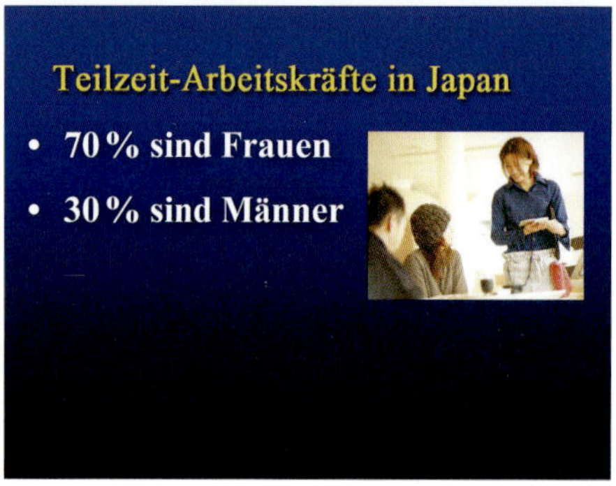

In diesem Fall sind die beiden Stichpunkte sofort und einfach zu lesen. Das Foto einer echten japanischen Teilzeitangestellten ist ein Schritt in die richtige Richtung, die Folie ist aber weiterhin stark verbesserungswürdig.

Oben *Die vier oben gezeigten Folien behandeln die auf den Folien der vorhergehenden Seite kommunizierte Botschaft jeweils auf unterschiedliche Weise. All diese Folien ergänzen die Ausführungen des Sprechers. Das Wort »Japan« wurde von der Folie entfernt, da dies im Zusammenhang mit dem Vortrag offensichtlich wird. Die obigen Folien wirken im Vergleich zu den unübersichtlichen Folien, mit denen wir begonnen haben, viel filmischer und ästhetisch ansprechender.*

Unten *Links sehen Sie das endgültige Foliendesign für die Präsentation. Die übrigen Folien des Satzes wurden dann mithilfe japanischer Agenturfotos so umgestaltet, dass sich für die gesamte Präsentation ein durchgängiges visuelles Schema ergab, das die Ausführungen des Sprechers stützte.*

Bringen Sie es groß raus, füllen Sie die Leinwand

Präsentatoren verwenden oft zu kleine Bilder, die es dem Publikum erschweren, den Inhalt zu erfassen. Dies mindert die Wirkung des Fotos. Unsere Folien für Live-Vorträge sind eher wie Straßenschilder oder Werbeplakate in dem Sinne, (1) dass sie die Aufmerksamkeit des Publikums wecken müssen, (2) ihr Inhalt in hohem Maße visuell und in kürzester Zeit zu erfassen sein muss, und (3) die visuellen Informationen auf der Folie dazu beitragen sollen, unsere Botschaften einprägsamer zu machen. Daher schlage ich Ihnen vor, die Gestaltung filmischer Folien in Betracht zu ziehen, die große, leicht erkennbare Elemente enthalten, einschließlich großer Schrift. Eine Möglichkeit, filmische Folien zu bekommen, besteht darin, die Leinwand mit Ihrem Bildern auszufüllen. Ein vollformatiges Bild lässt die Folie noch größer wirken, als sie tatsächlich ist. Genau wie eine Kinoleinwand ist auch Ihre Präsentationsfläche wie ein Fenster in einen anderen Raum. Wenn Sie die Elemente klein halten und immer innerhalb des Rahmens bleiben, wirkt Ihr Fenster dadurch kleiner und weniger überzeugend.

Eine weitere effektive Technik ist der Einsatz angeschnittener Elemente. Unser Gehirn füllt dabei ganz automatisch Lücken oder vervollständigt Formen, die teilweise außerhalb des Bildbereichs liegen. Wenn Sie zum Beispiel ein Bild der Erde haben, das nur teilweise auf der Projektionsfläche zu sehen, der größte Teil hingegen angeschnitten ist, vervollständigen die Betrachter unbewusst die fehlenden Bildbestandteile. Das macht das Bild überzeugender und zieht das Publikum in seinen Bann.

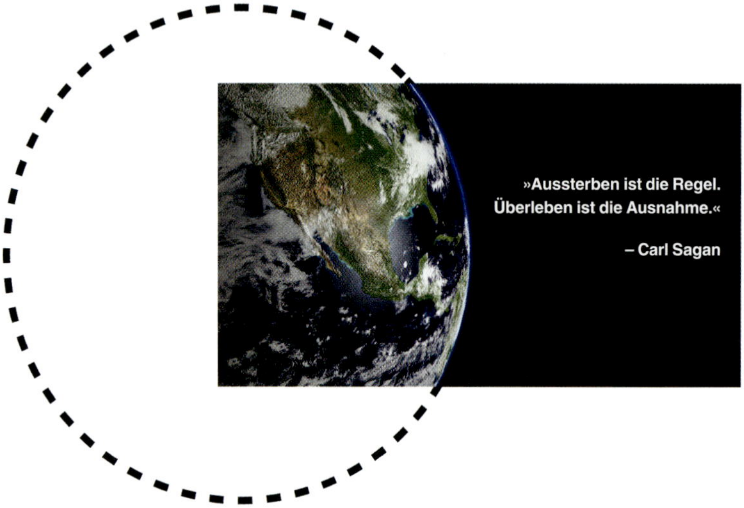

Dieses Foto der Erde ist angeschnitten, aber Ihr Gehirn vervollständigt das Bild, wodurch die Folie größer wirkt, ganz so als wäre sie ein Fenster zu einem anderen Ort.

In der Folie verwendetes Bild: iStockphoto.com

VORHER

Auch wenn das Foto auf der oberen Folie Ihren Blick entlang des Weges führt, stoppt der Blick im Wesentlichen abrupt am Bildrand, wo das Foto auf den Folienhintergrund trifft.

NACHHER

In diesem Fall füllt das Bild die Leinwand aus, sodass es mehr wie ein Fenster zu einem anderen Ort wirkt. Da das Foto die Bildfläche ausfüllt, entsteht der Eindruck, dass der Pfad außerhalb des Bildausschnitts weitergeht und er nicht einfach nur in einem Bild auf einem Folienhintergrund platziert wurde.

Hier gehen die dramatischen Ausmaße und die Erhabenheit des Gebäudes verloren, weil der Präsentator so ein winziges Foto eines beeindruckenden Gebäudes verwendete und damit den Großteil der verfügbaren Bildfläche vergeudet.

Jetzt erkennen wir auf dem Bild nicht nur einige Details, sondern bekommen auch ein Gefühl für die enorme Größe des Gebäudes (man beachte die relativ kleinen Menschen in der Ferne im Vergleich zum Gebäude). Durch bildfüllende Darstellungen wie diese wirkt die Leinwand größer, als sie tatsächlich ist.

Solche Folien mit einem kleinen Bild und mehreren Textzeilen sind im akademischen Umfeld nicht ungewöhnlich. Trotzdem sind sie für Ihre Zuhörerschaft nicht interessant, und das winzige Bild wird der Pracht des Kolosseums nicht gerecht.

Das Originalbild war mehr als groß genug, um diese Leinwand zu füllen, warum sie also nicht ausfüllen, damit das Publikum den Maßstab und die Details viel leichter erkennen kann? Die zuvor in der Folie enthaltenen Worte werden vom Präsentator vorgetragen und nicht vom Publikum gelesen.

Serifen-Schrift, Grotesk und Egyptienne

Eine der grundlegenden Möglichkeiten zur Unterscheidung von Schriften ist die Anwesenheit oder das Fehlen von Serifen bei den Buchstaben und anderen Zeichen. Serifen sind die kleinen Linien oder Striche an den Enden der Hauptstriche, aus denen Buchstaben und Symbole bestehen. Eine serifenlose Schrift oder »Groteske« ist also eine Schrift ohne diese kleinen Striche. Serifenlose Schriften werden häufig bei der Gestaltung von Werbetafeln und vielen der Schilder um uns herum bevorzugt. In ähnlicher Weise eignen sich serifenlose Schriften am besten für projizierte Folien, obwohl dies eine starke Verallgemeinerung ist. Zum Beispiel kann eine Egyptienne-Schrift wie die Rockwell, die schwere, blockartige Serifen aufweist, eine ausgezeichnete Folienschrift sein, und in größeren Schriftgraden können sogar Garamond und ähnliche Serifenschriften gut lesbar sein. Beachten Sie vor allem, dass Sie Ihren Text groß genug darstellen sollten, damit er auf einen Blick zu erfassen und zu verstehen ist.

Wenn Sie die Schriftgröße auf Ihrer Folie vergrößern, kann der Abstand zwischen den Buchstaben zu groß erscheinen, aber Sie können in Ihrer Präsentationssoftware auch den Zeichenabstand verringern, sodass die Schrift etwas schmaler wird. Dasselbe gilt auch für den Zeilenabstand. Nachstehend finden Sie einige Beispiele für Serifen-, Grotesk- und Egyptienne-Schriften.

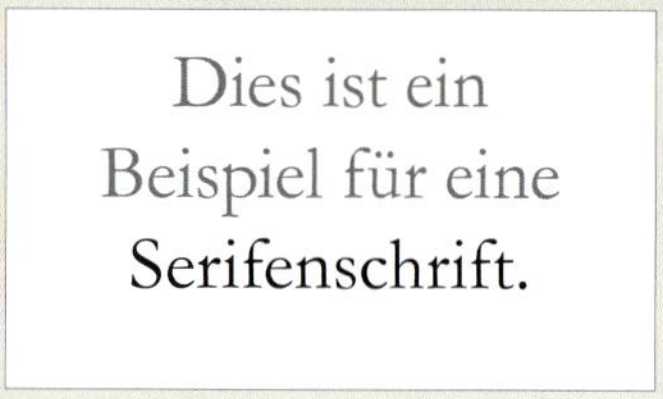

Die obere Folie zeigt die Serifenschrift Garamond Regular. Die mittlere Folie enthält eine fette Version mit engerem Zeichen- und Zeilenabstand. Die untere Folie zeigt die Schrift im Kontext.

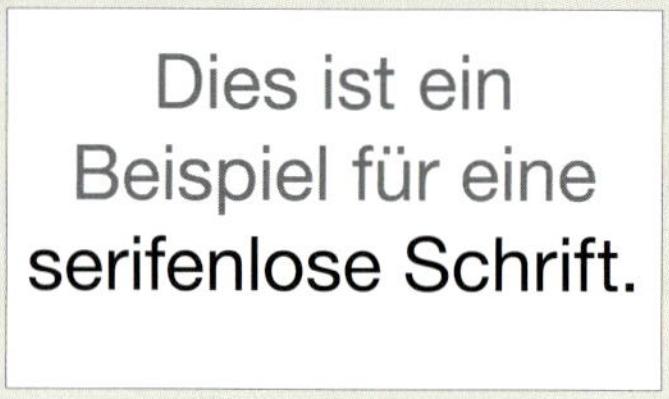

Hier kommt die Helvetica Neue zur Anwendung. Die obere Folie zeigt die Schriftart in Roman-Stärke. Die mittlere Folie zeigt die Schrift in gleicher Größe, aber in Fett und mit engerem Zeichen- und Zeilenabstand.

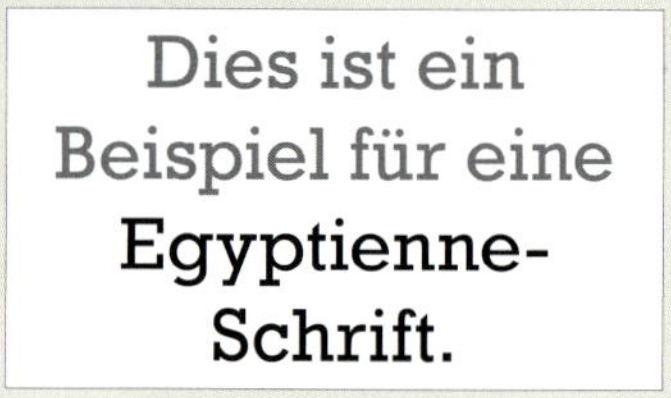

In der oberen Folie ist die Egyptienne-Schriftart Rockwell in normaler Schriftstärke dargestellt; die mittlere Folie zeigt Rockwell in Fettdruck mit engerem Zeichen- und Zeilenabstand.

Die vier oberen Folien verwenden Serifenschriften. Wie Sie sehen, ist gegen den Einsatz von Serifenschriften nichts einzuwenden, solange sie groß genug sind und Sie die Zeichen- und Zeilenabstände anpassen. Ich persönlich – und das ist zum Teil nur eine Frage des Geschmacks – bevorzuge die Folien rechts, weil die Schrift stärker aus dem Bild heraussticht und harmonischer zur Botschaft der einzelnen Folien passt.

Die beiden oberen Folien nutzen die serifenlose Schrift Helvetica. Die allgegenwärtige, saubere und vielseitige Helvetica hat keine starke eigene Charakteristik, sodass sie sich harmonisch in Hintergrundbilder einfügt. In den unteren beiden Folien kommt die Egyptienne-Schrift American Typewriter zum Einsatz. Für meinen Geschmack passte diese Retro-Schreibmaschinenschrift besser zum Thema der unteren beiden Folien.

Keine der Folien auf dieser Seite – oder im ganzen Buch – muss unbedingt für sich allein stehen können, wie es in einem Dokument der Fall wäre. Im Falle der oberen Folie wird Ihre Aufmerksamkeit zuerst auf die Reisschale gelenkt, da sie das größte und visuellste Element auf der Leinwand ist. Trotzdem verstehen Sie rasch die im Text enthaltene Kernbotschaft.

Da die Schalen aus dem Rahmen heraus ragen, wirkt der Bildbereich größer, als er ist, und die Darstellungen ziehen den Betrachter in das Design hinein. Die Schalen verstärken die Kernaussage, und die Bildkomposition lässt viel Freiraum für großformatigen, gut lesbaren Text.

In diesem Fall wird das Bild als gerahmtes Foto im rechten Foliendrittel präsentiert. Der Text füllt die beiden linken Drittel bequem aus, und lässt dabei zugleich ausreichend Leerraum. Die Farben für die Typografie und den Hintergrund der gesamten Präsentation wurden direkt aus dem Foto des Lachsgerichts übernommen. So erhält der Foliensatz eine raffinierte und harmonische Anmutung.

Das Farbschema setzt sich auf dieser Folie und im gesamten Folgesatz fort, aus dem diese beiden Folien entnommen wurden. Hier wird Lachs anders präsentiert, nämlich als Sushi. Beachten Sie die Stäbchen, die aus dem Bild herausragen. Dies wird vom Publikum nicht bewusst wahrgenommen, macht das Design aber dynamischer und überzeugender.

Dies ist ein einfaches, sauberes Layout – einfach nur schwarze Helvetica-Schrift auf weißem Hintergrund. Das Bild verstärkt die Botschaft und zeigt ein Beispiel für ein analoges Hilfsmittel. Für dieses Foto habe ich mein Notizbuch auf ein großes, weißes Stück Papier in der Nähe eines Fensters gelegt, um eine gute Lichtquelle zu erhalten.

Möglicherweise bleibt Ihr Blick zuerst an den Säulen haften, wandern dann aber schnell weiter zum Text. Die Schrift ist schlicht und groß, und es gibt viel Leerraum, um den Text atmen zu lassen. Die Farbe der Anführungszeichen wurde aus dem Foto der Säulen entnommen, um eine Verbindung zwischen Text und Bild zu schaffen.

Nutzen Sie Zitate

Lange Aufzählungen von Stichpunkten sind optisch sicherlich nicht sonderlich wirkungsvoll, auf Folien gezeigte Zitate können hingegen eine sehr effektive Technik sein. Abhängig von der jeweiligen Präsentation verwende ich zur Bekräftigung meiner Aussagen doch häufig etliche Zitate aus unterschiedlichen Bereichen. Der Trick dabei ist, Zitate nicht zu häufig einzusetzen und sicherzugehen, dass sie kurz und gut lesbar sind.

Als ich vor einigen Jahren zum ersten Mal Tom Peters bei einer Livepräsentation sah (ich arbeitete damals in Silicon Valley), freute es mich, dass er dabei recht viele Zitate verschiedener Experten, Autoren und Branchenführer anbrachte. Der Einsatz von Zitaten in seinen Präsentationen ist für Tom sehr wichtig. Tatsächlich handelt es sich dabei um Nr. 18 seines »Presentation Excellence 56«-Artikels, der auf seiner Website zu finden ist: *tompeters.com/2005/05/presentation-excellence-2/*.

Tom erklärt seine regelmäßige Verwendung von Zitaten so:

> *»Meine Schlussfolgerungen sind viel glaubwürdiger, wenn ich sie auf tolle Quellen stütze. Ich sage ziemlich radikale Sachen. Ich sage ›Werden Sie radikal!‹ Das ist das Eine. Dann aber zeige ich ein Zitat von Jack Welch, der immerhin ein Unternehmen im Wert von 150 Milliarden US$ anführte (was ich von mir nicht behaupten kann): ›Sie können sich nicht ruhig und rational verhalten; Sie müssen unter die Extremisten gehen.‹ Plötzlich wird meine Radikalität ›beglaubigt‹, und zwar von einem ›echten Macher‹. Mir scheint zudem, dass die Zuhörer gerne eine EINFACHE Erinnerung an das von mir Gesagte sehen möchten, die über das gesprochene Wort hinausgeht.«*

Zitate können Ihrer Geschichte tatsächlich mehr Glaubwürdigkeit verleihen. Flechten Sie ein einfaches Zitat in Ihre Erzählung ein, um Ihre Aussage zu stützen. Oder nutzen Sie es als Sprungbrett zum nächsten Thema. Denken Sie daran, dass Zitate in den meisten Fällen kurz sein sollten – schließlich kann es sehr anstrengend sein, wenn ein Vortragender einen Textabsatz von einer Projektionsfläche abliest.

Text in Bildern

Ich verwende fast immer Zitate, die direkt aus von mir gelesenen Texten oder aus persönlichen Gesprächen stammen. Meine Bücher sind zum Beispiel voller Haftnotizen, viele Seiten enthalten meine Anmerkungen und Textmarkeranstreichungen. Neben tollen Passagen skizziere ich einen Stern und schreibe mir eine Anmerkung, damit ich später wieder darauf zurückkommen kann. Das ist zwar etwas chaotisch, für mich funktioniert es beim Zusammenstellen meiner Präsentationen aber gut.

Wenn ich ein Zitat verwende, füge ich manchmal noch ein grafisches Element hinzu, das die Gefühle der Zuhörer anspricht, das visuelle Interesse steigert und die Wirkung der Folie verbessert. Statt ein kleines Foto oder anderes Element zu platzieren, sollten Sie aber eher darüber nachdenken, den Text in ein größeres Foto zu setzen. Verwenden Sie dazu ein Hintergrundbild, das mindestens Ihrer Folienauflösung entspricht. Suchen Sie sich ein Bild, das die Aussage Ihres Zitats unterstützt. Das Bild sollte viel Leerraum bieten, damit sich der Text bequem und kontrastreich einfügt.

Auf dieser Seite sehen Sie zwei Zitate in typischer Darstellungsweise. Auf der gegenüberliegenden Seite sehen Sie dasselbe Zitat *innerhalb* des Bilds, statt neben einer kleinen Bildversion stehend. Achten Sie auf die unterschiedliche optische Wirkung sowohl des Zitats als auch des Fotomotivs.

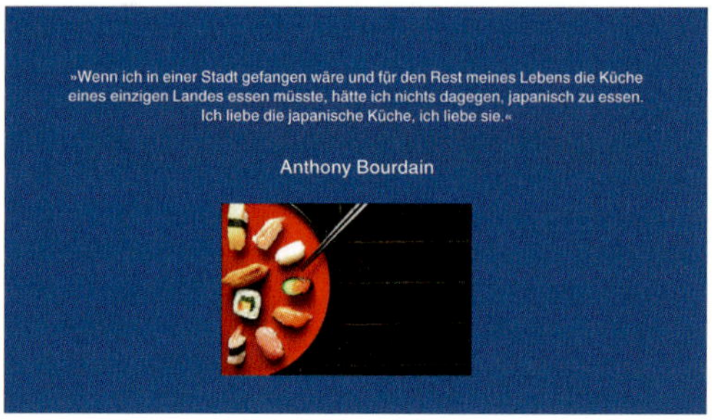

»Wir hören nicht auf zu spielen, weil wir alt werden; wir werden alt, weil wir aufhören zu spielen.«
– George Bernard Shaw

»Wenn ich in einer Stadt gefangen wäre und für den Rest meines Lebens die Küche eines einzigen Landes essen müsste, hätte ich nichts dagegen, japanisch zu essen. Ich liebe die japanische Küche, ich liebe sie.«
– Anthony Bourdain

Der Text befindet sich auf weißem Hintergrund, als sei er auf ein Stück Papier gedruckt. Dadurch hebt er sich gut vom Hintergrund ab, ist besser lesbar und erhält eine analogere Textur.

Hier erfüllt ein Foto der zitierten Person den Text noch stärker mit Leben. Wie Sie sehen, blickt Kakuzo-san in Richtung des Zitats.

Unsere Buch-Empfehlungen für Sie
Computing
dpunkt.verlag

Stand: 01/2020

J. Bloch

Effective Java

Best Practices für die Java-Plattform

Dieser Klassiker wird oft als Pflichtlektüre für Java-Entwickler bezeichnet und liegt jetzt endlich auch in deutscher Sprache vor. Joshua Bloch taucht mit Best Practices und in verständlicher Sprache in die Tiefen der Sprach- und Bibliotheksfunktionen von Java ein.

3. Auflage
2018, 410 Seiten, Broschur, € 36,90 (D)
ISBN 978-3-86490-578-0

M. Inden

Java – die Neuerungen in Version 9 bis 14

Modularisierung, Syntax- und API-Erweiterungen

Sie besitzen bereits solides Java-Know-how und möchten sich prägnant über die wichtigsten Neuerungen in den Java-Versionen 9 bis 14 informieren und Ihr Wissen auf den neuesten Stand bringen. Vertiefen können Sie Ihr Wissen durch eine Vielzahl an Übungen.

1. Quartal 2020, ca. 350 Seiten, Broschur, ca. € 26,90 (D)
ISBN 978-3-86490-754-8

M. Inden

Java Challenge

Fit für das Job-Interview und die Praxis – mit mehr als 100 Aufgaben und Musterlösungen

Dieses Buch bietet Ihnen ein breit gefächertes Spektrum von über 100 Übungsaufgaben und Programmierpuzzles inklusive Lösungen zum Knobeln und Erweitern Ihrer Kenntnisse zu unterschiedlichen praxisrelevanten Themengebieten wie Arrays, Datenstrukturen, Rekursion, Date and Time API usw.

1. Quartal 2020, ca. 400 Seiten, Broschur, ca. € 34,90 (D)
ISBN 978-3-86490-756-2

M. Inden

Der Weg zum Java-Profi

Konzepte und Techniken für die professionelle Java-Entwicklung. Aktuell zu Java 9.

Diese umfassende Einführung in die professionelle Java-Programmierung vermittelt das notwendige Wissen, um stabile und erweiterbare Softwaresysteme auf Java-SE-Basis zu bauen. Die Neuauflage wurde durchgehend überarbeitet, aktualisiert und erweitert.

4., überarbeitete und aktualisierte Auflage
2018, 1416 Seiten, Festeinband, € 49,90 (D)
ISBN 978-3-86490-483-7

S. Ruppert

Kotlin in Produktion

Vom Java- zum Kotlin-Entwickler

Kotlin eignet sich nicht nur für Android-Entwickler, auch für Backend-Entwickler hat die Programmiersprache einiges zu bieten. Dieses Buch zeigt den Weg von objektorientierter zu funktionaler Programmierung. Für den Praxisfokus sorgen Tipps und Methoden rund um Integration, Migration und Testing.

1. Quartal 2020, ca. 250 Seiten, Broschur, ca. € 29,90 (D)
ISBN 978-3-86490-706-7

R. Preißel · B. Stachmann

Git

Dezentrale Versionsverwaltung im Team
Grundlagen und Workflows

Nach einer kompakten Einführung in die wichtigen Konzepte und Befehle von Git beschreiben die Autoren ausführlich deren Anwendung in typischen Workflows, z. B. »Mit Feature-Branches entwickeln«, »Ein Release durchführen«, »Große Projekte aufteilen« oder »Continuous Delivery« und parallele Releases.

5., aktualisierte und erweiterte Auflage
2019, 360 Seiten, Broschur, € 34,90 (D)
ISBN 978-3-86490-649-7

A. Schröpfer

Go – Das Praxisbuch

Einstieg in Go und das Go-Ökosystem

Zu einer Programmiersprache gehört mehr als nur die reine Syntax. Deswegen erklärt diese Einführung in Go nicht nur die Sprache selbst, sondern gibt Starthilfe für das erste Softwareprojekt mit der populären Programmiersprache inklusive Tooling und Testing.

2. Quartal 2020, ca. 250 Seiten, Broschur, ca. € 29,90 (D)
ISBN 978-3-86490-713-5

M. Simons

Spring Boot 2

Moderne Softwareentwicklung mit Spring 5

Spring Boot verdrängt seit einigen Jahren zunehmend »klassische« Spring-Anwendungen. Dieses Buch bietet eine umfassende und praktische Einführung in die von Spring Boot 2 unterstützten Spring-Module und -Technologien. Behandelt werden dabei Themen wie Testen, Security, Deployment und Dokumentation.

2018, 460 Seiten, Broschur, € 36,90 (D)
ISBN 978-3-86490-525-4

K. Spichale

API-Design

Praxishandbuch für Java- und Webservice-Entwickler

Mit APIs bzw. Schnittstellen zum Zweck der Arbeitsteilung, Wiederverwendung oder Modularisierung haben Entwickler täglich zu tun. Dieses Buch zeigt, was gute APIs ausmacht. Nach der erfolgreichen Lektüre können Sie APIs für Softwarekomponenten und Webservices entwerfen, dokumentieren und anpassen.

2., überarbeitete und erweiterte Auflage
2019, 382 Seiten, Broschur, € 36,90 (D)
ISBN 978-3-86490-611-4

E. Matthes

Python 3 Crashkurs

Eine praktische, projektbasierte Programmiereinführung

In diesem Buch beginnen Sie mit grundlegenden Programmierkonzepten wie Listen, Wörterbücher, Klassen und Schleifen. Sie erlernen das Schreiben von sauberem und lesbarem Code mit Übungen für jedes Thema. Sie lernen auch, wie Sie Ihre Programme interaktiv machen und wie Sie Ihren Code sicher testen, bevor Sie ihn zu einem Projekt hinzufügen. Aktualisiert für Python 3!

2., aktualisierte Auflage
2. Quartal 2020, ca. 622 Seiten, Broschur, ca. € 34,90 (D)
ISBN 978-3-86490-735-7

A. Sweigart

Routineaufgaben mit Python automatisieren

Praktische Programmierlösungen für Einsteiger

Das Web durchsuchen, Dateien umbenennen oder automatisch Mails verschicken: In diesem Buch lernen Sie, wie Sie mit Python Aufgaben erledigen, die sonst Stunden benötigen. Wenn Sie die Grundlagen gemeistert haben, werden Sie Programme schreiben, die automatisch viele praktische Arbeiten erledigen. Aktualisiert auf Python 3!

2., aktualisierte Auflage
1. Quartal 2020, ca. 580 Seiten, Broschur, ca. € 32,90 (D)
ISBN 978-3-86490-753-1

M. Russo · A. Ferrari

Das ultimative DAX-Handbuch

Business Intelligence mit Microsoft Power BI, SQL Server Analysis Services und Excel

Die bekannten DAX-Experten Marco Russo und Alberto Ferrari führen Sie mit diesem Leitfaden tief in die Formelsprache DAX (Data Analysis Expressions) ein und helfen Ihnen dabei, alles von einfachen Tabellenfunktionen bis zu komplexer Code- und Modelloptimierung zu beherrschen.

2. Quartal 2020, ca. 840 Seiten, Broschur, ca. € 59,90 (D)
ISBN 978-3-86490-726-5 (Microsoft Press)

T. Lee

Windows Server 2019 Automatisierung mit PowerShell – Das Kochbuch

Praxiserprobte Rezepte zur Automatisierung und Verwaltung von Administrationsaufgaben

Mit über 90 praxisnahen Rezepten zu allen wichtigen Themen wie z. B. Active Directory, Hyper-V, Azure und Container lernen Sie, wie Sie Windows Server 2019 mithilfe von PowerShell automatisieren, um einfacher, schneller und effektiver zu arbeiten.

2020, 462 Seiten, Festeinband, € 39,90 (D)
ISBN 978-3-96009-126-4 (O'Reilly)

W. Assaf · R. West · S. Aelterman · M. Curnutt

SQL Server Administration

Insider-Wissen – praxisnah & kompetent

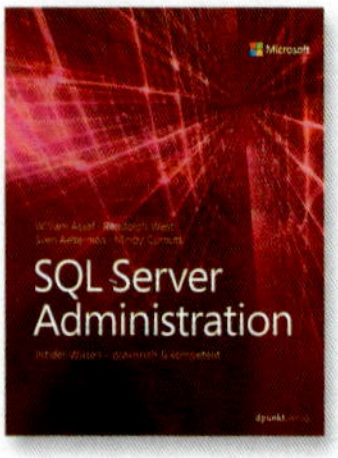

Dieses von Experten für Experten geschriebene Handbuch ist vollgepackt mit hilfreichen Tipps, zeitsparenden Problemlösungen und allem, was Sie zum Planen, Implementieren, Verwalten und Sichern von SQL Server benötigen – egal ob am eigenen Standort, in der Cloud oder in einer Hybridinstallation.

2019, 674 Seiten, Festeinband, € 49,90 (D)
ISBN 978-3-86490-584-1 (Microsoft Press)

T. Joos

Microsoft Windows Server 2019 – Das Handbuch

Von der Planung und Migration bis zur Konfiguration und Verwaltung

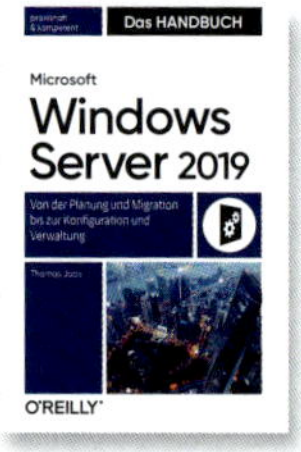

Dieses Standardwerk gibt Ihnen einen tiefgehenden Einblick in den praktischen Einsatz von Windows Server 2019, egal ob Sie Neueinsteiger, Umsteiger oder Profi sind. Planung, Migration, Konzepte und Werkzeuge zur Administration sowie die wichtigsten Konfigurations- und Verwaltungsfragen werden praxisnah erklärt.

2019, 1124 Seiten, Festeinband, € 59,90 (D)
ISBN 978-3-96009-100-4 (O'Reilly)

E. Bott · C. Stinson

Windows 10 für Experten

Insider-Wissen – praxisnah & kompetent

Geschrieben von einem Expertenteam erklärt Ihnen dieses Buch alles, was Sie über Windows 10 wissen müssen: von der Verwendung der neuen Zeitachse über Sicherheitsfragen bis zum fortgeschrittenen System-Management, mit vielen zeitsparenden Lösungen und Tipps.

3., aktualisierte Auflage
2019, 854 Seiten, Festeinband, € 36,90 (D)
ISBN 978-3-86490-638-1 (Microsoft Press)

T. Joos

Microsoft Exchange Server 2019 – Das Handbuch

Von der Einrichtung bis zum reibungslosen Betrieb

Dieses Handbuch bietet Ihnen einen tiefgehenden Einblick in den Einsatz von Microsoft Exchange Server 2019. Sowohl Neueinsteiger als auch Umsteiger von Vorgängerversionen profitieren vom Expertenwissen des Autors in den Bereichen Konfiguration und Verwaltung von Exchange Server.

1. Quartal 2020, ca. 700 Seiten, Festeinband, ca. € 59,90 (D)
ISBN 978-3-96009-101-1 (O'Reilly)

R. G. Haselier · K. Fahnenstich

Microsoft Office 2019 – Das Handbuch

Für alle Editionen inklusive Office 365

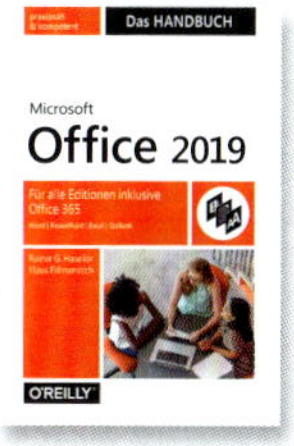

Ob auf dem Desktop oder in der Cloud mit Office 365 – dieses umfassende Handbuch bietet Ihnen das notwendige Know-how für den Einsatz von Word 2019, Excel 2019, PowerPoint 2019 und Outlook 2019.

2019, 960 Seiten, Festeinband, € 29,90 (D)
ISBN 978-3-96009-103-5 (O'Reilly)

B. Jelen · T. Syrstad

Microsoft Excel 2019 VBA und Makros

In diesem praktischen Leitfaden erfahren Sie, wie Sie mithilfe von VBA und Makros nahezu jede Excel-Routineaufgabe automatisieren und zuverlässigere und effizientere Excel-Arbeitsblätter erstellen, um in kürzerer Zeit mehr Aufgaben zu erledigen.

2019, 706 Seiten, Broschur, € 39,90 (D)
ISBN 978-3-86490-693-0 (Microsoft Press)

M. Schmidt

Die Microsoft Office 365 Online-Apps – Das Praxisbuch

Zusammenarbeit im Team mit SharePoint Online, OneDrive for Business, Teams, Planner und Co.

In diesem Praxisbuch erfahren Sie, welche Anwendungen wie SharePoint Online, Teams und OneDrive for Business Ihnen mit Office 365 im Unternehmen zur Verfügung stehen. Sie erkunden deren Einsatz anhand vieler praktischer Beispiele, um so die für Sie relevanten Anwendungen erkennen und auswählen zu können.

1. Quartal 2020, ca. 400 Seiten, Festeinband, ca. € 39,90 (D)
ISBN 978-3-96009-102-8 (O'Reilly)

G. Raviv

Power Query

In Excel und Power BI Daten sammeln, kombinieren und transformieren

Mit Power Query können Sie unterschiedliche Datensätze aus verschiedenen Quellen importieren, bereinigen, transformieren, kombinieren und vergleichen, um Daten zu analysieren und Aufgaben zu automatisieren. Gil Raviv zeigt Ihnen anhand einfacher Schritt-für-Schritt-Anleitungen und über 200 Übungen, wie es geht.

1. Quartal 2020, ca. 460 Seiten, Broschur, ca. € 39,90 (D)
ISBN 978-3-86490-727-2 (Microsoft Press)

A. Bettany · A. J. Warren

Windows 10

Original Microsoft Prüfungstraining MD-100

2020, 440 Seiten
Festeinband
€ 54,90 (D)
ISBN 978-3-86490-718-0
(Microsoft Press)

A. Bettany · K. Warren

Management von Modern Desktops

Original Microsoft Prüfungstraining MD-101

1. Quartal 2020, ca. 332 Seiten
Festeinband
ca. € 54,90 (D)
ISBN 978-3-86490-719-7
(Microsoft Press)

Mit den Original Microsoft Prüfungstrainings bereiten Sie sich effizient auf die Microsoft-Zertifizierungsprüfungen MD-100: Windows 10 und MD-101: Managing Modern Desktops vor. Die Bücher konzentrieren sich auf die richtige Herangehensweise an die Prüfungsfragen und deren kritische Analyse sowie den richtigen Ansatz zur Entscheidungsfindung.

C. Johner · M. Hölzer-Klüpfel · S. Wittorf

Basiswissen Medizinische Software

Aus- und Weiterbildung zum Certified Professional for Medical Software

Das Buch beschreibt den gesamten Lebenszyklus von Software als Medizinprodukt, ausgehend von den rechtlichen Rahmenbedingungen über Fragen der Gebrauchstauglichkeit, der Softwareentwicklung bis hin zum Risiko- und Qualitätsmanagement sowie IT-Security. Die 3. Auflage beinhaltet den aktuellen Stand der Normen und Richtlinien für die Medizintechnik.

3., überarbeitete und aktualisierte Auflage
2. Quartal 2020, ca. 240 Seiten, Festeinband, ca. € 42,90 (D)
ISBN 978-3-86490-743-2

M. Unterauer

Workshops im Requirements Engineering

Methoden, Checklisten und Best Practices für die Ermittlung von Anforderungen

Dieses Buch zeigt, wie Workshops zur schrittweisen Ermittlung von Anforderun gen effektiv gestaltet werden können. De Autor geht dabei über eine theoretische Betrachtung allgemeiner Methoden hinaus und tief hinein in die Mühen der täglichen Arbeit als Projektleiter, Busines Analyst oder Requirements Engineer. Die 2. Auflage enthält weitere Workshop-Ideen speziell für agile Teams.

2., überarbeitete und erweiterte Auflage
2020, 226 Seiten, Broschur, € 29,90 (D)
ISBN 978-3-86490-695-4

T. Weilkiens · A. Huwaldt · J. Mottok · S. Roth · A. Willert

Modellbasierte Softwareentwicklung für eingebettete Systeme verstehen und anwenden

Das Buch beschreibt den effektiven Einsatz der Modellierung eingebetteter Software von den Anforderungen über die Architektur bis zum Design, der Codegenerierung und dem Testen. Für jede Phase werden Paradigmen, Methoden, Techniken und Werkzeuge beschrieben, wobei die praktische Anwendung im Vordergrund steht.

2018, 384 Seiten, Broschur, € 39,90 (D)
ISBN 978-3-86490-524-7

K. Pohl · C. Rupp

Basiswissen Requirements Engineering

Aus- und Weiterbildung nach IREB®-Standard zum Certified Professional for Requirements Engineering – Foundation Level

Dieses Lehrbuch für die Zertifizierung zum Foundation Level des CPRE umfasst Grundlagenwissen in den Gebieten Ermittlung, Dokumentation, Prüfung und Abstimmung, Verwaltung von Anforderungen sowie die Werkzeugunterstützung. Die 4. Auflage ist konform zum IREB®-Lehrplan Foundation Level Version 2.2.

4., überarbeitete Auflage
2015, 192 Seiten, Festeinband, € 29,90 (D)
ISBN 978-3-86490-283-3

V. Vernon

Domain-Driven Design kompakt

Aus dem Englischen von Carola Lilienthal und Henning Schwentner

Dieses Buch bietet einen kompakten Einstieg in die wesentlichen DDD-Konzepte, wie Ubiquitous Language, Bounded Contexts, Aggregates, Entities und Subdomänen. Nach der Lektüre sind Sie in der Lage, in Projekten eine gemeinsame Sprache für Fachanwender und Entwickler auch über Teamgrenzen hinweg zu finden.

2017, 158 Seiten, Broschur, € 29,90 (D)
ISBN 978-3-86490-439-4

J. Bergsmann

Requirements Engineering für die agile Softwareentwicklung

Methoden, Techniken und Strategien

Das Buch gibt einen praxisorientierten Überblick über die am weitesten verbreite ten Techniken für die Anforderungsspezifi kation und das Requirements Manageme in agilen Projekten. Es beschreibt sowohl sinnvolle Anwendungsmöglichkeiten als auch Fallstricke der einzelnen Techniken. Die 2. Auflage berücksichtigt den IREB®-Lehrplan »RE@Agile Primer«.

2., überarbeitete und aktualisierte Auflage
2018, 386 Seiten, Festeinband, € 36,90 (D)
ISBN 978-3-86490-485-1

U. Vigenschow · B. Schneider · I. Meyrose

Soft Skills für Softwareentwickler

Fragetechniken, Konfliktmanagement, Kommunikationstypen und -modelle

Die Autoren zeigen praxisnahe Wege auf, im Arbeitsumfeld besser miteinander zu kommunizieren und Konflikte frühzeitig zu erkennen, um sie erfolgreich zu lösen. Aus ihrer langjährigen Entwickler- und Projektleiterpraxis heraus vermitteln sie die verschiedensten arbeitspsychologischen Modelle und Techniken anhand konkreter Beispiele aus der IT.

4., überarbeitete Auflage
2019, 376 Seiten, Broschur, € 36,90 (D)
ISBN 978-3-86490-697-8

E. Wolff

Das Microservices-Praxisbuch

Grundlagen, Konzepte und Rezepte

Eberhard Wolff zeigt Microservices-Rezepte, die Architekten anpassen und zu einem Menü kombinieren können. So lässt sich deren Implementierung individuell auf die Anforderungen im Projekt ausrichten. Demo-Projekte und Anregungen für die Vertiefung runden das Buch ab.

2018, 328 Seiten, Broschur, € 36,90 (D)
ISBN 978-3-86490-526-1

J. Arundel · J. Domingus

Cloud Native DevOps mit Kubernetes

Bauen, Deployen und Skalieren moderner Anwendungen in der Cloud

Dieses praxisorientierte Buch zeigt wie Kubernetes funktioniert und was es kann. Bauen Sie Schritt für Schritt eine Cloud-native Anwendung und die zugehörige Infrastruktur inkl. Continuous-Development-Pipeline auf, die Sie für Ihre eigenen Anwendungen nutzen können.

2019, 368 Seiten, Broschur, € 39,90 (D)
ISBN 978-3-86490-698-5

M. Gharbi · A. Koschel · A. Rausch · G. Starke

Basiswissen für Softwarearchitekten

Aus- und Weiterbildung nach iSAQB®-Standard zum Certified Professional for Software Architecture – Foundation Level

Dieses Buch vermittelt das nötige Grundlagenwissen, um eine dem Problem angemessene Softwarearchitektur für Systeme zu entwerfen. Es behandelt die wichtigen Begriffe und Konzepte der Softwarearchitektur sowie deren Bezug zu anderen Disziplinen. Die 3. Auflage ist konform zum iSAQB®-Lehrplan Version 2017.

3., überarbeitete und aktualisierte Auflage
2018, 228 Seiten, Festeinband, € 32,90 (D)
ISBN 978-3-86490-499-8

Auch als englische Ausgabe erhältlich

C. Lilienthal

Langlebige Software-Architekturen

Technische Schulden analysieren, begrenzen und abbauen

Die Autorin beschreibt, wie langlebige Softwarearchitekturen entworfen, umgesetzt und erhalten werden können. Sie erörtert an Beispielen aus real existierenden Systemen, wie die typischen Fehler in Softwarearchitekturen aussehen und was sinnvolle Lösungen sind. Neu aufgenommen in der 3. Auflage wurden die Analyse von TypeScript-Systemen sowie Clean-, Onion- und hexagonale Architekturen.

3., überarbeitete und erweiterte Auflage
2020, 316 Seiten, Broschur, € 34,90 (D)
ISBN 978-3-86490-729-6

Auch als englische Ausgabe erhältlich

R. Bongard · K. Dussa-Zieger · R. Reißing · A. Schulz

Basiswissen Automotive Softwaretest

Aus- und Weiterbildung zum ISTQB® Foundation Level Specialist – Certified Automotive Software Tester

Die Autoren beschreiben die Besonderheiten der Tests im automobilen Umfeld. Es wird ausführlich erläutert, wie bekannte Testverfahren an die spezifischen Projektbedingungen angepasst und wie bei der Auswahl von angemessenen Testverfahren die grundlegenden Anforderungen der relevanten Normen und Standards berücksichtigt werden.

2. Quartal 2020, ca. 250 Seiten, Festeinband, ca. € 34,90 (D)
ISBN 978-3-86490-580-3

B. Lemke · N. Röttger

Basiswissen Mobile App Testing

Aus- und Weiterbildung zum Certified Mobile Application Tester – Foundation Level Specialist nach ISTQB®-Standard

Das Buch vermittelt die Grundlagen des mobilen Testens und gibt einen fundierten Überblick über geeignete Testarten, Testmethoden, den Testprozess und das Testkonzept für mobile Anwendungen. Auch auf App-Plattformen, den Werkzeugeinsatz und die Testautomatisierung wird eingegangen. Das Buch ist konform zum ISTQB®-Lehrplan »CMAT«.

2. Quartal 2020, ca. 250 Seiten, Festeinband, ca. € 34,90 (D)
ISBN 978-3-86490-748-7

C. Ebert

Systematisches Requirements Engineering

Anforderungen ermitteln, dokumentieren, analysieren und verwalten

Dieses Buch beschreibt praxisorientiert und systematisch das gesamte Requirements Engineering vom Konzept über Analyse und Realisierung bis zur Wartung und Evolution eines Produkts. Die 6. Auflage vertieft Themen wie agile Entwicklung, Design Thinking, verteilt arbeitende Teams sowie Soft Skills.

6., überarbeitete und erweiterte Auflage
2019, 496 Seiten, Broschur, € 39,90 (D)
ISBN 978-3-86490-562-9

M. Daigl · R. Glunz

ISO 29119

Die Softwaretest-Normen verstehen und anwenden

Die ISO/IEC/IEEE 29119 stellt eine Normenreihe für Softwareprüfungen dar, die Vokabular, Prozesse, Dokumentation und Techniken für Softwaretesten beschreibt. Das Buch gibt eine praxisorientierte Einführung und einen fundierten Überblick über diese Normen (Teil 1 bis 4) und zeigt insbesondere die Umsetzung der Anforderungen aus der ISO 29119 hinsichtlich der Testaktivitäten auf.

2016, 264 Seiten, Festeinband, € 34,90 (D)
ISBN 978-3-86490-237-6

F. Simon · J. Grossmann · C. A. Graf · J. Mottok · M. A. Schneider

Basiswissen Sicherheitstests

Aus- und Weiterbildung zum ISTQB® Advanced Level Specialist – Certified Security Tester

Die Autoren geben einen fundierten, praxisorientierten Überblick über die technischen, organisatorischen, prozessoralen, aber auch menschlichen Aspekte des Sicherheitstestens und vermitteln das erforderliche Praxiswissen, um für IT-Anwendungen die Sicherheit zu erreichen, die für eine wirtschaftlich sinnvolle und regulationskonforme Inbetriebnahme von Softwaresystemen notwendig ist.

2019, 414 Seiten, Festeinband, € 39,90 (D)
ISBN 978-3-86490-618-3

T. Linz

Testen in Scrum-Projekten – Leitfaden für Softwarequalität in der agilen Welt

Aus- und Weiterbildung zum ISTQB® Certified Agile Tester – Foundation Extension

Entwicklungsleiter, Projektleiter, Testmanager und Qualitätsmanager erhalten in dem Buch Hinweise und Tipps, wie Testen und Qualitätssicherung in agilen Projekten erfolgreich organisiert werden können. Tester erfahren, wie sie in agilen Teams mitarbeiten und ihre Expertise optimal einbringen können. Die 2. Auflage ist konform zum ISTQB®-Lehrplan Foundation Level »Agile Tester«.

2., aktualisierte und überarbeitete Auflage
2017, 270 Seiten, Festeinband, € 34,90 (D)
ISBN 978-3-86490-414-1

A. Spillner · T. Roßner · M. Winter · T. Linz

Praxiswissen Softwaretest – Testmanagement

Aus- und Weiterbildung zum Certified Tester – Advanced Level nach ISTQB®-Standard

In diesem Buch werden Grundlagen, praxiserprobte Methoden und Techniken sowie die täglichen Aufgaben und Herausforderungen des Testmanagements vorgestellt und anhand eines durchgängigen Beispiels erläutert. Es umfasst den benötigten Stoff zum Ablegen der Prüfung Certified Tester – Advanced Level – Testmanager.

4., überarbeitete und erweiterte Auflage
2014, 506 Seiten, Festeinband, € 44,90 (D)
ISBN 978-3-86490-052-5

M. Winter · T. Roßner · C. Brandes · H. Götz

Basiswissen modellbasierter Test

Aus- und Weiterbildung zum ISTQB® Foundation Level – Certified Model-Based Tester

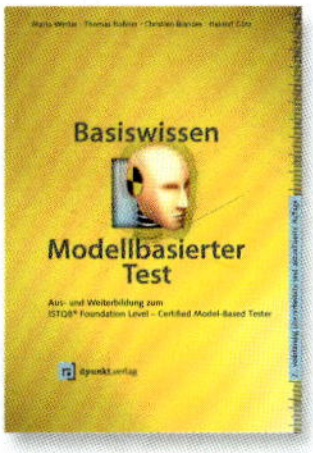

Modellbasiertes Testen umfasst die Erstellung und Nutzung von Modellen für die Systematisierung, Formalisierung und Automatisierung von Testaktivitäten. Dieses Buch vermittelt die Grundlagen und gibt einen fundierten Überblick über den modellbasierten Testprozess. Die 2. Auflage ist konform zum ISTQB®-Lehrplan Foundation Level Specialist »Model-Based Tester«.

2., vollständig überarbeitete und aktualisierte Auflage
2016, 474 Seiten, Festeinband, € 44,90 (D)
ISBN 978-3-86490-297-0

K. Franz · T. Tremmel · E. Kruse

Basiswissen Testdatenmanagement

Aus- und Weiterbildung zum Test Data Specialist Certified Tester Foundation Level nach GTB

Die Autoren geben einen praxisorientierten Überblick über das systematische Testdatenmanagement sowie konkrete Anregungen für die effiziente Bereitstellung von Testdaten. Der Inhalt ist konform zum Lehrplan »GTB CTFL Test Data Specialist« nach GTB und eignet sich gleichermaßen für das Selbststudium wie als Begleitliteratur zu den entsprechenden Schulungen.

2018, 208 Seiten, Festeinband, € 32,90 (D)
ISBN 978-3-86490-558-2

G. Bath · J. McKay

Praxiswissen Softwaretest – Test Analyst und Technical Test Analyst

Aus- und Weiterbildung zum Certified Tester – Advanced Level nach ISTQB®-Standard

Das Buch deckt sowohl funktionale als auch technische Aspekte des Softwaretestens ab und vermittelt damit das notwendige Praxiswissen für Test Analysts und Technical Test Analysts – beides entscheidende Rollen in Testteams. Es umfasst den benötigten Stoff zum Ablegen der Prüfung Certified Tester – Advanced Level – TA/TTA.

3., überarbeitete Auflage
2015, 588 Seiten, Festeinband, € 44,90 (D)
ISBN 978-3-86490-137-9

M. Baumgartner · S. Gwihs · R. Seidl · T. Steirer · M.-F. Wendland

Basiswissen Testautomatisierung

Aus- und Weiterbildung zum ISTQB® Advanced Level Specialist – Certified Test Automation Engineer

Dieses Buch gibt einen fundierten Überblick, wie Testautomatisierung mit Fokus auf den funktionalen Systemtest konzipiert und in bestehende Projekte und die Organisation eingegliedert wird. Dabei werden fachliche und technische Konzepte vorgestellt. Beispiele aus verschiedenen Einsatzgebieten erläutern die methodischen Grundlagen.

3., aktualisierte und überarbeitete Auflage
1. Quartal 2020, ca. 292 Seiten, Festeinband, ca. € 34,90 (D)
ISBN 978-3-86490-675-6

A. Spillner · T. Linz

Basiswissen Softwaretest

Aus- und Weiterbildung zum Certified Tester – Foundation Level nach ISTQB®-Standard

Das Buch umfasst den benötigten Stoff zum Ablegen der Prüfung »Certified Tester« (Foundation Level) nach dem Standard des International Software Testing Qualifications Board (ISTQB®) und ist auch für das Selbststudium geeignet. Die 6. Auflage wurde komplett überarbeitet, beinhaltet praxiserprobte Testverfahren aus dem aktuellen ISO-Standard 29119 und ist konform zum ISTQB®-Lehrplan Version 2018.

6., überarbeitete und aktualisierte Auflage
2019, 378 Seiten, Festeinband, € 39,90 (D)
ISBN 978-3-86490-583-4

T. Geis · G. Tesch

Basiswissen Usability und User Experience

Systematisch und strukturiert vom Nutzungskontext zum gebrauchstauglichen Produkt

Aus- und Weiterbildung zum UXQB® Certified Professional for Usability and User Experience – Foundation Level (CPUX-F)

Gebrauchstaugliche Produkte, die ein positives Benutzererlebnis erzeugen, sind das Ergebnis eines systematischen Prozesses. Die Autoren geben einen fundierten Einstieg sowie einen Überblick über die Kompetenzfelder »Usability und User Experience« und deren Zusammenspiel anhand zahlreicher Beispiele für Gestaltungsprinzipien und Gestaltungsregeln.

2019, 282 Seiten, Festeinband, € 34,90 (D)

ISBN 978-3-86490-599-5

T. Geis · K. Polkehn

Praxiswissen User Requirements

Nutzungsqualität systematisch, nachhaltig und agil in die Produktentwicklung integrieren

Aus- und Weiterbildung zum UXQB® Certified Professional for Usability and User Experience – Advanced Level »User Requirements Engineering« (CPUX-UR)

Im Buch wird fundiert aufgezeigt, wie mit User Requirements erfolgreich die Usability und User Experience und damit die Nutzungsqualität von Produkten maximiert werden kann. Die systematische Herleitung, Spezifikation und Strukturierung von Nutzungsanforderungen aus dem Nutzungskontext werden im Detail erörtert.

2018, 220 Seiten, Festeinband, € 32,90 (D)

ISBN 978-3-86490-527-8

J. Noack · J. Díaz

Das Design Sprint Handbuch

Ihr Wegbegleiter durch die Produktentwicklung

Design Sprints sind eine ideale Methode, um mit einem klaren Fokus auf Kundenbedürfnisse innovative Lösungen zu entwickeln – egal ob digitale oder physische. Dieses Handbuch dient als Wegbegleiter für den Sprint Master, der den Sprint durchführt. Es ist Ablaufplan, Guideline und Checkliste in einem.

2019, 220 Seiten, Klappenbroschur, € 24,90 (D)

ISBN 978-3-86490-656-5

A. Gerling · G. Gerling

Der Design-Thinking-Werkzeugkasten

Eine Methodensammlung für kreative Macher

Die Autoren beschreiben kompakt und praxisnah den Design-Thinking-Prozess in sechs Phasen. Sie geben dem Leser einen strukturierten und für die tägliche Arbeit nützlichen Werkzeugkasten an die Hand. Die konkret beschriebenen Anleitungen für den gesamten Projektverlauf erleichtern die Entscheidung für das richtige Werkzeug zur richtigen Zeit.

2018, 160 Seiten, Klappenbroschur, € 16,95 (D)

ISBN 978-3-86490-589-6

T. Steimle · D. Wallach

Collaborative UX Design

Lean UX und Design Thinking: Teambasierte Entwicklung menschzentrierter Produkte

Dieses Buch bietet einen praxisorientierten Überblick zu Grundlagen und Anwendungen kollaborativer Methoden des User Experience Design. Von einem durchgängigen Praxisbeispiel ausgehend werden disziplinübergreifende UX-Methoden vorgestellt und in einem kohärenten Vorgehensmodell miteinander verknüpft.

2018, 240 Seiten, Festeinband, € 29,90 (D)

ISBN 978-3-86490-532-2

J. Whalen

Think Human: Kundenzentriertes UX-Design

Mit kognitiver Psychologie zu besseren Produkten

Designen Sie Produkte und Services mit der besten User Experience, indem Sie sich an den Wünschen, Erwartungen und Denkprozessen Ihrer Kunden orientieren. Mit seinem Modell der sechs Erfahrungsebenen hilft UX-Experte und Psychologe John Whalen Ihnen dabei, Ihre Kunden zu verstehen, Muster zu erkennen und das gewonnene Wissen erfolgreich einzusetzen.

2020, 248 Seiten, Broschur, € 29,90 (D)

ISBN 978-3-86490-715-9

F.-U. Pieper · S. Roock

Agile Verträge

Vertragsgestaltung bei agiler Entwicklung für Projektverantwortliche

Die Autoren beschreiben die vertragsrechtlichen Grundlagen bei agiler Entwicklung, die verschiedenen Varianten der Vertragsgestaltung sowie die einzenen Vertragsformen mit ihren Eigenschaften, Funktionsweisen, Vorteilen und Risiken, wobei auch eine formalrechtliche Einordnung vorgenommen wird.

2017, 168 Seiten, Broschur, € 26,90 (D)
ISBN 978-3-86490-400-4

C. Mathis

SAFe – Das Scaled Agile Framework

Lean und Agile in großen Unternehmen skalieren

Das Buch gibt einen praxisorientierten Überblick über die Struktur, Rollen, Schlüsselwerte und Prinzipien von SAFe und führt den Leser im Detail durch die Ebenen des Frameworks. Dabei steht die Umsetzung in den agilen Teams im Vordergrund. Auch auf Leadership und die Einführung von SAFe wird eingegangen.

2., überarbeitete und aktualisierte Auflage
2018, 254 Seiten, Broschur, € 34,90 (D)
ISBN 978-3-86490-529-2

Openbook zum Thema:
www.dpunkt.de/s/spm

S. Roock · H. Wolf

Scrum – verstehen und erfolgreich einsetzen

Die Autoren beschreiben in kompakter Form die Scrum-Grundlagen und die hinter Scrum stehenden Werte und Prinzipien sowie die kontinuierliche Prozessverbesserung. Dabei unterscheiden sie zwischen den produktbezogenen, entwicklungsbezogenen Aspekten und dem kontinuierlichen Verbesserungsprozess. Die 2. Auflage wurde um Techniken wie Storytelling, Story Mapping, Roadmap Planning, Lean Forecasting ergänzt.

2., aktualisierte und erweiterte Auflage
2018, 264 Seiten, Broschur, € 29,90 (D)
ISBN 978-3-86490-590-2

Openbook zum Thema:
www.dpunkt.de/s/kanb

M. Burrows

Kanban

Verstehen, einführen, anwenden

Mike Burrows vermittelt die Kanban-Methode anhand von neun Werten, wodurch er den Prinzipien und Praktiken Kanbans ein starkes Gerüst verleiht. Weiter werden neuere Konzepte wie die drei »Agenden« und die »Kanban-Linse« sowie die Implementierung von Kanban mittels STATIK (Systems Thinking Approach to Introducing Kanban) vorgestellt.

2015, 272 Seiten, Broschur, € 34,90 (D)
ISBN 978-3-86490-253-6

S. Kaltenecker

Tatort Kanban

Ein agiler Kriminalroman

Ein Sicherheitsunternehmen, das sich Agilität auf die Fahnen geschrieben hat. Ein Whiteboard, an dem viele bunte Karten hängen. Ein Mitarbeiter, der vor dem Board tot aufgefunden wird. War es Mord? Bei seiner Ermittlungsarbeit muss Chefinspektor Nemecek ein dichtes Netz an Beziehungen entwirren, entdeckt dabei Kanban und setzt es sogar für die eigenen Untersuchungen ein.

2019, 316 Seiten, Broschur, € 19,95 (D)
ISBN 978-3-86490-653-4

D. J Anderson · T. Bozheva

Kanban Maturity Model

So werden Unternehmen Fit for Purpose

Das Kanban Maturity Model entstand durch die Arbeit in den letzten zehn Jahren bei der Einführung von Kanban in kleinen und großen Unternehmen verschiedener Branchen. Es spiegelt die Erfahrung wider, dass die angewendeten Kanban-Praktiken zur organisatorischen Reife des Unternehmens passen müssen. Die KMM-Roadmap und konkrete Maßnahmen ermöglichen, die gewünschte Business-Agilität zu erreichen.

2. Quartal 2020, ca. 220 Seiten, Broschur, ca. € 34,90 (D)
ISBN 978-3-86490-608-4

Agile Methoden

R. Wiechmann · L. Paradiek

Agile Werte leben

Mit Improvisationstheater zu mehr Selbstorganisation und Zusammenarbeit

Improvisationstheater trifft Agilität: Das scheint auf den ersten Blick eine an den Haaren herbeigezogene Idee zu sein. Tatsächlich ist es eine ziemlich gute Verbindung. Denn mit Übungen aus dem Improtheater lassen sich die agilen Werte und Prinzipien im Team verankern und damit leben.

2020, 268 Seiten, Broschur, € 32,90 (D)
ISBN 978-3-86490-708-1

R. van Solingen

Agile

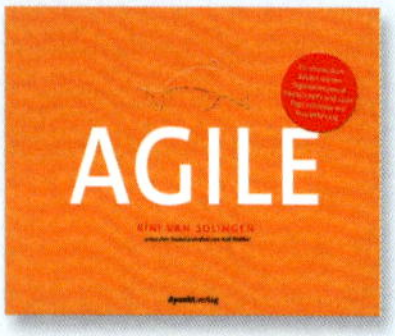

Durch die Digitalisierung befindet sich unsere Gesellschaft in einem grundlegenden Wandel und einer Beschleunigung. Unternehmen wollen flexibler arbeiten und früher Ergebnisse erzielen. Hierfür sind andere Denk- und Arbeitsweisen erforderlich. In »Agile« teilt Rini van Solingen sein Wissen, seine Erfahrung und beleuchtet eine Reihe häufiger Fallstricke und Missverständnisse beim agilen Arbeiten.

2. Quartal 2020, ca. 192 Seiten, Festeinband, ca. € 24,90 (D)
ISBN 978-3-86490-738-8

S. Kaltenecker

Selbstorganisierte Unternehmen

Management und Coaching in der agilen Welt

Das Buch bietet Ihnen alles, was Sie für die Gestaltung agiler Unternehmen brauchen. Es vermittelt ein solides Grundverständnis sozialer Systeme, beschreibt bewährte Prinzipien und Praktiken der Selbstorganisation und bietet eine breite Palette von Praxisbeispielen, die das Zusammenspiel von Management und Coaching veranschaulichen.

2017, 330 Seiten, Broschur, € 34,90 (D)
ISBN 978-3-86490-453-0

Agile Leadership

S. Kaltenecker

Selbstorganisierte Teams führen

Arbeitsbuch für Lean & Agile Professionals

Der Autor beschreibt, wie Führung in einem sich selbst organisierenden Umfeld funktioniert, und zeigt, wie di eigenen Führungskompetenzen durch den Einsatz bewährter Technike systematisch ausgebaut werden können. Die 2. Auflage wurde komplett überarbeitet und um neue Werkzeug und Fallbeispiele ergänzt.

2., überarbeitete und erweiterte Auflage
2018, 254 Seiten, Broschur, € 32,90 (D)
ISBN 978-3-86490-551-3

V. Kotrba · R. Miarka

Agile Teams lösungsfokussiert coachen

Sinnvolle Selbstorganisation braucht Vertrauen. Wie können agile Teams zusammen wachsen? Wie kann Kooperation gefördert werden? Die Autoren stellen lösungsorientierte Coaching-Methoden vor und erklären, wie sie im beruflichen Alltag erfolgreich angewendet werden können. Die 3. Auflage enthält zusätzliche Tools und neue Gedanken zum Thema Selbstorganisation.

3., überarbeitete und erweiterte Auflage
2019, 284 Seiten, Broschur, € 32,90 (D)
ISBN 978-3-86490-614-5

J. Hoffmann · S. Roock

Agile Unternehmen

Veränderungsprozesse gestalten, agile Prinzipien verankern, Selbstorganisation und neue Führungsstile etablieren

Agile Unternehmen agieren flexibler am Markt, entwickeln begeisternde Produkte und bieten Mitarbeitern sinnstiftendere Arbeitsplätze. Die Autoren beschreiben, was agile Unternehmen ausmacht, und bieten konkrete Praktiken an, mit denen das eigene Unternehmen schrittweise agiler gestaltet werden kann – mit vielen Fallbeispielen aus der Praxis.

2018, 214 Seiten, Broschur, € 29,90 (D)
ISBN 978-3-86490-399-1

R. van Solingen

Auch als Hörbuch erhältlich

Der Bienenhirte – über das Führen von selbstorganisierten Teams

Ein Roman für Manager und Projektverantwortliche

Dieses außergewöhnliche Buch handelt von der Geschichte von Mark, einer Führungskraft in einer Supermarktkette, in der auf Selbstorganisation umgestellt wird. Eines Tages erfährt Mark von seinem Großvater, wie dieser vom Schafhirten zum Imker wurde und was er dabei gelernt hat. Seine klugen und praktischen Lektionen scheinen überraschend gut auf Marks Situation zu passen.

2017, 126 Seiten, Broschur, € 19,95 (D)
ISBN 978-3-86490-495-0

C. Avery

The Responsibility Process

Wie Sie sich selbst und andere wirkungsvoll führen und coachen

Der Autor zeigt mit »The Responsibility Process™« den Weg und die Zwischenschritte hin zu echter Verantwortungsübernahme. Er gibt Ihnen konkrete Werkzeuge, Praktiken und Leadership-Weisheiten an die Hand, mit denen Sie lernen, diesen Prozess bewusst einzusetzen, um sich selbst und anderen kraft- und wirkungsvolles Handeln zu ermöglichen.

2019, 294 Seiten, Broschur, € 24,90 (D)
ISBN 978-3-86490-577-3

P. Koning

Toolkit für agile Führungskräfte

Selbstorganisierte Teams zum Erfolg führen

Sie fühlen sich verantwortlich für Ihre agilen Teams. Sie möchten, dass die Teams wachsen und schnell in volatilen, komplexen Märkten agieren und selbstorganisiert arbeiten. Peter Koning zeigt anhand konkreter Werkzeuge zur kontinuierlichen Verbesserung, wie Sie auf neue, effektive Art und Weise führen können.

2019, 192 Seiten, Festeinband, € 26,90 (D)
ISBN 978-3-86490-628-2

S. Sieroux · S. Roock · H. Wolf

Agile Leadership

Führungsmodelle, Führungsstile und das richtige Handwerkszeug für die agile Arbeitswelt

Die Autoren geben einen fundierten, praxisorientierten Überblick, wie agile Organisationsstrukturen aussehen können und wie der Weg dorthin mittels Agile Leadership gestaltet werden kann. Der Agile Leader findet einen Werkzeugkasten an Methoden, aus dem er sich bedienen kann, um den individuellen Wandel seiner Organisation zu begleiten.

2. Quartal 2020, ca. 230 Seiten, Broschur, ca. € 29,90 (D)
ISBN 978-3-86490-696-1

J. Kamer · R. van Solingen

Formel X

Wie Sie die Prozesse in Ihrem Unternehmen extrem beschleunigen – ein Businessroman

»Formel X« ist ein Businessroman über Geschwindigkeit, Führung und organisatorischen Wandel. Viele Unternehmen ringen mit der Tatsache, dass unsere Welt wesentlich schneller geworden ist. Sie erfahren bei ihrer Arbeit zunehmend einen scheinbar unlösbaren Konflikt zwischen Qualität und Geschwindigkeit. Doch die Formel-1-Welt beweist, dass Geschwindigkeit nicht gleich schlechte Arbeit sein muss.

2020, 196 Seiten, Broschur, € 22,90 (D)
ISBN 978-3-86490-731-9

P. Gluchowski (Hrsg.)

Data Governance

Grundlagen, Konzepte und Anwendungen

Dieses Buch greift nach einer Einordnung und Abgrenzung des Themas die unterschiedlichen Kernaspekte der Data Governance umfassend auf. Anschließend werden spezielle Facetten und Toolkategorien mit hoher praktischer Relevanz präsentiert, bevor die Darstellung spezifischer Unternehmenslösungen erfolgt.

2. Quartal 2020, ca. 300 Seiten, Festeinband, ca. € 59,90 (D)
ISBN 978-3-86490-755-5

U. Haneke · S. Trahasch · M. Zimmer · C. Felden (Hrsg.)

Data Science

Grundlagen, Architekturen und Anwendungen

Das Buch bietet eine umfassende Einführung in Data Science und dessen praktische Relevanz für Unternehmen. Es behandelt die wichtigen Aufgabenfelder, Methoden, Rollen- und Organisationsmodelle sowie grundlegenden Konzepte und Architekturen für Data Science. Zahlreiche Anwendungsfälle helfen bei der konkreten Umsetzung in der Praxis.

2019, 336 Seiten, Festeinband, € 59,90 (D)
ISBN 978-3-86490-610-7

R. Finger (Hrsg.)

BI & Analytics in der Cloud

Architektur, Vorgehen und Praxis

Die Autoren geben einen fundierten Überblick und behandeln im Detail Themen wie die Cloud als Agilitätshebel für BI und Analytics, Big Data in der Cloud, Cloud Services, Cloud-Nutzungsstrategien für Data Analytics und Social-Media-Integration. Abgerundet wird das Buch mit einem Marktüberblick zu Cloud BI. Die Beiträge spiegeln dabei die konkreten Umsetzungserfahrungen der Autoren wider.

2019, 262 Seiten, Festeinband, € 59,90 (D)
ISBN 978-3-86490-591-9

L. D. Marquet

Reiß das Ruder rum!

Eine wahre Geschichte über Führung und darüber, wie Mitarbeiter zu Mitgestaltern werden

Der Marineoffizier David Marquet hat das Atom-U-Boot Santa Fe von den miserablen Bewertungen zur Beurteilung als bestes Schiff der US-Flotte geführt. In seinem Buch schildert er die Ereignisse, Entscheidungen und Prinzipien, die seinen herausragenden Führungsstil und Leadership auf allen Ebenen begründet haben.

2. Quartal 2020, ca. 272 Seiten, Broschur, ca. € 24,90 (D)
ISBN 978-3-86490-737-1

D. J Anderson · A. Zheglov

Fit for Purpose

Wie Unternehmen Kunden finden, zufriedenstellen und binden

Dynamische Märkte erfordern an den Kundenbedürfnissen ausgerichtete Produkte. Erfahren Sie, wie Sie Kunden finden, kontinuierlich zufriedenstellen und langfristig binden. Finden Sie konkrete Antworten darauf, ob Produkte an Kundenbedürfnissen ausgerichtet sind und wie diese verbessert werden können. Lernen Sie mit dem »Fit for Purpose«-Framework ein pragmatisches Vorgehen kennen, das Sie hierbei unterstützt.

2019, 302 Seiten, Broschur, € 34,90 (D)
ISBN 978-3-86490-579-7

Know-how in der Edition ISACA Germany Chapter

M. Gaulke

Praxiswissen COBIT

Grundlagen und praktische Anwendung in der Unternehmens-IT

Das Buch führt in das Rahmenwerk und das zentrale Modell mit allen seinen Elementen ein und erläutert die zugrunde liegenden Konzepte von COBIT. Mit konkreten Beispielen der Anwendung von COBIT in deutschen Unternehmen. Die 3. Auflage bezieht sich auf COBIT 2019. Die Darstellungen sind aber weitestgehend auch für COBIT 5 anwendbar.

3., aktualisierte und überarbeitete Auflage
2020, 512 Seiten, Festeinband, € 49,90 (D)
ISBN 978-3-86490-699-2

G. Gerling · M. Breunig

Pragmatische Innovation

Ein Leitfaden für Macher und Manager im Zeitalter der Digitalisierung.

Dieses Buch führt den Leser an die systematische Entwicklung insbesondere digitaler Innovationen heran. Es vermittelt anschaulich die Phasen des Innovationsprozesses, Innovationsstrategie und -portfolio sowie organisatorische Voraussetzungen. Standardwerkzeuge der Digital Natives wie Business Model Canvas und Design Thinking werden im Detail erläutert.

1. Quartal 2020, ca. 250 Seiten, Broschur, ca. € 29,90 (D)
ISBN 978-3-86490-544-5

M. Knoll

Praxisorientiertes IT-Risikomanagement

Konzeption, Implementierung und Überprüfung

Das Buch beschreibt die Grundlagen sowie Organisationsstrukturen und Elemente des IT-Risikomanagement-Prozesses. Dabei werden gängige Methoden sowie der Einsatz von Werkzeugen anhand von Beispielen aus der Praxis erläutert. Die 2. Auflage wurde komplett überarbeitet und um Themen wie DevOps, Schatten-IT, Industrie 4.0 erweitert.

2019, 452 Seiten, Festeinband, € 46,90 (D)
ISBN 978-3-86490-655-8

N. Ebel

Basiswissen ITIL 4

Grundlagen und Know-how für das IT Service Management und die ITIL-4-Foundation-Prüfung

Dieses Lern- und Nachschlagewerk der ITIL-Expertin und erfahrenen Autorin Nadin Ebel bietet Ihnen einen umfassenden Einstieg in die aktuelle Version von ITIL und vermittelt das notwendige Wissen für die ITIL-4-Basis-Zertifizierung.

1. Quartal 2020, ca. 450 Seiten, Broschur, ca. € 49,90 (D)
ISBN 978-3-86490-710-4

A. Rüping

Gute Entscheidungen in IT-Projekten

Unbewusste Einflüsse erkennen, Hintergründe verstehen, Prozesse verbessern

Gute Entscheidungen in IT-Projekten zu treffen ist nicht einfach. Manchmal fehlt das notwendige Wissen, manchmal kann sich eine gute Meinung nicht durchsetzen. Oft erschweren auch kognitive Verzerrungen die Entscheidungsfindung. Wer jedoch auf diese Hindernisse vorbereitet ist und mit ihnen umzugehen weiß, trifft bessere Entscheidungen; gerade in Projekten, die komplex oder unübersichtlich sind.

2019, 204 Seiten, Broschur, € 29,90 (D)
ISBN 978-3-86490-648-0

Secorvo (Hrsg.)

Informationssicherheit und Datenschutz

Handbuch für Praktiker und Begleitbuch zum T.I.S.P.

Das Grundlagenwerk strukturiert das Basiswissen der Informationssicherheit in 27 aufeinander aufbauenden Kapiteln. Es stammt aus der Feder von Praktikern mit langjähriger Erfahrung in allen Bereichen der IT-Sicherheit. Das Buch eignet sich als Begleitbuch zur T.I.S.P.-Schulung.

3., aktualisierte und erweiterte Auflage
2019, 824 Seiten, Festeinband, € 84,90 (D)
ISBN 978-3-86490-596-4

E. Glatz

Betriebssysteme

Grundlagen, Konzepte, Systemprogrammierung

Dieses Buch bietet eine umfassende Einführung in die Grundlagen der Betriebssysteme und in die Systemprogrammierung. Im Vordergrund stehen die Prinzipien moderner Betriebssysteme und die Nutzung ihrer Dienste für die systemnahe Programmierung. Neu aufgenommen wurden in der 4. Auflage u. a. das Thread-Pool-Konzept, CFS und Container-Systeme.

4., überarbeitete und aktualisierte Auflage
2019, 734 Seiten, Festeinband, € 44,90 (D)
ISBN 978-3-86490-705-0

U. Troppens · N. Haustein

Speichernetze

Grundlagen, Architekturen, Datenmanagement

Lernen Sie die grundlegenden Techniken für die Speicherung von Daten auf Disk- und Flashsystemen, Magnetbändern, Dateisystemen sowie Objektspeichern kennen und erfahren Sie alles über wesentliche Übertragungstechniken wie Fibre Channel, iSCSI, InfiniBand und NVMe sowie deren praktischen Einsatz.

3., aktualisierte und erweiterte Auflage
2019, 960 Seiten, Festeinband, € 69,90 (D)
ISBN 978-3-86490-503-2

L. Betz · T. Widhalm

Icinga 2

Ein praktischer Einstieg ins Monitoring

Die erweiterte und aktualisierte Neuauflage von »Icinga 2« gibt eine umfassende Einführung in das Monitoringprodukt. Dabei zeigt es Umsteigern und Monitoring-Neulingen praxisnah, wie eine Umgebung aufgebaut und Schritt für Schritt immer umfangreicher und umfassender gestaltet wird.

2., aktualisierte und erweiterte Auflage
2018, 686 Seiten, Broschur, € 44,90 (D)
ISBN 978-3-86490-556-8

J. Forshaw

Netzwerkprotokolle hacken

Sicherheitslücken verstehen, analysieren und schützen

Top-Bug-Hunter James Forshaw befasst sich mit Netzwerken auf Protokollebene aus der Perspektive eines Angreifers, um Schwachstellen zu finden, auszunutzen und letztendlich zu schützen. Das Buch ist damit ein Muss für jeden Penetration Tester, Bug Hunter oder Security-Entwickler.

2018, 366 Seiten, Broschur, € 36,90 (D)
ISBN 978-3-86490-569-8

K. Posselt · D. Frölich

Barrierefreie PDF-Dokumente erstellen

Das Praxishandbuch für den Arbeitsalltag – Mit Beispielen zur Umsetzung in Adobe InDesign und Microsoft Office / LibreOffice

Mit starkem Praxisbezug und anhand vieler Beispiele lernen Sie, barrierefreie PDF-Dokumente zu erstellen. Nach den gesetzlichen Anforderungen und den technischen Grundlagen zeigen die Autoren die praktische Umsetzung in den Standardprogrammen und die abschließende Prüfung und Korrektur der Dokumente.

2019, 614 Seiten, Broschur, € 46,90 (D)
ISBN 978-3-86490-487-5

K. Sckommodau

Magazindesign

Gestaltungsgrundlagen und Umsetzung mit InDesign und Photoshop

Diese Anleitung führt Sie praxisnah durch den gesamten Workflow – von den grundlegenden Überlegungen zur Gestaltung über die Umsetzung in InDesign und die Bildbearbeitung bis hin zur fertigen Druckausgabe. Zudem finden Sie gezielt Lösungen für konkrete Fragestellungen und Checklisten.

2018, 320 Seiten, Festeinband, € 36,90 (D)
ISBN 978-3-86490-530-8

A. Weiss

Sketchnotes & Graphic Recording

Eine Anleitung

Visuell erfassen, festhalten, lernen, präsentieren – diese Anleitung führt vom einfachen Basisbildvokabular über die Umsetzung komplexer Themen in Bildern bis hin zum grafischen Verlaufsprotokoll in Wandgröße. Mit zahlreichen Beispielen, Anregungen, Übungen und Tipps zum simultanen Zeichnen vor Publikum.

2016, 206 Seiten, Festeinband, € 26,90 (D)
ISBN 978-3-86490-359-5

S. Schulze

Auf dem Tablet erklärt

Wie Sie Ihre guten Ideen einfach und digital visualisieren

Weitere Titel zum Thema Zeichnen: www.dpunkt.de/s/zeichnen

Lassen Sie sich inspirieren, wie Sie mit einfachen Mitteln Ihre Ideen verdeutlichen, Gedanken strukturieren und Ihre Botschaft visuell darstellen. Von ersten Skizzen bis zur fertigen Präsentation – hier finden Sie Anleitungen, kleine Helfer und hilfreiche Tipps für das Zeichnen mit dem Tablet.

2018, 316 Seiten, Broschur, € 24,90 (D)
ISBN 978-3-86490-513-1

G. Reynolds

ZEN oder die Kunst der Präsentation

Mit einfachen Ideen gestalten und präsentieren

Bestseller-Autor und Redner Garr Reynolds zeigt, wie mitreißende Präsentationen mit modernen Versionen von PowerPoint, Keynote oder anderen Tools gelingen und jeder Vortrag zur strukturierten, einfach erzählten Geschichte wird. Garrs neue Beispiele, Lektionen und Perspektiven in Farbe kombinieren bewährte Designprinzipien mit den Grundsätzen des Zen. Das Publikum wird es danken.

3., aktualisierte Auflage
2. Quartal 2020, ca. 350 Seiten, Broschur, ca. € 32,90 (D)
ISBN 978-3-86490-759-3

Konferenzen 2020

17.–19. Februar 2020, Heidelberg
Das Wesentliche zu Machine Learning
www.ml-essentials.de

2.–4. März 2020, Essen
Die Softwareentwicklerkonferenz zu Internet of Things und Industrie 4.0
www.buildingiot.de

25.–26. Mai 2020, Mannheim
Die Konferenz für Python in Business, Web und DevOps
www.enterpy.de

26.–28. Mai 2020, Mannheim
Die Konferenz für Machine Learning und Künstliche Intelligenz
www.m3-konferenz.de

15.–16. Juni 2020, München
Die Entwicklerkonferenz zur automatica
www.iiot-conference.de

17.–18. Juni 2020, Darmstadt
Deep-Dive-Trainings zu Continuous Delivery, DevOps und Containerisierung
www.devops-essentials.de

23.–26. Juni 2020, Darmstadt
Die Konferenz für Enterprise JavaScript
www.enterjs.de

1.–3. September 2020, Nürnberg
Die IT-Konferenz mit der Lern-Atmosphäre
www.herbstcampus.de

In Kooperation mit:

heise Developer

iX MAGAZIN FÜR PROFESSIONELLE INFORMATIONSTECHNIK

plus+

Als **plus+**-Mitglied können Sie bis zu zehn E-Books als Ergänzung zu Ihren gedruckten dpunkt.büchern herunterladen. Eine Jahresmitgliedschaft kostet Sie lediglich 9,90 €, weitere Kosten entstehen nicht.

Weitere Informationen unter:
www.dpunkt.plus

O'REILLY®

Weitere Bücher zum Thema Computing unter:
www.oreilly.de

dpunkt.verlag

Wieblinger Weg 17
69123 Heidelberg
fon 0 62 21/14 83 0
fax 0 62 21/14 83 99
hallo@dpunkt.de
www.dpunkt.de

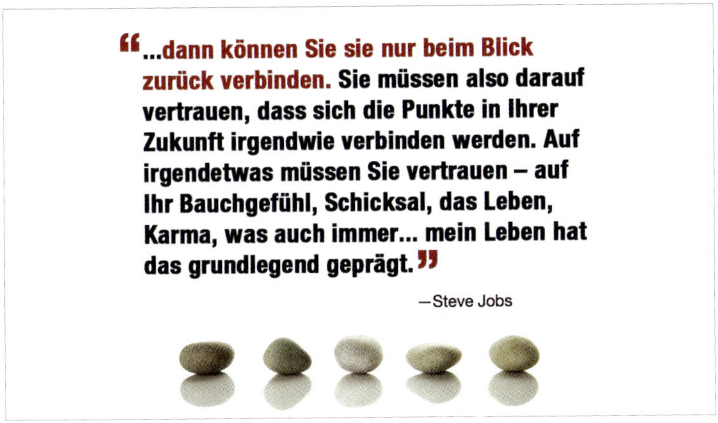

Dieses Zitat wurde für die Präsentation auf zwei Folien aufgeteilt. Der Text auf der zweiten Folie ist ziemlich lang, aber der Schlüsselsatz ist rot hervorgehoben. Sie sollten nicht allzu viele Folien mit derart langen Zitaten verwenden. Wenn Sie sie jedoch nur hin und wieder einsetzen und nicht hindurchhetzen, dann können sich längere Zitate als nützlich zur Herstellung eines Zusammenhangs erweisen. Achten Sie darauf, dass die Schrift hier groß genug ist, um auch im hinteren Teil des Raums gelesen zu werden. Die meisten Menschen werden den Text möglicherweise gar nicht von der Leinwand ablesen – sie hören Ihnen vielleicht einfach nur zu. Zu kleine, unleserliche Schrift sorgt aber dennoch für Unmut im Publikum.

Zweisprachige Folien erstellen

Sprachen lassen sich auf einer Folie mitunter wirkungsvoll kombinieren –, solange sich die Texte in ihrer Größe unterscheiden. Eine der Sprachen muss der anderen visuell untergeordnet sein. Wenn ich auf Japanisch präsentiere, ist der japanische Text größer als der englische Text (jedoch auf eine Weise, die ein harmonisches Gesamtbild ergibt). Halte ich einen englischen Vortrag, ist der englische Text größer. Ist der Text beider Sprachen gleich groß, entsteht ein visueller Missklang, da die Schriftelemente miteinander um Aufmerksamkeit konkurrieren. Die Technik, den Text einer Sprache in einer deutlich dominanten Position zu platzieren, ist häufig bei der Ausschilderung öffentlicher Verkehrsmittel und in der Werbung anzutreffen. Grundsätzlich müssen wir den Textanteil beim Erstellen von Präsentationsfolien auf ein Minimum beschränken; im Falle zweisprachiger Folien müssen wir darauf besonders genau achten. Beispiele aus meinen eigenen Präsentationen sehen Sie auf der gegenüberliegenden Seite.

Die Technik der Platzierung von Text einer Sprache in einer eindeutig dominanten Position wird häufig zur Ausschilderung öffentlicher Verkehrsmittel und in der Werbung eingesetzt.

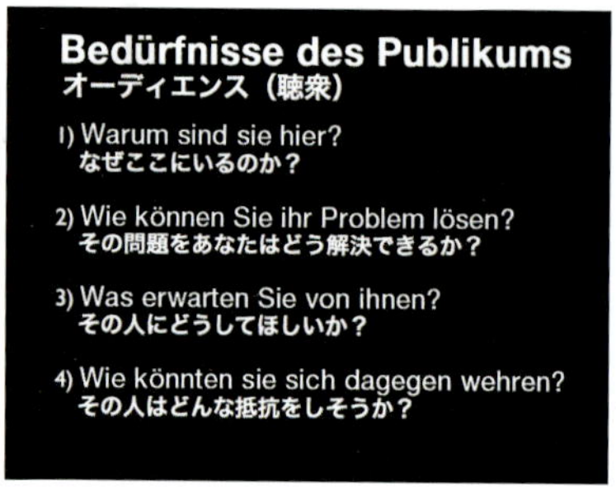

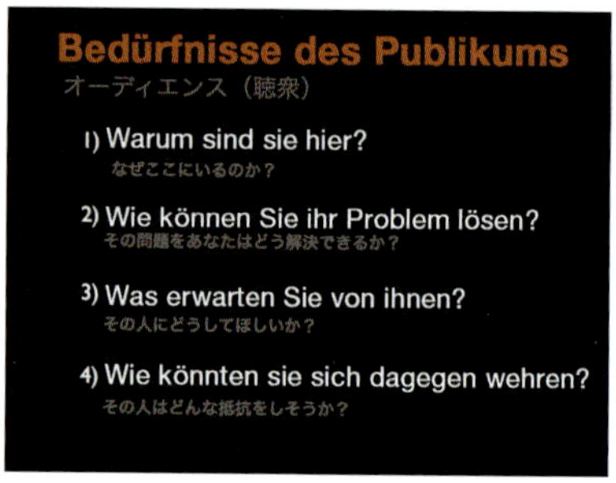

In dem ersten Beispiel auf der linken Seite hat der gesamte Text eine nahezu einheitliche Größe und Farbe. Im zweiten Beispiel ist der japanische Text untergeordnet. Welche Folie lässt sich besser auf einen Blick erfassen?

蛾が炎に引き寄せられるように
ストーリーは聞くものを引きつける
Von Geschichten angezogen wie Motten vom Licht

»Die meisten Ideen kann man verdammt gut mit einem Stock im Sand ausprobieren.«
ほとんどのアイデアは砂浜と棒さえあれば
表現することができる.
—Alan Kay

ÜBER 5000 OBDACHLOSE IN TOKIO
東京には5000人以上のホームレスがいる

780 Mio. Menschen
ohne sauberes Trinkwasser
780,000,000人もの人が飲み水が手に入れられないでいる
Quelle: CDC

"Der Mensch ist zum Werkzeug seiner Werkzeuge geworden."
人は道具を使う道具になった.
Henry David Thoreau

Make it Big!
とにかく大きく！

Leere, die häufig als bloßes Nichts missverstanden wird, ist tatsächlich der Quell unbegrenzter Möglichkeiten.

– Daisetz T. Suzuki

Leerraum

Leerraum, auch als negativer Raum oder Weißraum bezeichnet, ist ein überaus einfaches Konzept, das bei der Anwendung zugleich die meisten Schwierigkeiten bereitet. Egal, ob Sie ein Dokument oder eine Folie gestalten, der Drang, leere Bereiche mit weiteren Elementen auszufüllen, ist gar zu groß. Einer der größten Fehler, den die meisten Geschäftsleute mit Präsentationsfolien (und Dokumenten) begehen, ist es, keine Mühen zu scheuen und scheinbar jeden Quadratzentimeter auszunutzen und mit Text, Kästen, ClipArts, Diagrammen, Fußzeilen und dem allgegenwärtigen Firmenlogo vollzustopfen.

Leerraum steht für Eleganz und Klarheit. Das gilt auch im Grafikdesign, Sie können die Bedeutung des Raums (sowohl des optischen als auch des physischen) aber beispielsweise auch im Zusammenhang der Innenarchitektur erkennen. Geschäfte von Premiummarken sind immer so eingerichtet, dass möglichst viel Leerraum entsteht. Leerraum kann einen Eindruck hoher Qualität, Raffinesse und Bedeutsamkeit vermitteln.

Leerraum hat einen Zweck. Wer neu im Grafikdesign ist, hat aber möglicherweise nur die positiven Elemente wie Text oder Grafik im Blick, ohne den Leerraum je zu »sehen« und ihn einzusetzen, um das Design ansprechender zu machen. Es ist der Leerraum, der einem Design die Luft gibt, die die positiven Elemente zum Atmen brauchen. Wenn Leerraum in einem Design tatsächlich »verschwendeter Platz« wäre, dann wäre es sinnvoll, ihn zu entfernen. Leerraum innerhalb eines Designs ist aber nicht »Nichts«. Er ist vielmehr ein äußerst wirkungsvolles »Etwas«, das den wenigen Elementen auf Ihrer Folie ihr Gewicht verleiht.

In den Zen-Künsten können Sie Wertschätzung für Leerraum finden. Ein Gemälde kann beispielsweise bis auf zwei oder drei Elemente größtenteils »leer« sein, doch durch die Platzierung dieser Elemente innerhalb jenes Raums ergibt sich eine starke Aussage. Denselben Ansatz können Sie auch auf Wohnräume anwenden. Viele Japanische Häuser haben ein *washitsu*, ein traditionelles Zimmer mit Tatami-Matten. Es ist schlicht und größtenteils leer. Der Leerraum erlaubt es, eine einzelne Sache, wie etwa eine einzelne Blume oder einen einzelnen Wandteppich, bewusst wahrzunehmen. Die Leere ist an sich ein starkes Designelement. Je mehr wir in diesem Fall hinzufügen, desto stärker verwässern wir das Design einer Grafik, einer Folie, eines Dokuments oder eines Wohnraums und berauben es so seiner Wirkung.

Leerraum einsetzen

Die blaue Folie oben rechts ist ein sehr typisches Beispiel. Sie enthält mehrere Stichpunkte und ein themenbezogenes Bild. Der Leerraum wird nicht gut eingesetzt, sondern es befinden sich eingesperrte Freiräume rund um das Bild. Statt eine überladene Folie zu verwenden, habe ich die Abfolge der Inhalte zur Einleitung des »Hara hachi bu«-Konzepts auf sechs Folien aufgeteilt. Da sich nicht alle gesprochenen Worte des Vortragenden auf den Folien widerspiegeln müssen, wurde ein großer Teil des Texts weggelassen. Die Folien haben einen sauberen, weißen Hintergrund mit jeder Menge aktivem Leerraum, der den Blick des Betrachters leiten hilft. Sobald eine neue Folie gezeigt wird, wandert der Blick naturgemäß zuerst auf das Bild (größer und farbenfroh) und anschließend rasch zum Textelement.

Gesichter haben die Macht, Aufmerksamkeit zu wecken und Blicke zu lenken

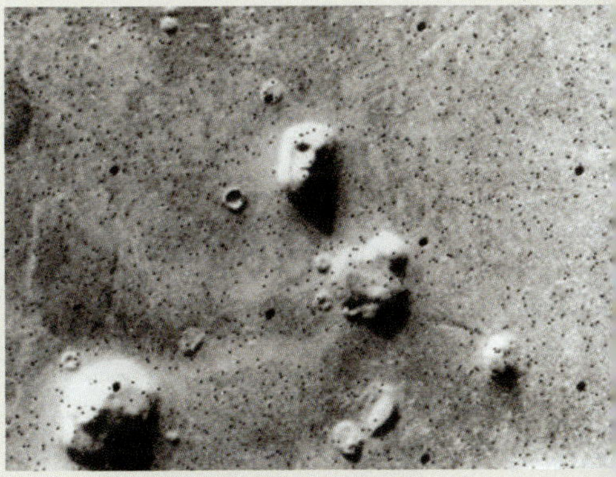

Mit freundlicher Genehmigung der NASA

Wir können unglaublich gut Gesichter erkennen. Wir sind so gut darin, Gesichter zu entdecken, dass wir sie sogar sehen, wenn sie gar nicht existieren. Tatsächlich sagt Carl Sagan: »Als ungewollter Nebeneffekt sind die Mustererkennungsmechanismen unseres Gehirns so gut darin, Gesichtsformen aus dem Durcheinander anderer Details zu isolieren, dass wir manchmal sogar dort Gesichter sehen, wo überhaupt keine sind.« Das erklärt, warum manche Leute das Gesicht von Mutter Teresa auf einem Käsebrot oder ein Gesicht auf dem Mars sehen. Gesichter – und Dinge, die Abbildungen von Gesichtern ähneln – erhalten unsere Aufmerksamkeit. Grafikdesigner und Werbefachleute wissen dies sehr gut und deshalb setzen sie in unterschiedlichen Formen von Werbebotschaften auch so häufig Gesichter ein.

Wir neigen von Natur aus dazu, in dieselbe Richtung zu blicken wie andere Menschen. Mir ist aufgefallen, dass sogar meine kleine Tochter im Babyalter dorthin schaut, wo ich hinschaue; diese Tendenz setzt schon ein, wenn wir sehr jung sind.

Bilder von Gesichtern einzusetzen – nicht einmal unbedingt nur menschlichen Gesichtern –, kann sehr effektiv sein, um Aufmerksamkeit zu erlangen. Das gilt besonders für Medien wie Poster, Zeitschriften und Werbetafeln. Dieses Konzept lässt sich allerdings auch auf multimediale Inhalte und große Projektionsflächen übertragen. Weil Gesichter so wirkungsvoll unsere Aufmerksamkeit erregen, müssen sie mit Bedacht verwendet werden. Eine wichtige Überlegung gilt dem Thema Blickrichtung und Lenkung des Betrachterblicks. Die beiden unten abgedruckten Bilder stammen beispielsweise aus einer Studie von James Breeze auf usableworld.com.au. Dabei wurde eine Eye-Tracking-Software eingesetzt, um zu untersuchen, ob die Blickrichtung des Säuglings auf dem Bildschirm die Blicke der Leser beeinflusste. Dem Text auf der rechten Seite wurde wenig überraschend mehr Aufmerksamkeit zuteil, wenn der Blick des Babys ebenfalls in diese Richtung gerichtet war.

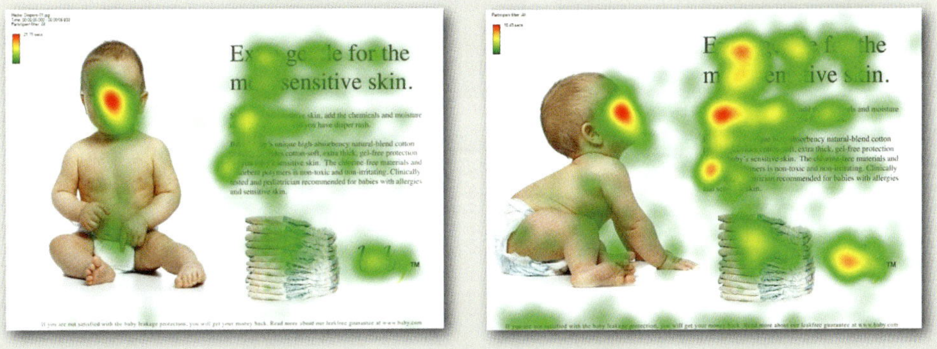

Eine Eye-Tracking-Studie von James Breeze zeigt den Einfluss der Blickrichtung auf die Lenkung der Betrachterblicke auf der Seite. In Präsentationsfolien können Blicke ähnliche Auswirkungen auf die Aufmerksamkeit der Betrachter haben.

Es ist Ihre Entscheidung, ob Sie Bilder von Menschen oder Tieren auf Ihren Folien verwenden; jeder Kontext und jedes Thema sind anders. Sollten Sie sich jedoch dafür entscheiden, dann denken Sie an die Fähigkeit der Gesichter, Aufmerksamkeit zu erregen, und versuchen Sie, die Blickrichtung zur Lenkung der Betrachterblicke einzusetzen.

Wenn Sie Bilder von Menschen verwenden, achten Sie darauf, dass Sie die Betrachter nicht ungewollt in die falsche Richtung leiten. Wenn beispielsweise ein Textelement oder ein Diagramm das wichtigste auf der Folie ist, dann sollten die abgebildeten Personen nicht genau von diesen Elementen wegblicken. Wie leiten die Bilder in den hier dargestellten Folien Ihren Blick auf die anderen Elemente hin oder von diesen weg? Beide Folien einer Gegenüberstellung mögen akzeptabel sein – aber achten Sie darauf, wie Ihr Blick auf den unteren Folien zum Text oder Diagramm geleitet wird.

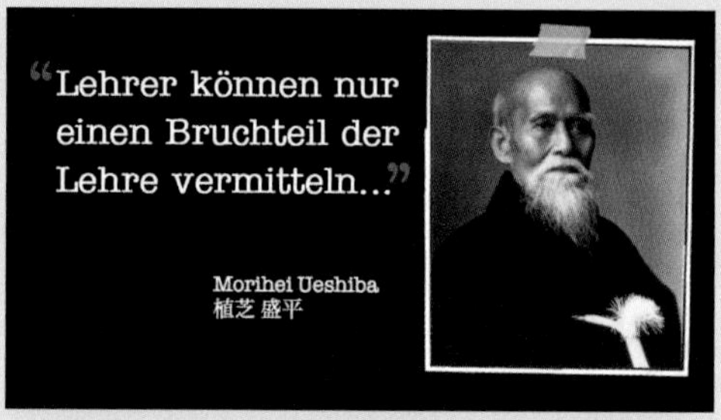

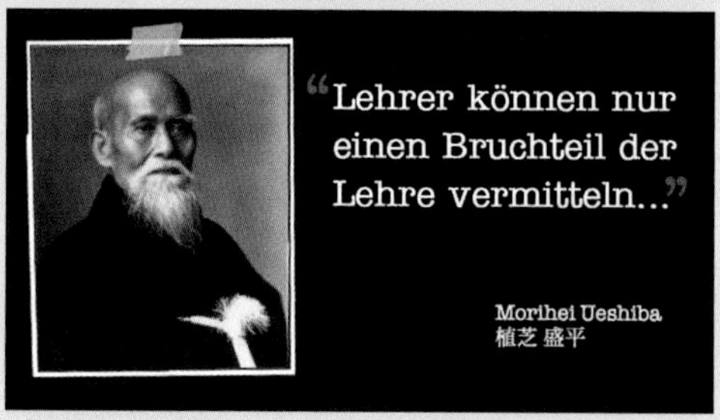

Der linke obere Bereich einer Folie ist oft die Gegend, die unseren Blick natürlich anzieht. Aber eine Gestalt wie eine Person (oder ein Tier) erhält unsere Aufmerksamkeit möglicherweise zuerst. Wenn der Betrachter in den obigen Beispielen die Personen in den bildschirmfüllenden Fotos zuerst bemerkt, wird sein Blick automatisch auf den Text gelenkt, in dessen Richtung die Personen im Bild schauen oder gehen.

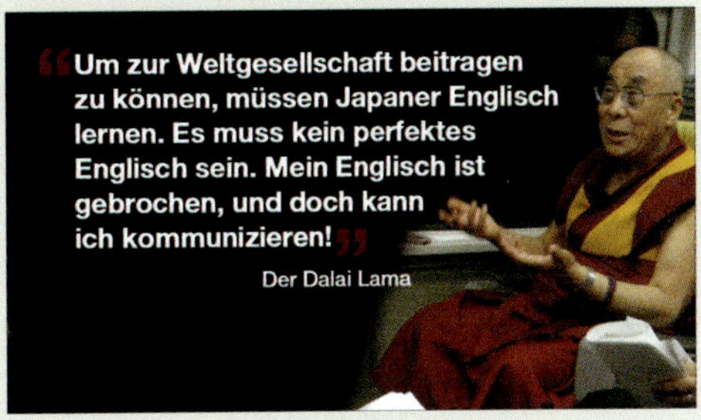

Die linke Folie zeigt ein Bild von der Japan-Times-Autorin Judit Kawaguchi beim Interview mit dem Dalai Lama im japanischen Hochgeschwindigkeitszug. Das Zitat auf der zweiten Folie stammt aus genau diesem Interview im Zug. Die erste Folie zeigt den Zusammenhang, dann wird die zweite Folie eingeblendet, wodurch Judit ausgeblendet und ihr Platz vom Text eingenommen wird. Durch diesen Effekt erscheint das rechte Drittel der Folie (der Dalai Lama) stets unverändert.

Ausgewogenheit

Ausgewogenheit ist für ein Design wichtig. Ein Weg zu einem ausgewogenen und klaren Design führt über den intelligenten Einsatz von Leerraum. Ein ausgewogenes Design hat eine einzige einheitliche und klare Aussage. Eine gut gestaltete Folie hat einen deutlichen Ausgangspunkt und leitet den Betrachter durch das Design. Der Betrachter sollte nie darüber »nachdenken« müssen, wo er hinschauen soll. Eine Folie darf niemanden verwirren. Was die wichtigsten, weniger wichtigen und am wenigsten wichtigen Teile eines Designs sind, muss deutlich, mit einer klaren Hierarchie und einer guten Ausgewogenheit der gezeigten Elemente, zum Ausdruck kommen.

Durch die sorgfältige Platzierung positiver Elemente kann Leerraum dynamisch und aktiv sein. Der bewusste Einsatz von Leerraum kann sogar Bewegung in Ihr Design bringen. Auf diese Weise ist der Leerraum nicht passiv, sondern aktiv. Wenn Sie Ihre Folien dynamischer und interessanter machen wollen, denken Sie über ein asymmetrisches Design nach. Asymmetrische Designs aktivieren den Leerraum und wirken dadurch interessanter; sie sind informeller und dynamischer und enthalten verschiedene Größen und Formen.

Symmetrische Designs sind durch eine starke Betonung der zentralen senkrechten Achse charakterisiert. Die symmetrische Balance ist vertikal zentriert und zu beiden Seiten hin gleich ausgeprägt. Symmetrische Designs wirken statischer als asymmetrische Designs und sie erwecken den Eindruck von Formalismus und Stabilität. Es gibt an symmetrisch zentrierten Designs nichts auszusetzen, allerdings ist der Leerraum hier in der Regel passiv und an den Rand gedrängt.

Beim Design geht es darum, Formen zu erkennen und zu verändern. Wenn wir jedoch den Leerraum einer Folie nicht als Form betrachten, dann ignorieren wir ihn und seine mögliche Verwendung bleibt dem Zufall überlassen. Dementsprechend werden die Ergebnisse nicht so wirkungsvoll ausfallen. Gute Präsentationen setzen auf eine Mischung aus symmetrischen und asymmetrischen Folien.

Sumi-e ist die Kunst der traditionellen japanischen Pinselmalerei. Sie ist eine gute Lektion, wie man einen ausgewogenen Entwurf erzielen kann. Notan ist ein japanisches Konzept, das sich auf die Nutzung heller und dunkler Aspekte in einem Design bezieht, um ein ausgeglichenes und harmonisches Bild zu erreichen. Unabhängig davon, ob Sie bei Ihrer gestalterischen Arbeit viele Farben oder nur Grautöne verwenden, ist es wichtig, helle und dunkle Elemente zu schaffen und den Leerraum zu nutzen, um ein asymmetrisches Gleichgewicht zu erhalten.

Sumi-e-Gemälde *von Kathleen Scott, Kansai-Gaidai-Universität, Osaka, Japan*

Raster und die Drittelregel

Schon seit Jahrhunderten verwenden Künstler und Designer das auch in der Natur vertretene Verhältnis des »Goldenen Schnitts« in ihren Arbeiten. Das Rechteck des Goldenen Schnitts hat ein Seitenverhältnis von 1:1,618. Man nimmt an, dass wir uns von Bildern, deren Proportionen dem Rechteck des Goldenen Schnitts entsprechen, natürlich angezogen fühlen, genau wie uns auch in der Natur häufig Dinge mit diesen Proportionen anziehen. In den meisten Fällen ist ein Design nach dem Goldenen Schnitt allerdings nicht umsetzbar. Die vom Goldenen Schnitt abgeleitete Drittelregel ist hingegen eine grundlegende Designtechnik, die Ihren Folien zu mehr Ausgewogenheit (symmetrisch oder asymmetrisch), Schönheit und einer höheren ästhetischen Qualität verhelfen kann.

Die Drittelregel ist eine grundlegende Technik, die Fotografen zur Auswahl ihres Bildausschnitts erlernen. Genau in der Mitte platzierte Motive ergeben häufig uninteressante Fotos. Ein Sucher lässt sich durch Linien unterteilen – egal, ob real oder imaginär –, sodass sich vier sich kreuzende Linien oder Schnittpunkte und insgesamt neun Felder ergeben, die einem Tic-Tac-Toe-Spielfeld entsprechen. Diese vier Schnittpunkte (im englischen Sprachgebrauch auch »power points« genannt, ob Sie es glauben oder nicht) sind Bereiche, an denen Sie Ihre Motive besser platzieren könnten als in der Mitte.

Denken Sie daran, unbegrenzte Auswahlmöglichkeiten sind im Design nicht mit Freiheit gleichzusetzen. Sie müssen Ihre Optionen einschränken, damit Sie Ihre Zeit nicht damit verschwenden, jedes einzelne Designelement auf eine neue Position zu justieren. Ich empfehle Ihnen, ein irgendwie geartetes, einfaches Raster anzulegen, auf dem Sie Ihre Folien aufbauen können. Auch wenn Ihnen das nicht auffallen mag, setzt nahezu jede Webseite, jede Buch- oder Zeitschriftenseite auf einem Raster auf. Raster können Ihnen Zeit sparen und sicherstellen, dass Ihre Designelemente sich harmonisch in die Darstellung einfügen. Der Einsatz von Rastern zur Untergliederung Ihrer Folien-»Leinwand« in Drittel ist beispielsweise eine einfache Möglichkeit, sich den Proportionen des Goldenen Schnitts zumindest anzunähern. Zudem können Sie das Raster einsetzen, um Elemente auszurichten und dem Gesamtdesign Ausgewogenheit, einen klaren Fluss und ein deutliches Hauptaugenmerk zu verleihen – ebenso wie einen natürlichen Zusammenhalt und eine ästhetische Qualität, die nicht zufällig, sondern gestalterisch gewollt sind.

Die folgenden drei Seiten enthalten mehrere Folien aus verschiedenen Präsentationen, die ein asymmetrisches und doch sehr ausgewogenes Layout einsetzen. Sehen wir uns zunächst einige Vorher-/Nachher-Folien an, die den Unterschied zwischen einem symmetrischen Layout und einem eher asymmetrischen, aber ausgewogenen, dynamischen, filmischen Layout veranschaulichen.

VORHER ▼

NACHHER ▼

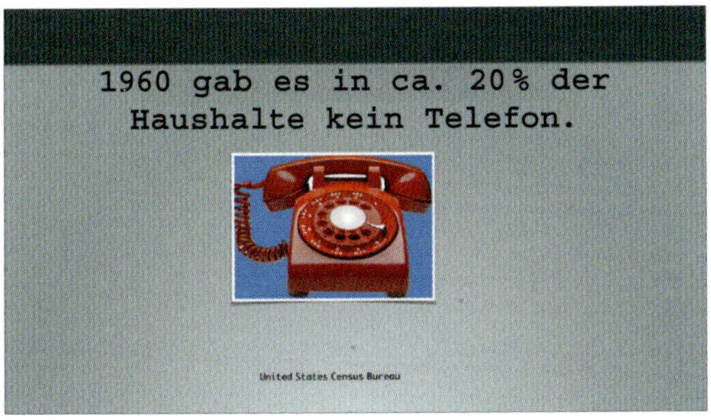

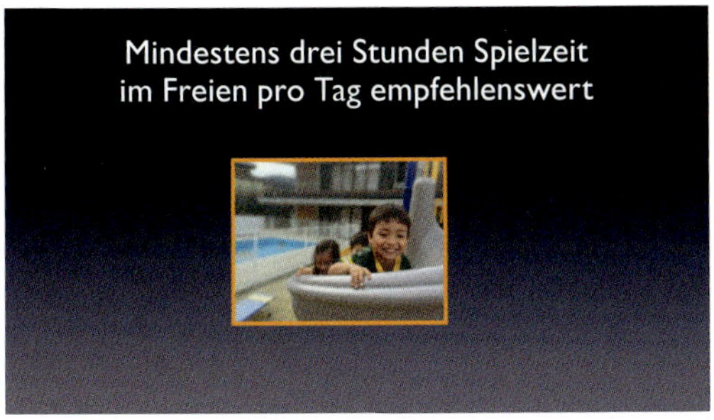

VORHER ▼

NACHHER ▼

Die linke Abbildung zeigt keine Folie, sondern ein Bild von Hokusai Katsushika (1760–1849): »Red Fuji« aus der ukiyo-e-Serie namens Sechsundreißig Ansichten des Berges Fuji. *Ich habe den Druck mit einem aus neun Feldern bestehenden Raster überlagert, um zu zeigen, wie die Drittelregel in der Komposition zum Tragen kommt. Bedenken Sie, dass die Drittelregel gar keine Regel ist, sondern nur eine Richtschnur. In dieser Eigenschaft ist sie aber sehr nützlich, wenn Sie ein ausgewogenes und doch asymmetrisches Erscheinungsbild anstreben. Unten sehen Sie Präsentationsfolien, die entweder mithilfe eines Neuner-Rasters oder einfach mit der Drittelregel im Hinterkopf beim Platzieren und Zuschneiden der Fotos und beim Arrangieren der Elemente entstanden.*

Entwickeln Sie Ihren eigenen visuellen Stil. Lassen Sie ihn einzigartig für sich selbst und zugleich erkennbar für andere sein.

– Orson Welles

Die Großen Vier: Kontrast, Wiederholung, Ausrichtung, Nähe

Diese vier Prinzipien – Kontrast, Wiederholung, Ausrichtung und Nähe – sind nicht alles, was es über Grafikdesign zu wissen gilt. Wenn Sie aber diese einfachen, miteinander verwandten Konzepte verstehen und sie auf das Foliendesign anwenden, können Sie viel wirkungsvollere und befriedigendere Designs erhalten.

Kontrast

Kontrast bedeutet nichts weiter als Unterschied. Und, warum auch immer, wir alle sind darauf programmiert, Unterschiede zu erkennen – vielleicht glaubt unser Gehirn, dass wir uns immer noch in der Savanne befinden und nach wilden Raubtieren spähen. Wir sind uns dessen nicht bewusst, aber wir suchen ständig nach Gemeinsamkeiten und Unterschieden. Kontrast ist, was uns auffällt und was einem Design seine Energie verleiht. Sie sollten also nicht miteinander identische Elemente deutlich unterschiedlich gestalten, nicht nur ein wenig unterschiedlich.

Kontrast ist eines der wirkungsvollsten Designkonzepte, weil sich wirklich jedes Designelement in Kontrast zu einem anderen stellen lässt. Kontrast können Sie auf viele unterschiedliche Weisen erzeugen – etwa durch Änderung des Raums (nah und fern, leer und gefüllt), durch Farbwahl (dunkel und hell, kalt und warm), durch Schriftwahl (Serifen- und serifenlose Schriften, fett und mager, durch die Platzierung von Elementen (oben und unten, isoliert oder gruppiert) und so weiter.

Durch Einsatz von Kontrast können Sie ein Design erstellen, in dem ein Element eindeutig dominiert. Das erleichtert es dem Betrachter, den »Sinn« des Designs schnell zu erfassen. Jedes gute Design verfügt über ein starkes und deutliches Hauptaugenmerk. Es ist hilfreich, klare Kontraste zwischen den Elementen zu wahren und ein Element deutlich in den Vordergrund zu rücken. Wenn allen Elementen eines Designs dasselbe oder ein ähnliches Gewicht zukommt, ist es für den Betrachter schwierig herauszufinden, wohin er blicken soll. Kontraststarke Designs wecken Interesse und erleichtern dem Betrachter das Verständnis des Gesehenen. Schwacher Kontrast ist nicht nur langweilig, sondern er kann auch verwirrend sein.

Jedes einzelne Element eines Designs – wie eine Linie, Form, Farbe, Textur, Größe, Entfernung oder Schrift – lässt sich verändern, um Kontrast zu erzeugen. Die nächste Seite vergleicht Folien mit guter Nutzung von Kontrasten und solche mit schwächerem Kontrast.

Auf der Leinwand oben sehen wir sechs Bilder derselben Person, aber unser Blick bleibt unwillkürlich am Bild der zweiten Gestalt von links haften. Diese Person unterscheidet sich in der Art und Farbe ihrer Kleidung, hinsichtlich ihrer Attitude und ihrer ... Körperhaltung. Auf der rechten Seite sehen Sie Vorher-Nachher-Beispiele von Folien, deren schwacher Kontrast verstärkt wurde.

SCHWACHER KONTRAST

BESSERER KONTRAST

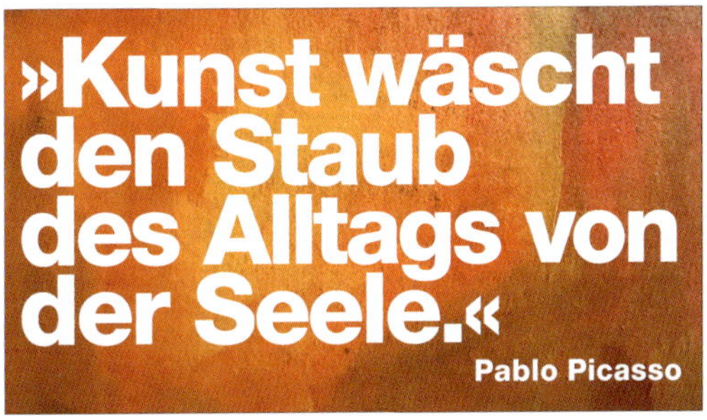

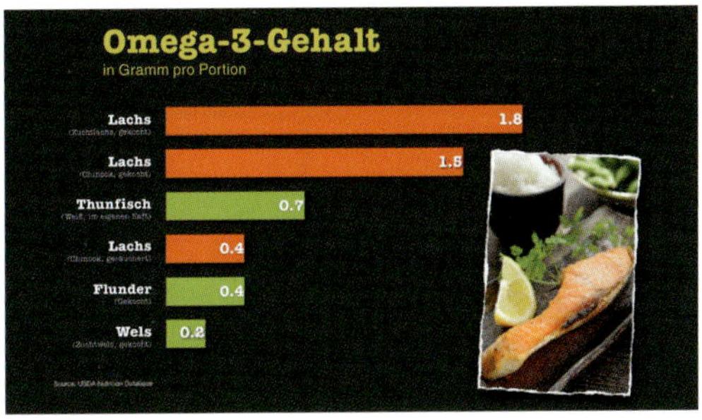

Wiederholung

Das Prinzip der Wiederholung bedeutet nichts weiter als die mehrfache Verwendung derselben oder ähnlicher Elemente innerhalb des gesamten Designs. Durch die Wiederholung bestimmter Designelemente auf einer Folie oder innerhalb eines Foliensatzes ergibt sich ein klarer Eindruck von Einheit und Zusammenhalt. Geht es beim Kontrast darum, Unterschiede aufzuzeigen, so ist es Ziel der Wiederholung, Elemente dezent einzusetzen, um sicherzustellen, dass ein Design als Teil eines größeren Ganzen angesehen wird. Wenn Sie eine vorgefertigte Vorlage aus Ihrer Präsentationssoftware verwenden, dann ist die Wiederholung bereits in Ihre Folien eingebaut. Ein gleichbleibender Hintergrund und die gleichbleibende Verwendung von Schriften erhöhen beispielsweise die Einheitlichkeit innerhalb eines Foliensatzes.

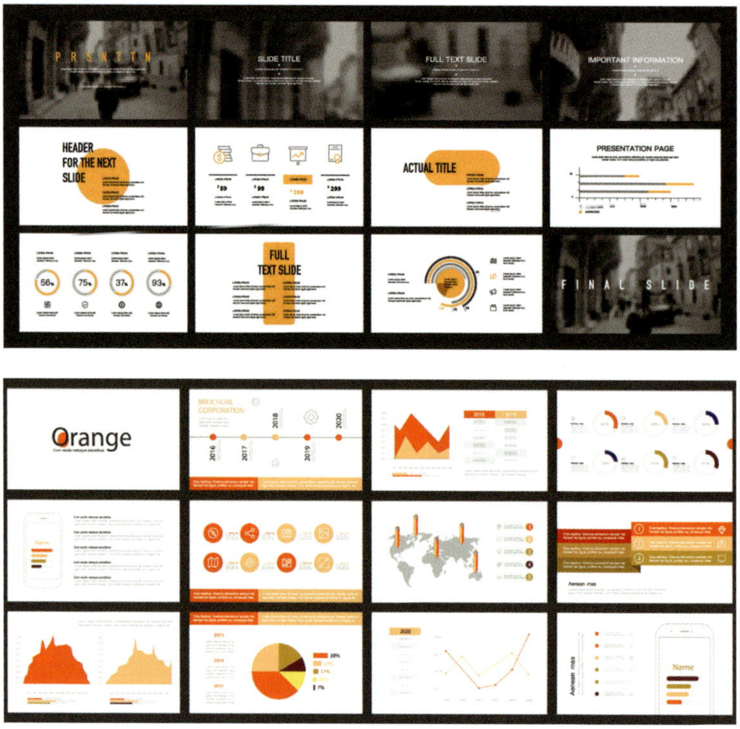

Oben sehen Sie zwei Beispielvorlagen von shutterstock.com, die veranschaulichen, wie sich wiederholende visuelle Elemente in einem Foliensatz zu einem einheitlichen Erscheinungsbild führen: Beachten Sie die gleichbleibende Verwendung von Farben, Formen, Schriften, Fotos und Diagrammen im gesamten Foliensatz. Zu den Online-Ressourcen mit umfassendem Angebot an qualitativ hochwertigen Präsentationsvorlagen gehören Canva (www.canva.com) und Creative Market (www.creativemarket.com).

Ausrichtung

Hinter dem Prinzip der Ausrichtung steht nichts weiter als die Aussage, dass nichts in Ihrem Folienlayout so aussehen sollte, als sei es zufällig platziert worden. Alle Elemente sind mit einer unsichtbaren Linie visuell untereinander verbunden. Wo sich die Wiederholung eher auf die Elemente des gesamten Foliensatzes bezieht, geht es bei der Ausrichtung darum, Geschlossenheit unter den verschiedenen Elementen einer einzelnen Folie zu erzielen. Selbst auf einer Folie relativ weit voneinander entfernte Elemente sollten eine visuelle Verbindung zueinander aufweisen. Das erzielen Sie leichter mithilfe von Rastern. Wenn Sie Elemente auf einer Folie platzieren, versuchen Sie diese an einem bereits vorhandenen Element auszurichten.

Viele Leute haben Schwierigkeiten mit der Anwendung des Ausrichtungsprinzips, was häufig zu beinahe – aber nicht vollständig – ausgerichteten Elementen führt. Das mag nicht weiter schlimm erscheinen, doch diese Art von Folien wirkt insgesamt weniger elegant und professionell. Dem Publikum mag es gar nicht bewusst sein, doch Folien mit ausgerichteten Elementen sehen aufgeräumter aus. Und Folien mit ausgerichteten Elementen sollten, soweit auch andere Prinzipien harmonisch angewendet wurden, einfacher und schneller zu verstehen sein.

Nähe

Beim Prinzip der Nähe geht es darum, Dinge näher zusammen oder weiter auseinanderzurücken, um ein aufgeräumteres Erscheinungsbild zu erhalten. Das Prinzip besagt, dass miteinander verwandte Dinge zu Gruppen zusammengefasst werden sollten, damit sie als Gruppe betrachtet werden können und nicht als einzelne Elemente ohne gegenseitige Verbindung. Bei auseinanderliegenden Elementen werden Betrachter davon ausgehen, dass zwischen ihnen kein engerer Zusammenhang besteht. Im Fall nahe beisammenliegender Elemente tendieren sie hingegen dazu, diese zu einer einzigen Gruppe zusammenzufassen.

Teilnehmern aus dem Publikum sollte es niemals Mühe bereiten, herauszufinden, welche Bildunterschrift zu einer Grafik gehört oder ob eine Textzeile einen Untertitel darstellt oder für sich alleine steht. Verlangen Sie dem Publikum keine Denkarbeit ab. Das heißt, lassen Sie es nicht über die falschen Dinge »nachdenken«, wie etwa die Entschlüsselung Ihres Folienaufbaus oder Ihre Designprioritäten. Eine Folie ist keine Buch- oder Zeitschriftenseite, deshalb enthält sie nur einige wenige Elemente oder Elementgruppen. Achten Sie bei der Betrachtung Ihrer Folie darauf, was Ihren Blick als Erstes, Zweites und so weiter anzieht. Welchem Pfad folgt er?

Dieser Titelfolie fehlt eine Designpriorität. Wegen mangelnder Anwendung von Ausrichtung und Nähe scheint die Folie aus fünf unterschiedlichen Elementen zu bestehen.

Diese Folie setzt auf eine symmetrische Ausgewogenheit. Das Näheprinzip wurde hier besser verwirklicht, miteinander verwandte Elemente stehen nun deutlich beisammen. Durch Anpassung der Schriftgrößen und -farben ergibt sich ein stärkerer Kontrast und eine klare Designpriorität.

Diese beiden Folien zeigen, wie durch die rechtsbündige Ausrichtung aller Elemente eine starke unsichtbare Linie entsteht, die alle Elemente auf eine Weise miteinander verbindet, die im Vergleich zum üblichen symmetrischen Titel interessanter ist. Schriften und Farben sind ebenfalls darauf abgestimmt, den Kontrast zu verstärken und mehr Interesse zu wecken. Der rote Punkt im Titel schafft eine Verbindung zum unten platzierten Logo.

VORHER ▼

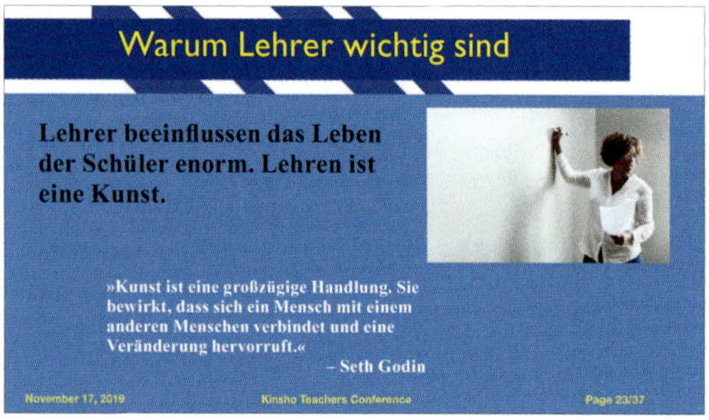

Der Text ist immerhin gut lesbar, allerdings lässt die Ausrichtung zu wünschen übrig und die Folie wirkt unübersichtlich.

NACHHER ▼

Ein Großteil des Textes wurde weggelassen, da der Vortragende nur das Zitat darzustellen brauchte. Der Blick des Betrachters richtet sich vielleicht zuerst auf die Lehrerin, wandert dann aber nahtlos zum Text weiter. Zwar schaut die Lehrerin vom Text weg, aber ihr Körper ist dem Zitat zugewandt.

Dies ist keine ungewöhnliche Folie, aber braucht es hier wirklich eine Liste? Solche Folien haben die Zuschauer schon millionenfach gesehen, warum also nicht etwas Größeres und Gewagteres ausprobieren?

Anstatt Stichpunkte aufzulisten, bleibt diese Folie die ganze Zeit über geöffnet, während der Präsentator über die Vorzüge von Planks referiert.

Diese schlichte Folie ist gut lesbar, sie macht aber keinen guten Gebrauch vom Prinzip der Nähe und wirkt aufgrund der schlechten Positionierung und Typografie und eines Fotos mit einem weißen Hintergrund, der viel Aufmerksamkeit auf sich zieht und Rauschen erzeugt, recht unübersichtlich.

Die Schriftart wirkt informell und passt damit zum Zitat. Die Farbe der Anführungszeichen stammt aus dem rosa Donut. Der Folienhintergrund wurde in Weiß abgeändert, um einen sauberen Look zu bekommen. Damit wird auch der problematische Hintergrund des Donut-Fotos beseitigt. Die Donuts ragen über den Bildrand hinaus und vermitteln so ein dynamischeres Gefühl.

VORHER

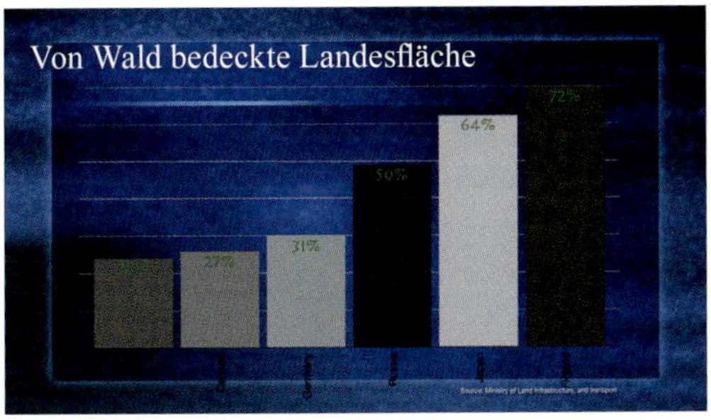

Die Datenmenge in der unteren Folie ist nicht übermäßig groß, aber die Balken sind grundlos unterschiedlich gefärbt. Es ist unmöglich, die Ländernamen zu erkennen, denn der Text ist zu klein und verläuft zudem senkrecht.

NACHHER

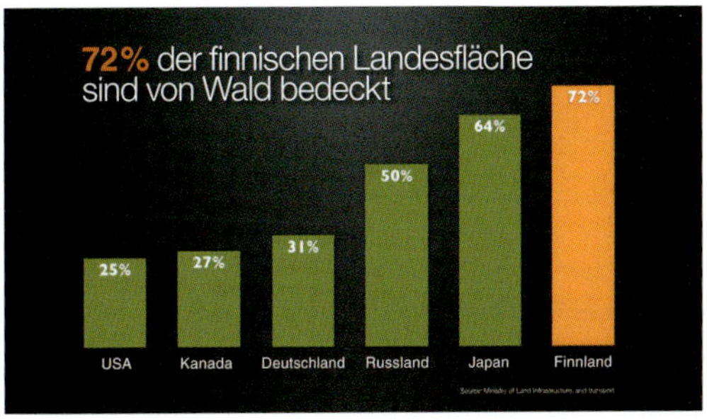

Der Text und die Daten sind besser zu erkennen, wenn der Kontrast zwischen Vorder- und Hintergrund verstärkt wird. Die Farben werden zielgerichtet eingesetzt, in diesem Fall, um die Aufmerksamkeit auf Finnland zu lenken, und die unnötigen Rasterlinien werden entfernt.

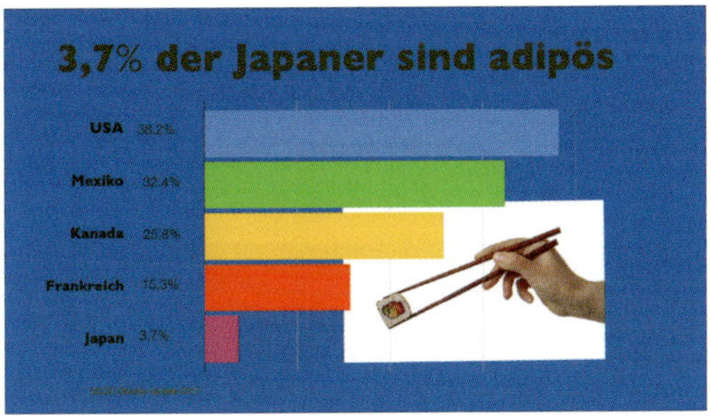

Hier verschlechtert die Hintergrundfarbe die Lesbarkeit des Texts. Für die unterschiedlichen Balkenfarben in der Grafik gibt es keinen Grund. Der weiße Hintergrund des Sushi-Fotos führt zu unnötigem Rauschen auf der Folie.

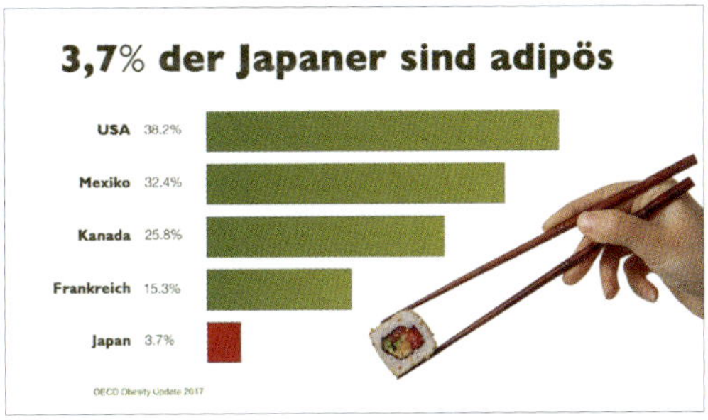

In dieser Version »verschwindet« der Hintergrund des Sushi-Bilds im weißen Folienhintergrund. Der Text, die Balken und der Hintergrund ergeben nun einen deutlich besseren Kontrast und die Lesbarkeit wird verbessert. Der Schwerpunkt liegt auf Japan, sodass dieser Balken eine andere Farbe erhält als die übrigen (und das Rot passt zu einer der Sushi-Zutaten).

VORHER ▼

Diese Art Folie ist nicht ungewöhnlich. Sie leidet jedoch unter typischen Problemen wie einem allgemeinen Titel, unterstrichenem Text und einer kleinen Grafik, die die Botschaft des Vortragenden nicht verstärkt. Gelber Text auf dieser Art von blauem Hintergrund wurde zuvor schon millionenfach gezeigt.

NACHHER ▼

Hier sehen Sie dieselbe Botschaft wie auf der linken Folie. Allerdings ist das Bild jetzt groß und kräftig und es zeigt das Müllproblem so, dass die Erzählung des Präsentators auf eine intuitivere Weise illustriert und verstärkt wird. Die Schrift ist grobkörnig und die Hervorhebung (grün) passt raffiniert zum Farbton der grünen Plastikflaschen.

Sowohl das Foto als auch das Zitat sind legendär, und doch fehlt es dieser Folie an Durchschlagskraft oder dramatischer Wirkung. Der Hintergrund sieht sehr nach Vorlage aus, zudem ist er zu unruhig und erschwert die Textlesbarkeit. Die Schrift ist ein Schlamassel, das Zitat erscheint in Form zweier Stichpunkte. Alle Elemente auf der Folie sind zentriert, was zu eingeschlossenen Räumen führt. Obwohl sie nur wenige Elemente enthält, wirkt die Folie überladen.

Die Schrift ist deutlich und groß. Das Foto ist groß und wirksam. Es nimmt das linke Foliendrittel ein und reicht rechts bis an den Rand. Störende Hintergrundelemente des Fotos wurden beseitigt. JFKs Blick geht in Richtung des Zitats. Naturgemäß werden die meisten Betrachter zunächst das Gesicht ansehen und von dort sanft zur Schrift weitergeleitet.

VORHER ▼

NACHHER ▼

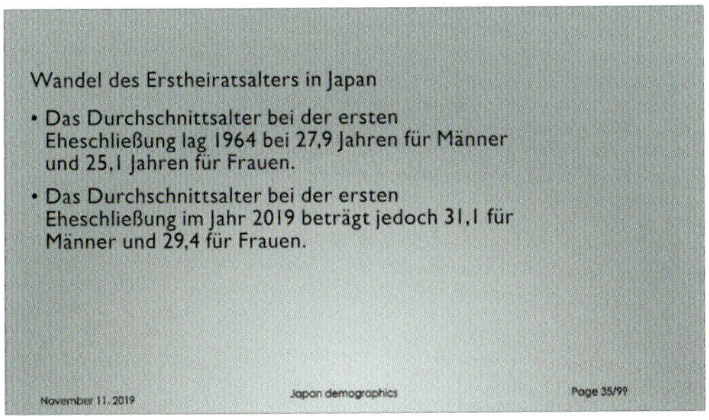

Die obere Vorher-Folie enthält einen Titel und zwei Aufzählungspunkte. Diese Folie wurde in zwei visuelle Folien aufgeteilt. Das 1964-Folie oben rechts ist in Schwarzweiß gehalten und wird in die 2019-Farbfolie überblendet, was einen stärkeren Kontrast ermöglicht.

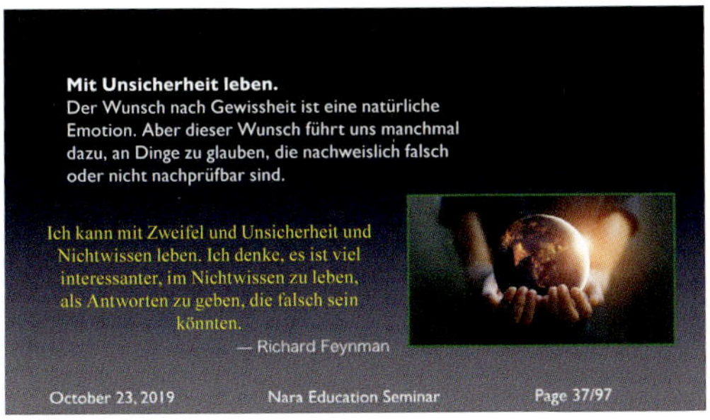

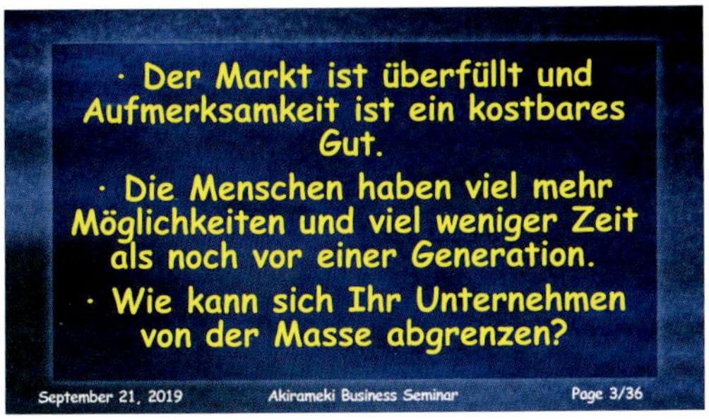

Die Folien auf der linken Seite wurden vereinfacht und visuell ansprechender gestaltet, um die Botschaft des Präsentators besser zu unterstützen.

Je auffälliger Ihre Präsentation wirkt, desto mehr Menschen werden sich an sie erinnern. Und, was noch wichtiger ist – die Menschen werden sich an Sie erinnern.

– Paul Arden

Zusammenfassung

- Design ist wichtig. Es geht dabei aber nicht um Dekoration oder Verzierung. Design hat das Ziel, Kommunikation für den Betrachter so einfach und deutlich wie möglich zu machen.
- Denken Sie immer an das Prinzip des Signal-/Rauschverhältnisses und entfernen Sie alle unwesentlichen Elemente. Schaffen Sie visuellen Müll beiseite. Vermeiden Sie 3D-Effekte.
- An visuelle Eindrücke erinnern wir uns besser als an Stichpunkte. Fragen Sie sich immer, wie Sie starke Bilder – auch quantitative Grafiken – zur Unterstützung Ihrer Ausführungen einsetzen können.
- Leerraum ist nicht Nichts; er ist ein wirkungsvolles Etwas. Lernen Sie, Leerraum zu sehen und zu formen, um Ihren Folien zu mehr Ordnung, Klarheit und Publikumsinteresse zu verhelfen.
- Verwenden Sie qualitativ hochwertige Fotos, die eine starke Wirkung haben und die leicht zu sehen und zu begreifen sind. Ziehen Sie den Einsatz vollflächiger Bilder in Erwägung und platzieren Sie Ihre Textelemente in möglichst einfacher und ausgewogener Weise darüber.
- Setzen Sie das *Kontrastprinzip* ein, um starke dynamische Unterschiede zwischen unterschiedlichen Elementen zu erzeugen. Wenn etwas anders ist, dann lassen Sie es *sehr* anders sein.
- Setzen Sie das *Wiederholungsprinzip* ein, um ausgewählte Elemente in Ihren Folien immer wieder zu wiederholen. Ihre Folien können so einheitlicher und strukturierter wirken.
- Setzen Sie das *Ausrichtungsprinzip* ein, um Folienelemente optisch miteinander zu verknüpfen. Unsichtbare Rasterlinien sind zum Erzielen einer guten Ausrichtung sehr hilfreich. Mit einem Raster erhalten Sie ein sauberes, aufgeräumtes Erscheinungsbild.
- Setzen Sie das *Näheprinzip* ein, um sicherzustellen, dass miteinander verwandte Elemente zu Gruppen zusammengefasst sind. Wir tendieren dazu, nahe beieinanderliegende Elemente in dieselbe Gruppe einzuordnen.

7

Beispielfolien: Bilder & Text

Wir wissen nun, was eine wirkungsvolle Folie ausmacht und wie wir Prinzipien wie Einfachheit, Kontrast oder Leerraum aufgreifen und für uns nutzen können. Wenn Sie visuelle Harmonie auf Ihren Folien erreichen, verbessert sich dadurch ganz natürlich das Design und damit auch die Gesamtpräsentation. Ihre Präsentationsfolien sollten fesselnd und ein »Teil der Show« sein; aber sie müssen auch leicht und schnell verständlich sein. Wenn Sie komplexe Sachverhalte erläutern müssen, dann präsentieren Sie nicht die gesamte Information auf einmal. Animieren Sie stattdessen die einzelnen Teile Ihres Diagramms oder Schaubilds in logischen und klaren Schritten. Einfachheit, Zurückhaltung und Harmonie sollten bei der Gestaltung von Folien und anderen Multimedia-Materialien im Vordergrund stehen.

Grafiken auf Präsentationsfolien müssen fehlerfrei und präzise sein. Aber unsere Folien rufen auch eine gefühlsmäßige Reaktion beim Publikum hervor, ob wir das nun wollen oder nicht. Die Leute beurteilen sofort, ob etwas attraktiv, vertrauenswürdig, professionell oder beispielsweise zu glatt wirkt. Das ist eine instinktive Reaktion – und die ist sehr wichtig. Das oberste Ziel sollte nicht sein, dass die Folien einfach gut aussehen. Das Ziel ist Klarheit. Wenn Sie sich bei der Foliengestaltung jedoch stets an die Prinzipien von Einfachheit und Selbstbeschränkung sowie an die in Kapitel 6 erläuterten Designregeln halten, dann werden Ihre Folien auch attraktiv aussehen und Ihre Präsentation wird dadurch insgesamt wirkungsvoller.

Noch mal: Füllen Sie die Leinwand

Füllen Sie die Leinwand aus und verwenden Sie leicht zu erkennende Designelemente.

Bei den meisten Präsentationsfolien ist der Text etwa nicht zu groß, sondern viel zu klein. Bei größeren Präsentationen auf Konferenzen, in Seminarräumen und Hörsälen sollten Sie den Text sinnvollerweise so groß gestalten, dass er sofort zu verstehen ist und zugleich eine unmittelbare visuelle Wirkung entfaltet. Das ist keine Spielerei. Denken Sie daran, dass die Leute gekommen sind, um Ihnen beim Reden zuzuhören – und die visuelle Darstellung kann Ihre Punkte dabei veranschaulichen und untermauern – aber niemand ist gekommen, um eine Reihe von Folien durchzulesen oder Ihnen beim Ablesen zuzuhören. Denken Sie bei der Gestaltung Ihrer Folien an die hintersten Sitzreihen im Raum.

Präsentationsleinwände für Keynote-Vorträge auf Konferenzen oder in großen Hörsälen haben viel mit Verkehrsschildern oder Werbetafeln gemeinsam. In ihrem Buch Slide:ology (O'Reilly Media) stellt meine Freundin Nancy Duarte fest, dass gute Folien ähnlich wie Straßenschilder sind – das Publikum sollte in der Lage sein, ihre Bedeutung in kürzester Zeit zu erfassen: »Präsentationen sind eher mit Werbetafeln als mit anderen klassischen Medien verwandt ... Stellen Sie sich die Frage, ob sie Ihre Botschaft innerhalb von drei Sekunden wirkungsvoll vermitteln.«

Genau wie eine Reklametafel müssen die Elemente einer Folie, einschließlich der Schrift, groß genug sein, um aus der Entfernung sofort wahrgenommen und verstanden zu werden. Es darf nicht passieren, dass die Leute im Publikum die Augen zusammenkneifen müssen. Stellen Sie alleses groß und deutlich dar.

Dies ist die Titelfolie einer 90-minütigen Präsentation, die ich in einem großen Vortragssaal in der Stadt Ikoma in Nara vor etwa 400 Teilnehmern gehalten habe. Das Foto entstand während der Probe, als ich gerade mit meinen beiden Kindern auf der Bühne spielte. Wie Sie sehen, haben wir das Projektionssystem sehr sorgfältig so eingestellt, dass unsere 16:9-Folien die gesamte Leinwand ausfüllten. Viel zu oft leidet die visuelle Wirkung bei Vorträgen darunter, dass der Projektor so eingestellt ist, dass die Bilder nur einen Teil anstelle der gesamten Leinwand ausfüllen.

Dieses Foto entstand bei der Probe einer anderen Präsentation in einem großen Saal in Japan. Bei den Vorbereitungen stellten wir fest, dass die 16:9-Folien die Leinwand nur etwa zur Hälfte ausfüllten. Wir mussten uns mit dem technischen Personal beraten, das die Projektoreinstellungen schließlich so anpassen konnte, dass die Leinwand ausgefüllt wurde. Die Mitarbeiter sagten, dass sich bisher noch nie jemand beschwert habe und dass die geringere Bildgröße in der Vergangenheit bisher einfach akzeptiert wurde. Ich empfehle Ihnen dringend, sich mit den Leuten an Ihrem Veranstaltungsort zu besprechen, falls Sie den Bildschirm oder den Projektor nicht selbst bedienen können. Stellen Sie sicher, dass das projizierte Bild so groß wie möglich ist. Das größere Format verstärkt die Wirkung und macht es für Ihr Publikum angenehmer.

Hier halte ich in einem Hörsaal mit etwa 300 Studenten und Dozenten einen Vortrag für eine Universität in der Nähe von Tokio. Die Folien füllten die Leinwand während der Vorbereitungen nicht vollständig aus, aber nachdem sich das Personal ein wenig mit dem Projektor auseinandergesetzt hatte, erhielten wir ein leinwandfüllendes Bild. Da ich grundsätzlich auf Laserpointer verzichte, zeige ich hier selbst auf ein wichtiges Element auf der Leinwand. Zu neunundneunzig Prozent befinde ich mich auf einer der beiden Seiten der Leinwand oder vorne in der Mitte, aber gelegentlich ist es akzeptabel, »in die Folie hineinzugehen«.

Vom Text zum Bild: Unzählige Möglichkeiten

Ihr Publikum hat keine Lust, auf eine mit Text gefüllte Leinwand zu starren und Ihnen gleichzeitig beim Reden zuzuhören. Für welche Art der visuellen Präsentation Ihrer Informationen Sie sich entscheiden, hängt allerdings von Ihnen ab. Es gibt nicht nur eine, sondern unzählige Möglichkeiten, Ihre Informationen so zu präsentieren, dass sie Ihre Botschaft vervollständigen und unterstreichen. Stellen Sie sich beispielsweise vor, Sie wollen einfach darauf hinweisen, dass in Japan heute viel weniger Reis gegessen wird als vor 55 Jahren. Am einfachsten wäre es, einfach ein paar Zeilen Text auf die Folie zu tippen. Aber »einfach für Sie« heißt nicht, dass die visuelle Darstellung für das Publikum überzeugend oder einprägsam wäre. Deshalb zeige ich hier vier verschiedene Möglichkeiten auf, Folien so umzugestalten, dass sie diese Aussage zum Reiskonsum untermauern.

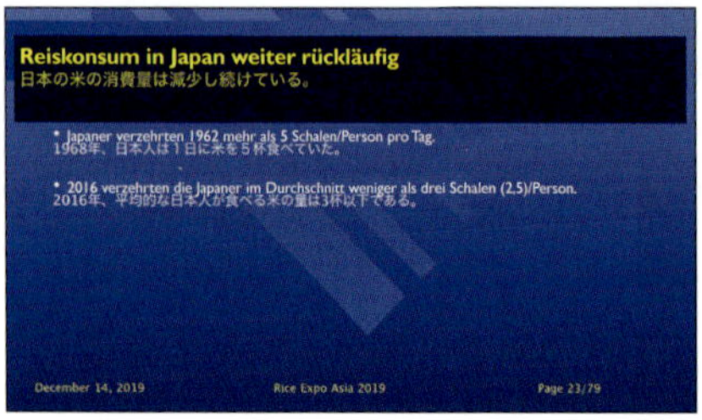

Diese Folie ist zwar am leichtesten zu erstellen, aber sie schafft es nicht, (1) die Aufmerksamkeit oder das Interesse des Publikums zu wecken, (2) den Sachverhalt verständlicher zu machen (obwohl er in diesem Fall nicht allzu kompliziert ist) und (3) die Botschaft im Gedächtnis zu verankern. Bei der ersten Umgestaltung werden die Daten tatsächlich visualisiert – als 5,4 und 2,5 Reisschalen. Bei zweisprachigen Folien ist es außerdem wichtig, nicht beide Sprachen gleich groß darzustellen. Das zweite Redesign (unten) zeigt ebenfalls die Schalen, diesmal aber mit zusätzlichen Bildern, die die Aussagen des Redners bezüglich der Ernährungsumstellung von den 1960er Jahren hin zur gegenwärtigen Ernährung mit einem höheren Brotanteil visuell unterstützen.

UMGESTALTUNG (1)

UMGESTALTUNG (2)

UMGESTALTUNG (3)

UMGESTALTUNG (4)

Die dritte Version oben auf der Seite entspricht im Grunde der zweiten, aber dieses Mal wird ein 1962 aufgenommenes Foto eines schlanken japanischen Mannes (mein Schwiegervater) dem Bild eines kräftigeren Mannes aus der heutigen Zeit gegenübergestellt. Dies soll den Vormarsch des Metabolischen Syndroms in Japan in den letzten Jahrzehnten veranschaulichen. Bei der vierten Umgestaltung werden erneut Bilder eingesetzt, um die Schilderung des Präsentators zu unterstreichen, in der er den Wandel der Ernährung und des Lebensstils in Japan über fünf Jahrzehnte hinweg beschreibt. Das einfache Diagramm auf der rechten Seite ist eine weitere Möglichkeit, einige der Punkte zu veranschaulichen, die der Präsentator im Zusammenhang mit den Veränderungen der japanischen Essgewohnheiten ansprechen will.

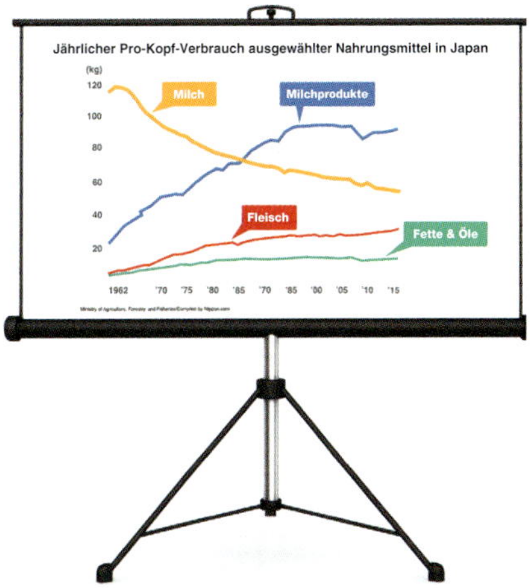

Mit hochformatigen Fotos umgehen

Während ich dies schreibe, haben über fünf Milliarden Menschen Zugang zu einer Kamera in Form eines Smartphones oder eines anderen Mobilgeräts. Ein gewaltiger Prozentsatz der Menschen, die heute fotografieren – und das ist praktisch jeder – hat das bislang nur mit einem Fotohandy getan. So entstand eine Fülle von Bildern und Videos, die im Hochformat und nicht im breiteren Querformat aufgenommen wurden. Das ist kein Problem, es sei denn, das Bild oder Video soll in einer Präsentation auf einer Breitbildleinwand oder einem Fernsehbildschirm gezeigt werden. Nachrichtensendungen stehen beispielsweise häufig vor diesem Dilemma, da sie oft von Zuschauern übermitteltes Material zeigen, die es mit ihrem Handy aufgenommen haben.

Wie gehen Sie also in einer querformatigen Welt mit einem Bild im Hochformat um? Eine Möglichkeit besteht darin, das Foto zu vergrößern und so zuzuschneiden, dass es den Bildschirm ausfüllt. Wenn das nicht möglich ist, weil dabei wichtige Elemente verloren gehen oder die Qualität zu sehr darunter leiden würde, dann haben Sie womöglich keine andere Wahl, als das Foto im Hochformat zu zeigen. Dabei entstehen jedoch Ränder an den Seiten, die unprofessionell aussehen oder sogar ablenkend wirken können. Aber es gibt eine einfache Lösung. Eine gängige Technik besteht darin, eine Kopie des Originalbildes anzufertigen und so weit zu vergrößern, dass sie den Bildschirm in der Breite vollständig ausfüllt. Diese Kopie legen Sie nun hinter Ihre eigentliches Bild, allerdings nicht, ohne sie zuvor in Ihrer Präsentations- oder Bildbearbeitungssoftware weichzuzeichnen. Sie können die Position des Hintergrundbilds und den Grad der Unschärfe nach Belieben justieren.

In dieser oben gezeigten Folie lenkt die Hintergrundvorlage ab und das Bild wirkt schmal.

Hier wird das Originalfoto vergrößert, weichgezeichnet und dann in den Hintergrund gelegt. Die Farben und die Kulisse des unscharfen Hintergrunds passen natürlich, da sie vom selben Bild stammen.

Wenn in einem bildfüllenden Foliensatz plötzlich eine Folie mit hellen weißen Hintergrundbereichen auftaucht, kann das sehr irritierend sein.

Hier erkennen Sie, welche Bereiche der unscharfen Version oben und unten abgeschnitten werden.

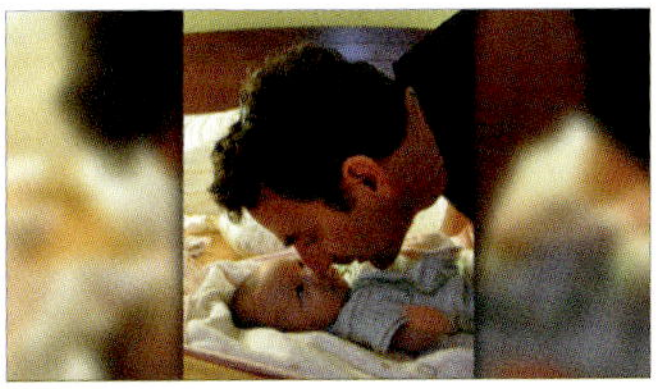

Hinsichtlich des Signal-/Rausch-Verhältnisses ist das hochformatige Bild in der Originalfolie mit den weißen, klotzigen Rändern vielleicht sauberer, aber diese Version wirkt professioneller und zugleich auch größer.

VORHER ▼

NACHHER ▼

Aufgrund der horizontalen Ausdehnung der Balustrade im Hintergrund entsteht beim Vergrößern und Weichzeichnen des Bildes den Eindruck, dass das kleine Bild den gesamten Bildschirm ausfüllt.

Hier wurde keine besondere Bearbeitung vorgenommen, um die Bilder zu überlagern. Durch einfaches Vergrößern und Weichzeichnen des Originalbildes erscheint es bereits fast so, als wäre das Foto im Querformat aufgenommen worden.

Gegen die erste Folie ist nichts einzuwenden, aber die zweite Version ist stimmungsvoller und beeindruckender.

Dies ist ein Video, das im Hochformat aufgenommen wurde. In diesem Fall habe ich einfach nur ein weichgezeichnetes Standbild aus dem Clip in den Hintergrund gelegt.

Ebenen und Transparenzeffekt

Die meisten Präsentationsprogramme bieten Ihnen Funktionen, mit denen Sie Ihr Bild ganz oder teilweise bearbeiten können. Dazu gehört auch die Möglichkeit, einen Bildteil transparent zu machen, sodass Elemente eines anderen Bilds im Hintergrund durchscheinen können. Wählen Sie in PowerPoint das Werkzeug »Freistellen«, um den gewünschten Teil eines Bildes zu entfernen. In Keynote gelingt Ihnen das mit dem Instant-Alpha/Transparenz-Werkzeug. Unten und auf der gegenüberliegenden Seite sehen Sie einige Beispiele, wie Sie mit lokalen Transparenzen im Bild einen interessanten Effekt erzielen können.

Hier wurden drei verschiedene Fotos in die Folie eingefügt . Mit dem Transparenz-Werkzeug in Keynote (»Freistellen« in PowerPoint) habe ich die Hintergrundfarbe und die Farbe des Fernsehbildschirms aus dem Bild des alten Fernsehgeräts entfernt.

Hier habe ich das Hintergrundbild auf die hintere Ebene gelegt. Das kleine Bild mit der Chipstüte platzierte ich darüber. Den jetzt transparenten Fernsehbildschirm legte ich schließlich über die Chips-Ebene, um das Bild mit der Chipstüte wie einen Werbespot aussehen zu lassen. Schließlich fügte ich auf der obersten Ebene noch den Text und die Pfeil-Elemente hinzu.

Auf dieser Folie ist das Bild hinter dem Fernseher kein Foto, sondern ein richtiges Video (aus einem alten 8-mm-Film aus den 1960er Jahren), wodurch die Folie wirklich sehr viel mehr Aufmerksamkeit erregt und die Zuschauer in der Zeit zurückversetzt.

Sie können Ihre eigenen visuellen Designs oder Vorlagen erstellen. In diesem Fall habe ich für eine Präsentation über »Japan im Wandel« ein altes Fotoalbum nachgebildet, das Bilder und Videos aus längst vergangenen Zeiten enthält. Diese Folie besteht aus einem Hintergrundfoto und einem Video. Der Hintergrund ist das Foto einer Seite aus einem alten Fotoalbum meiner Schwiegermutter. Ich habe den Bildrahmen beibehalten, aber den Inhalt des alten Fotos transparent gemacht, sodass das Video durchscheinen kann.

Wenn die Folie zum ersten Mal erscheint, denken die Zuschauer vielleicht, dass es sich um ein Foto vom Fujiyama und einem Reisfeld handelt, aber mit einem Klick auf meine Fernbedienung startet das Video und zeigt einen vorbeirasenden Shinkansen-Hochgeschwindigkeitszug, während sich die Einstellung des mit einer Drohne aufgenommenen Videos über das Feld bewegt.

Diese Aufnahme eines Fotoalbums habe ich gekauft, weil sich die vollfarbig weißen Fotorahmen mithilfe einer Software leicht transparent machen lassen. Ich wollte dort später einige präsentationsspezifische Inhalte einfügen.

Diese Folie gibt einen kleinen Einblick in meine Kindheit. Auf den ersten Blick scheint sie ein Bild eines Fotoalbums mit drei Bildern aus meiner Vergangenheit zu zeigen. Aber tatsächlich habe ich hinter den transparenten Rahmen des Fotoalbumbilds drei (aus 8-mm-Film konvertierte) Videoclips platziert. Jedes der »Fotos« wird innerhalb seines Bilderrahmens zu einem Videoclip, sobald ich auf die Fernbedienung drücke.

Kontrast und Weichzeichnereffekt

Manchmal wollen Sie ein Foto für eine gewisse Zeit in voller Bildgröße zeigen, bevor dann darüber der entsprechende Text erscheint. Eine Möglichkeit, einen besseren Kontrast zu erzielen und den Text besser lesbar zu machen, besteht darin, das Hintergrundbild weichzuzeichnen. Für einen besonders schönen Effekt nutzen Sie zwei verschiedene Bildversionen – eine scharfe und eine unscharfe Version mit Text darüber – und verwenden dann eine sanfte Überblendung zwischen den beiden.

Die unten dargestellten Folien habe ich in einer Präsentation über Kreativität verwendet. An dieser Stelle sprach ich darüber, Zeit alleine in der Natur zu verbringen, und zeigte als Beispiel einen meiner Lieblingsplätze für die innere Einkehr.

ÜBERBLENDEN

Zuerst verwendete ich ein scharfes Foto des Meers und einer einzelnen gehenden Person (obere Folie), dann wurde die Folie sanft in eine verschwommene Version mit dem Zitat im Vordergrund überblendet.

ÜBERBLENDEN

In diesem Fall habe ich mit dem Zitat über dem unscharfen Bild begonnen. Das weckt das Interesse des Publikums, das ein wenig neugierig auf den Ort wird. Die unscharfe Folie mit Text wird dann weich überblendet und zeigt einen weitläufigen Strand mit einer einzelnen Person im seichten Wasser.

Beispielfoliensätze

In diesem Abschnitt zeige ich Ihnen Folien aus mehreren verschiedenen Präsentationen. (Aus Platzgründen werden nicht alle Folien der einzelnen Präsentationen dargestellt). Die Beispielfolien sind nicht unbedingt alle perfekt. Wir können eine Folie zwar danach beurteilen, ob sie den grundlegenden Gestaltungsprinzipien entspricht, aber es ist schwierig, die Wirksamkeit ihres Designs zu beurteilen, ohne zu sehen, wie die visuellen Elemente im Rahmen des Vortrags eingesetzt werden. Auch wenn sich die Inhalte und Umstände von Fall zu Fall unterscheiden, haben die in diesem Abschnitt gezeigten Folien die Gemeinsamkeit, dass sie einfach und visuell sehr ansprechend sind und dass ihnen im Vortrag eine erfolgreiche unterstützende Rolle zukam (oder zukommen könnte). Diese Folien unterstreichen die Ausführungen des Präsentators und helfen, die Fakten zu verdeutlichen. Zur Beurteilung Ihrer eigenen Folien sollten Sie sich stets fragen: (1) Erregt die Folie Aufmerksamkeit oder zieht sie den Blick des Betrachters in die Leinwand hinein? (2) Ist die Folie leicht und schnell zu verstehen, und hilft sie dem Betrachter, Ihre gesprochene Botschaft zu verstehen? (3) Hilft die Folie – einschließlich der gezeigten Daten – dem Betrachter, sich an Ihre Botschaft zu erinnern? (4) Hilft die Folie dem Publikum nicht nur, Ihre Botschaft zu verstehen und sich an sie zu erinnern, sondern trägt sie sogar dazu bei, die Denkweise oder das Verhalten Ihrer Zuhörer auch dann noch zu verändern, wenn Ihr Vortrag schon längst beendet ist? Nummer (4) mag nicht in jedem Fall anwendbar sein, aber die Nummern (1) bis (3) sind in fast jeder Situation entscheidend.

Sei wie der Bambus

Die Folien auf den nächsten drei Seiten gestaltete ich für meine zwölfminütige Präsentation bei TEDxTokyo. Während dieses temporeichen Vortrags vermittelte ich meine Gedanken zu den Lektionen, die wir aus der Beobachtung unserer Umgebung ziehen können. Selbst der bescheidene Bambus, der in der japanischen Kultur eine so wichtige Rolle spielt, kann uns einiges über Einfachheit, Flexibilität und Widerstandsfähigkeit lehren. Ich gestaltete den Folienhintergrund als simuliertes Washi-Papier, sodass die Folien ein erdiges, texturiertes Aussehen erhielten. Das Seitenverhältnis der Folien ist 16:9 und entspricht damit dem Breitbild-Display der Veranstaltung in Tokio. Sie können die Präsentation auf YouTube finden. Suchen Sie nach: *TEDxTokyo – Garr Reynolds – Lessons from the Bamboo – [English].*

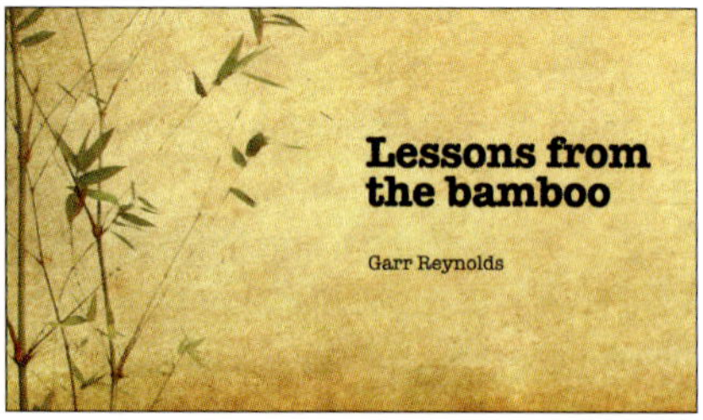

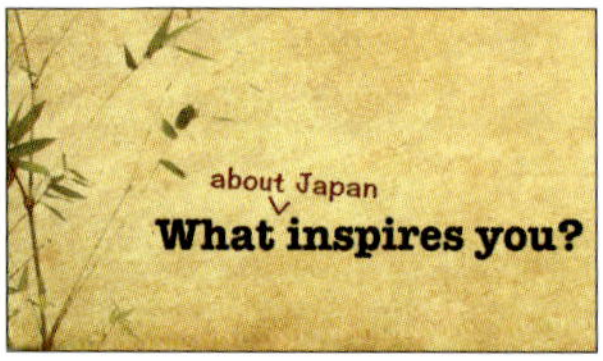

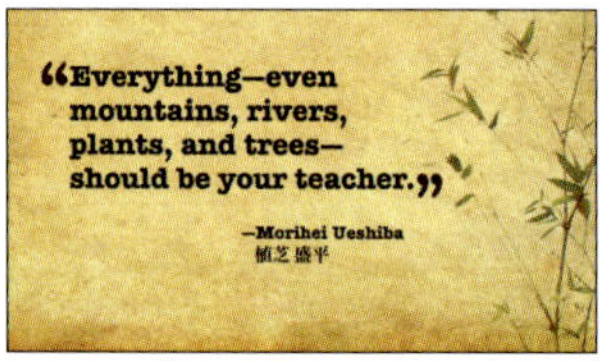

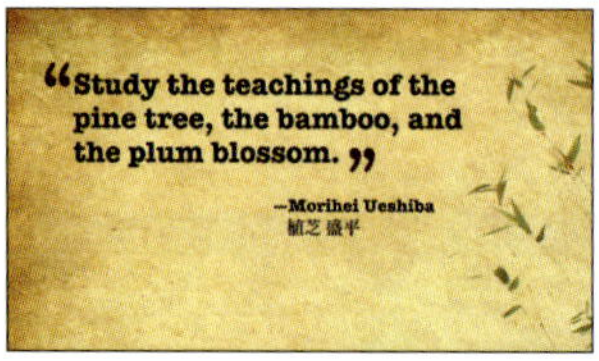

(1) Remember: What looks weak is strong

What looks fragile is strong.

You do not have to be big to be strong.
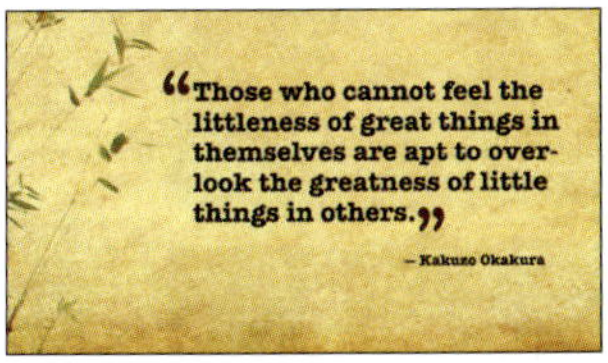
"Those who cannot feel the littleness of great things in themselves are apt to overlook the greatness of little things in others."
—Kakuzo Okakura

(2) Bend but don't break

(3) Firmly rooted yet flexible

(4) Slow down your busy mind

(5) Be always ready
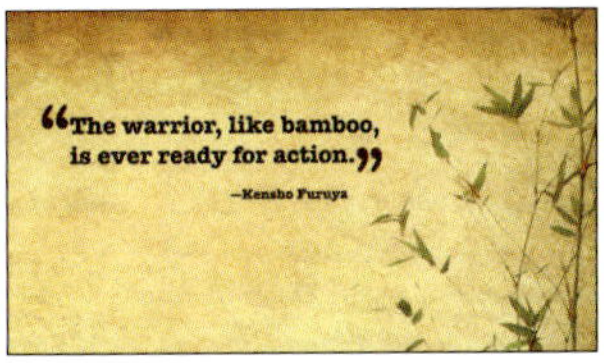
"The warrior, like bamboo, is ever ready for action."
—Kensho Furuya

(6) Find wisdom in emptiness
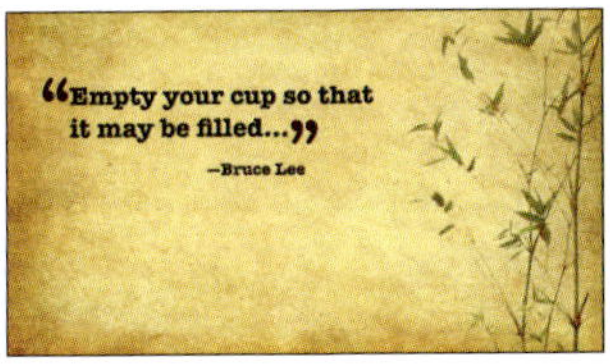
"Empty your cup so that it may be filled..."
—Bruce Lee

(7) Smile, laugh, play.

笑う

Born to play

純粋な笑顔の力

(8) Commit yourself
to growth & renewal

百尺竿头更进一步
Even a 100 foot stalk of bamboo
can progress one more step.

(9) Express your usefulness
through simplicity

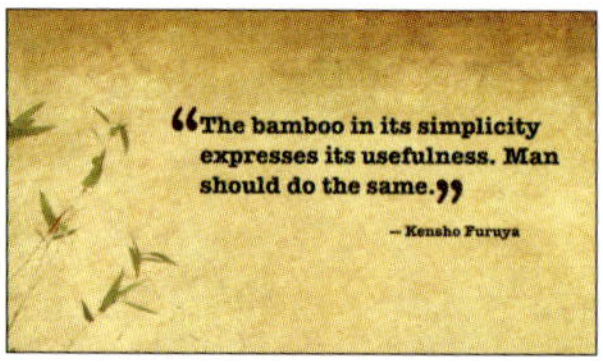
“The bamboo in its simplicity expresses its usefulness. Man should do the same.”
– Kensho Furuya

簡素
Simplicity

(10) Unleash your power
to spring back

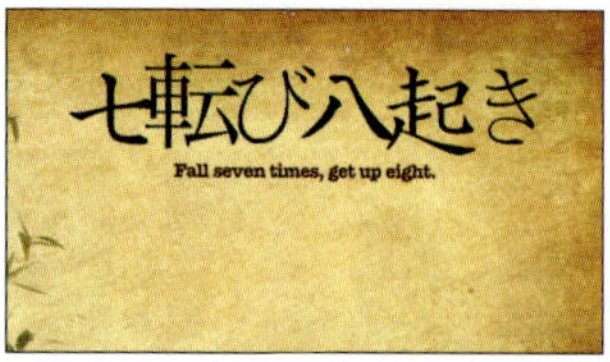
七転び八起き
Fall seven times, get up eight.

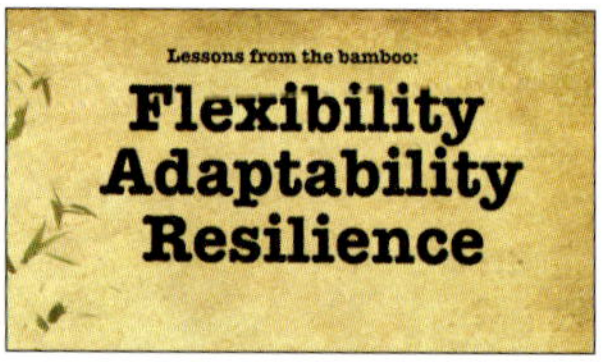
Lessons from the bamboo:
Flexibility
Adaptability
Resilience

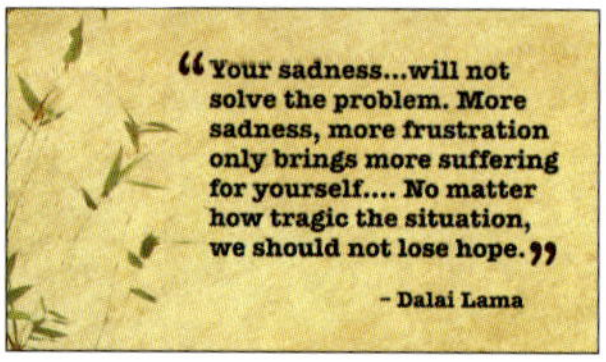
“Your sadness...will not solve the problem. More sadness, more frustration only brings more suffering for yourself.... No matter how tragic the situation, we should not lose hope.”
– Dalai Lama

Be like
bamboo

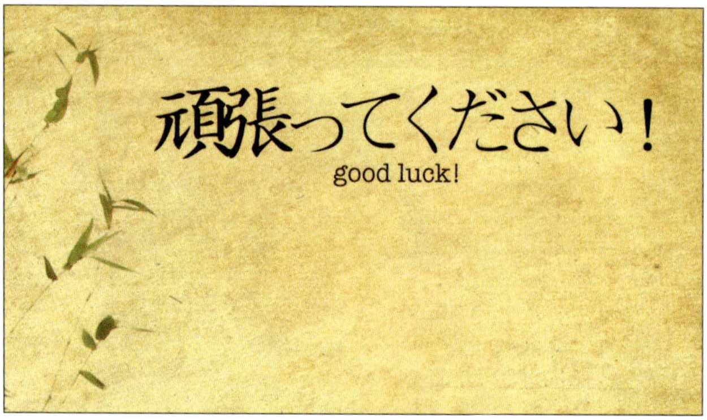
頑張ってください！
good luck!

終

Denken Sie wie ein Designer?

Für die schnelle und einfache Gestaltung dieser (zur Leinwand des Veranstaltungsort passenden) 4:3-Folien verwendete ich lediglich Schrift und einen Hintergrund. Sie dienten mir als Anschauungsmaterial für eine einstündige Veranstaltung über grundlegende Designkonzepte für Nicht-Designer. In erster Linie ist diese Veranstaltung eine allgemeine Diskussion. Die Folien werden gezeigt, damit wir den Überblick behalten und die Diskussion eine Struktur erhält. Ich verwende ein Whiteboard und Handzettel, um Beispiele für die einzelnen Kernaussagen zu zeigen.

Gihan Perera

Autor des Bestsellers Webinar Smarts: The Smart Way for Professional Speakers, Trainers, Thought Leaders and Business Professionals to Deliver Engaging and Profitable Webinars
www.webinarsmarts.com

Der Webinar-Experte Gihan Perera gibt Ratschläge zur Durchführung eines effektiven und ansprechenden Webinars.

Webinare sind mittlerweile ein gängiges Präsentationswerkzeug, aber viele Präsentatoren – selbst erfahrene Referenten – machen dabei keine besonders gute Figur. Der größte Unterschied zwischen einem Webinar und einer Präsentation mit persönlicher Anwesenheit (wie etwa einem Seminar, einem Lehrgang oder einer Konferenzpräsentation) betrifft das Umfeld. Wenn Sie persönlich präsentieren, ist die Umgebung – wie etwa Raumaufteilung, Beleuchtung, Leinwand, Bühne, Bestuhlung und die Aufmerksamkeit des Publikums ganz auf Sie und Ihre Präsentation ausgerichtet. Im Gegensatz dazu ist die Präsentation für einen Webinar-Teilnehmer nur auf einem kleinen Bildschirm in einer größeren Umgebung voller anderer Ablenkungen zu sehen.

Das bedeutet, dass Sie es für Sie viel schwieriger ist, Ihre Zuhörer anzusprechen und während der gesamten Präsentation ihre Aufmerksamkeit zu bekommen.

Mit diesen sieben Techniken gestalten Sie wirkungsvollere und spannendere Webinare.

1. Treffen Sie wichtige Aussagen.
Wenn Sie in Ihrem Webinar die Lottozahlen vom nächsten Wochenende mitteilen würden, wäre Ihnen die Aufmerksamkeit des Publikums gewiss – selbst mit kratzigem Ton, schlechter Internetverbindung, überladenen Folien voller Stichpunktlisten und Cliparts und mit hässlichen Schriften! Stellen Sie also zunächst sicher, dass Sie Ihre Zuhörer kennen, ihre Probleme lösen, ihre Fragen beantworten und einen Mehrwert für sie bieten. Der Inhalt ist grundsätzlich wichtiger als der Stil. Aber geben Sie sich nicht mit einem der beiden Schwerpunkte zufrieden, sondern glänzen Sie in beiden Bereichen.

Webinar-Teilnehmer wollen Informationen und Bildungsangebote. Sie kommen nicht, um motiviert, inspiriert oder unterhalten zu werden (das verschafft Ihnen lediglich Zusatzpunkte). Stattdessen wollen sie handfesten Nutzen aus Ihrem Vortrag ziehen, um ihre Fragen, Herausforderungen, Probleme und Ambitionen in Angriff zu nehmen.

2. Setzen Sie mehr Folien ein.
In einer persönlichen Präsentation dienen die Folien als visuelle Unterstützung, in einem Webinar sind sie das Anschauungsmaterial. Verwenden Sie mehr Folien, als Sie es normalerweise tun würden, um das Interesse der Zuschauer aufrecht zu erhalten und zugleich Ihre Ausführungen visuell zu untermauern. Für Webinar-Teilnehmer ist die Versuchung groß, ins Multitasking zu verfallen (indem sie im Hintergrund den Ton laufen lassen und nebenher E-Mails abrufen oder andere Arbeiten erledigen). Daher sollten Sie Ihre visuellen Elemente regelmäßig wechseln.

Als grober Anhaltspunkt sollte jede Folie zu dem passen, was Sie gerade sagen (noch viel mehr als bei einer Anwesenheitspräsentation, wo einige Folien vielleicht nur als Hintergrund dienen). Wenn Sie zur Erläuterung eines Punkts über eine Minute brauchen, verwenden Sie dafür mehrere Folien. Investieren Sie mehr Zeit in die Gestaltung Ihrer Folien. Nutzen Sie Diagramme und Modelle anstelle von Aufzählungen, Symbole anstelle von Begriffen und Fotos anstelle von Cliparts. Ihre Folien brauchen keine Kunstwerke zu sein, aber sie sollten visuell ansprechend sein.

3. Bauen Sie Ihre Folien allmählich auf.
Lassen Sie komplexe Folien entstehen, während Sie darüber sprechen. Wenn Sie ein Diagramm zeigen, fangen Sie zuerst mit den Achsen an, gefolgt von den Beschriftungen, dann den Balken oder Linien, und schließlich den Hervorhebungen. Wenn Sie ein Modell zeigen, bauen Sie es Schritt für Schritt auf. Mit den Animationswerkzeugen von PowerPoint ist das leicht zu bewerkstelligen. Verzichten Sie aber auf ausgefallene Animationen, lassen Sie die einzelnen Teile einfach »erscheinen« oder verwenden Sie schlicht mehrere Folien, die sich nach und nach zum endgültigen Bild zusammensetzen.

4. Versehen Sie Ihren Inhalt mit Wegweisern.
Fügen Sie »Wegweiserfolien« in Ihren Foliensatz ein, um die Struktur und den Verlauf Ihrer Inhalte deutlich zu vermitteln. Beginnen Sie mit einer Übersichtsfolie und verwenden Sie dann auch vor jedem Hauptpunkt eine Folie. Am Ende bringen Sie dann schließlich nochmals eine Zusammenfassung. So kann Ihr Publikum den Fortgang des Webinars gedanklich nachvollziehen, was das Risiko von Unklarheiten und Ablenkungen verringert.

5. Binden Sie Ihr Publikum ein.
Gestalten Sie Ihre Webinare aktiv und interaktiv. Ihr Publikum nimmt an einer Live-Veranstaltung teil, also beziehen Sie es mit ein. Bitten Sie es zu Beginn Ihres Webinars um eine einfache Aktion. Damit wecken Sie die Aufmerksamkeit der Zuhörer und beziehen sie von Anfang an mit ein und zeigen ihnen, dass dies nicht einfach nur wieder eine weitere langweilige Präsentation ist. Sie könnten zum Beispiel eine Umfrage durchführen, eine Rätselaufgabe stellen, sie bitten, etwas zu schreiben, oder einige Personen auffordern, das Wort zu ergreifen.

6. Verlagern Sie die Energie.
Binden Sie, wie bei jeder anderen Präsentation auch, Segmente ein, die die Energie während des Webinars verlagern, wie etwa:

- Online-Umfragen durchführen.
- Teilnehmer bitten, etwas zu schreiben oder zu zeichnen.
- 30 Sekunden lang nicht sprechen, um Zeit zum Nachdenken zu geben.
- Eine Liste zeigen und das Publikum bitten, für sich die eigenen drei Favoriten auszuwählen.
- Sich erkundigen, ob es Fragen gibt.
- Das Wort an einen Gastpräsentator übergeben.
- Vom Präsentationsprogramm auf eine Website oder eine andere Software wechseln.

In Ihrem ersten Webinar nutzen Sie nicht all diese Möglichkeiten. Tasten Sie sich Schritt für Schritt an sie heran, je vertrauter Sie mit der Technologie werden.

7. Fangen Sie an, bevor Sie bereit sind.
Webinare können selbst für erfahrene Präsentatoren verunsichernd und nervenaufreibend sein. Da hilft nur Übung. Nehmen Sie sich selbst den Druck, indem Sie klein anfangen. Beginnen Sie mit kleinen Gruppen, keinem großen Publikum. Bieten Sie kostenlose Webinare an, bevor Sie anfangen, Geld zu verlangen. Lassen Sie sich jemand anderen für Sie um die Technik kümmern. Schreiben Sie sich ein Skript für das, was Sie sagen wollen.

Aber was immer Sie tun: Fangen Sie an!

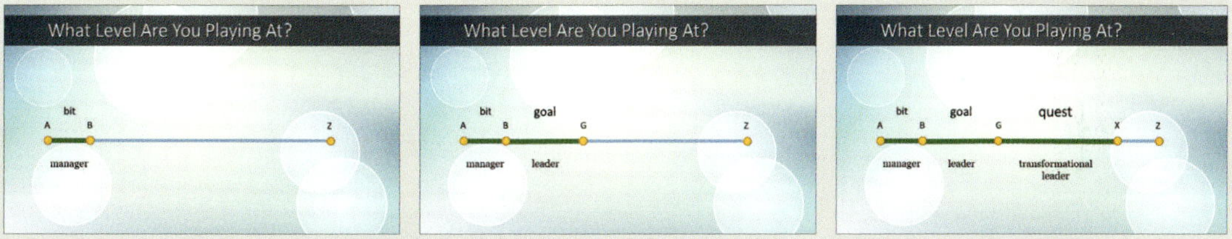

Halten Sie die Menschen mit Ihren Bildschirminhalten und Ihren Ausführungen bei der Stange, indem Sie Ihre visuellen Elemente nach und nach aufbauen. Dies gelingt mithilfe der Animationsfunktionen Ihrer Präsentationssoftware oder einfach mit einer Abfolge von Folien, so wie hier gezeigt.

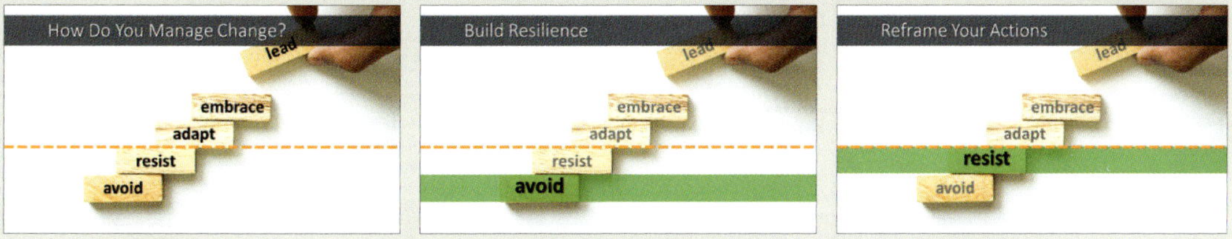

Stellen Sie Ihre Webinar-Struktur deutlich dar, indem Sie Wegweiser-Folien einfügen, die den Fortschritt anzeigen. Sie können dazu eine einfachen Liste verwenden, die optisch aber etwas mehr hermachen sollte als eine einfache Aufzählung. Wenn Sie etwas mehr in das Design investieren, können Sie es visuell noch ansprechender gestalten.

Der Wandel im Stipendienwesen

Diese Folien wurden von Shena Ashley, der Vizepräsidentin des Center on Nonprofits and Philanthropy des Urban Institute, für eine Grundsatzrede in Washington D.C. verwendet. Laut Jon Schwabisch, einem Spezialisten für Datenvisualisierung am Urban Institute, der bei der Gestaltung der Folien mitgewirkt hat, zählten Fachleute aus großen gemeinnützigen Organisationen und Philanthropen zu den Zuhörern. »Was mir an diesem Foliensatz gefällt, ist (abgesehen von der guten Optik) das saubere, einfache Design und die schlichte Datenvisualisierung«, sagte Schwabish.

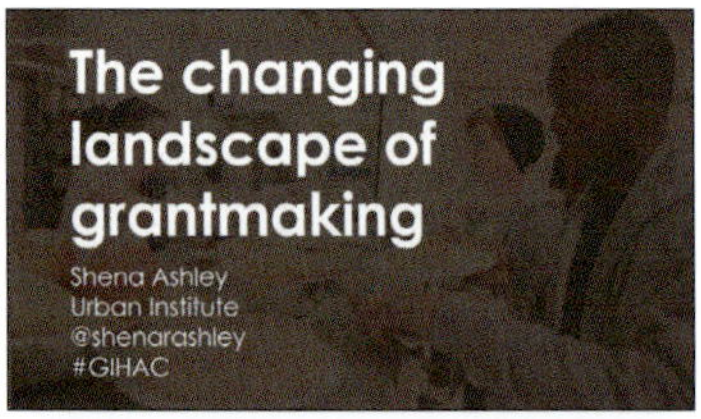

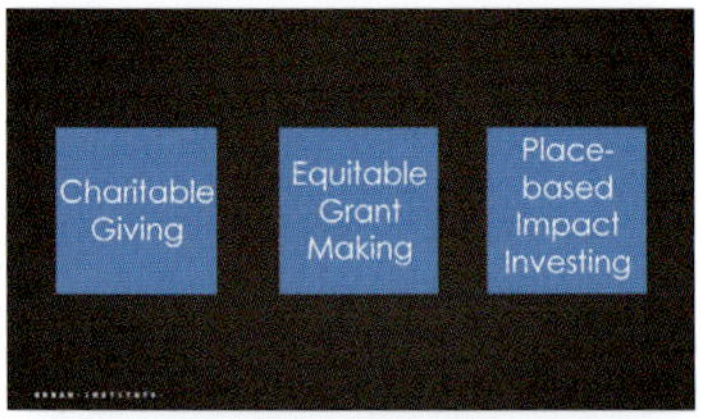

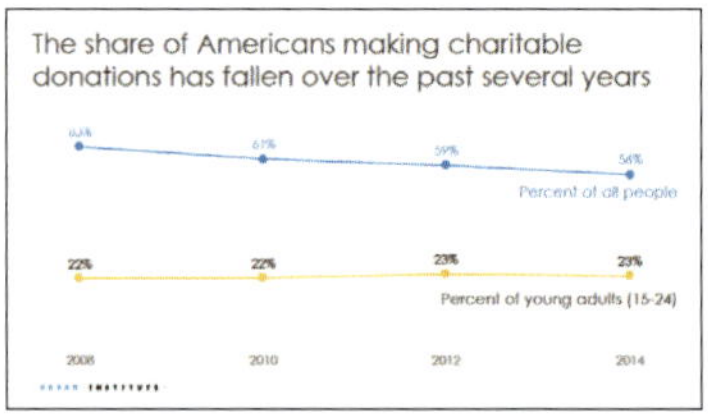

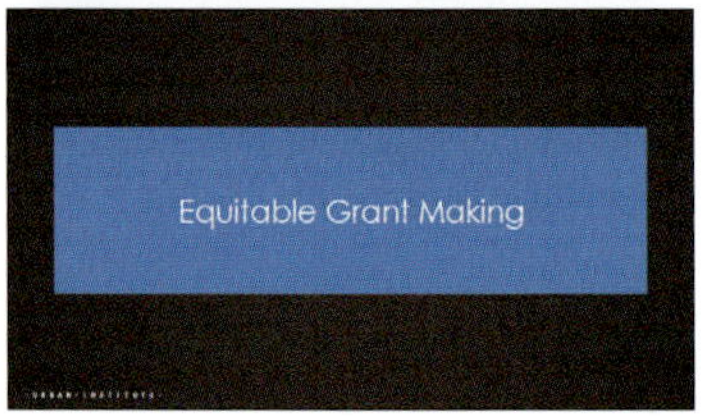

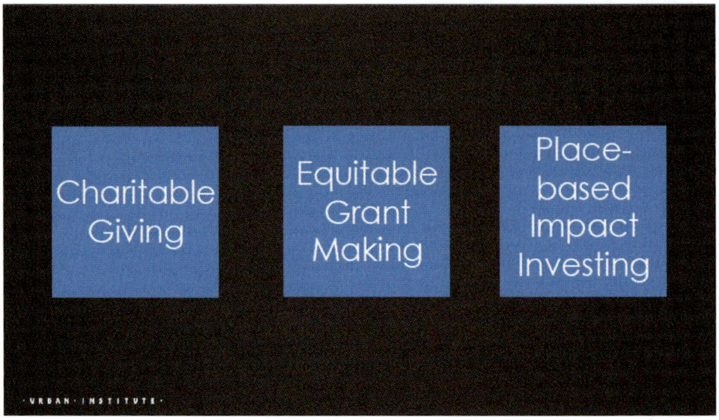

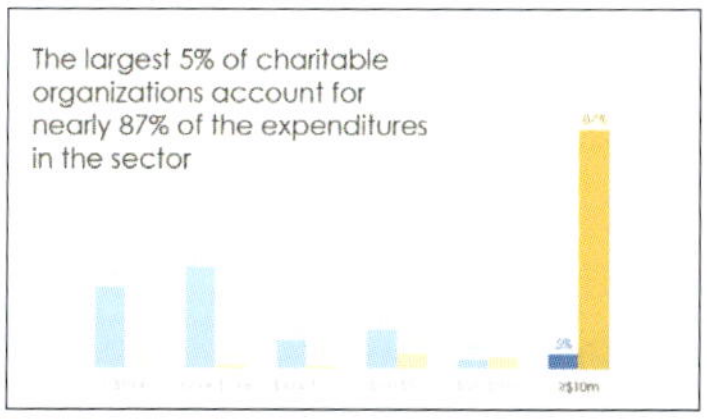

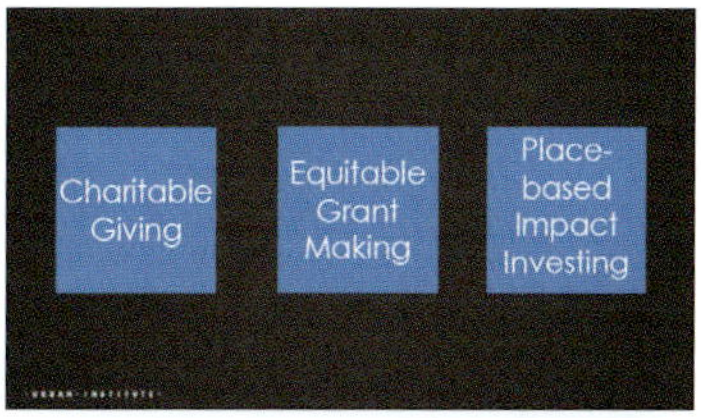

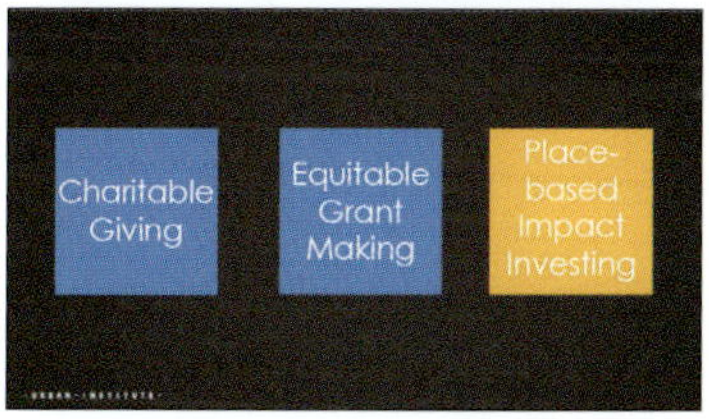

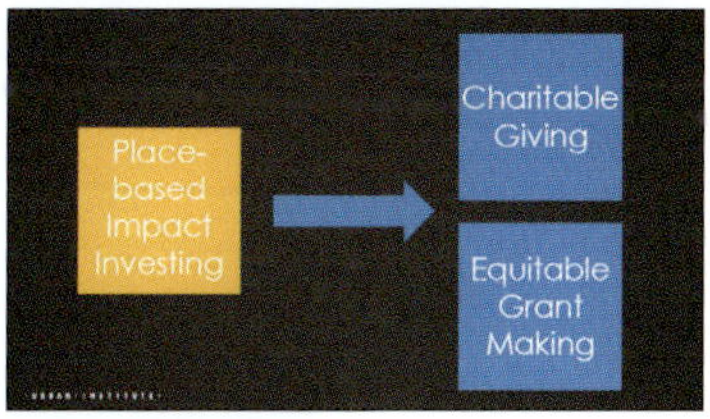

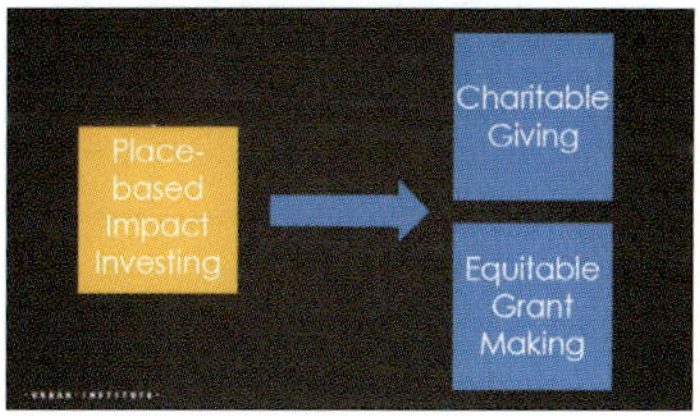

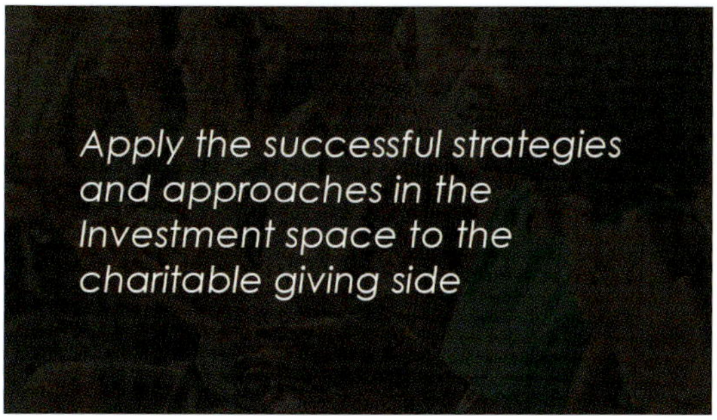

Die Folie oben wurde während der 30-minütigen Fragerunde angezeigt. Nach der Besprechung schloss die Rednerin mit einem Handlungsaufruf in Form von Fragen, die sich das Publikum nach dem Vortrag stellen sollte. Die Fragen erschienen nacheinander einzeln auf der Projektionsfläche. Das ist eine gute Möglichkeit, um mit einer kurzen Zusammenfassung oder einem klaren Handlungsaufruf an eine Fragerunde anzuknüpfen, bevor man sich dann schließlich beim Publikum bedankt.

Factfulness

Von *www.gapminder.org*

Dieser Foliensatz steht kostenlos unter *www.gapminder.org* zur Verfügung. Er ist ein gutes Beispiel für ein schlichtes Design und gibt einen Überblick über Hans Roslings Buch *Factfulness: Wie wir lernen, die Welt so zu sehen, wie sie wirklich ist.* Jede Titelfolie steht für einen der zehn Hauptpunkte des Buchs und baut sich in drei Schritten auf, die Sie unten jeweils als drei einzelne Folien sehen. Ich liebe die Gapminder-Website einfach. Neben diesen Folien finden Sie dort noch über ein Dutzend weiterer kostenloser Präsentationsfoliensätze – eine unschätzbare Informationsquelle. Diese Folien wurden über Jahre hinweg bei öffentlichen Präsentationen und TED-Vorträgen gezeigt, und Sie finden sie unter: *www.gapminder.org/factfulness*.

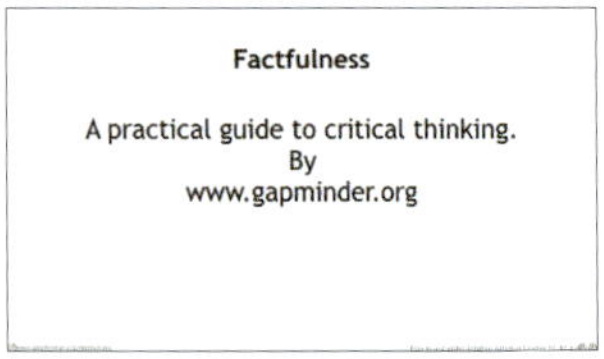

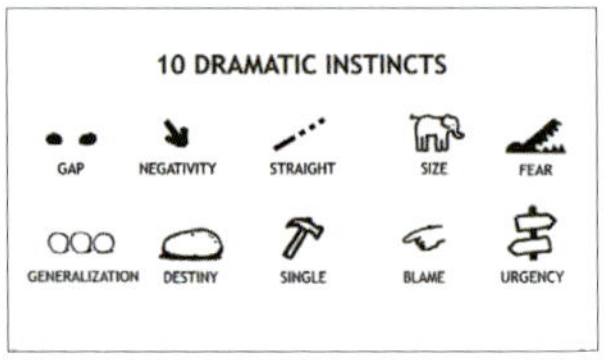

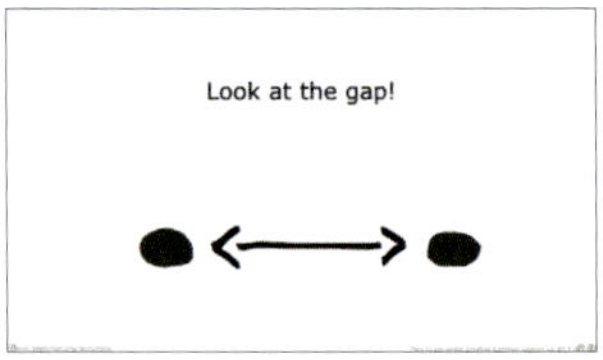

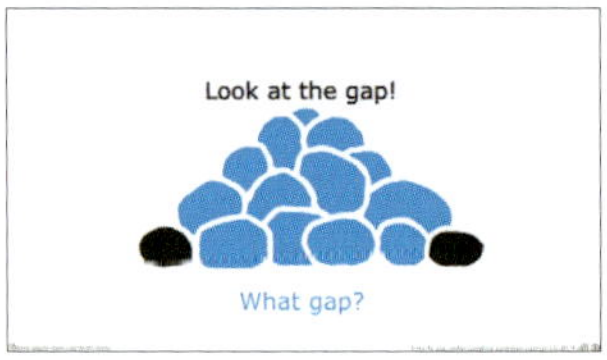

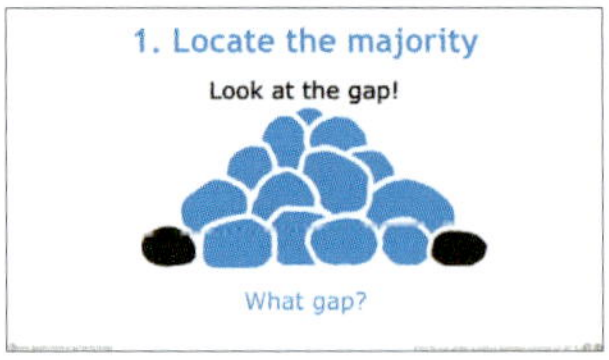

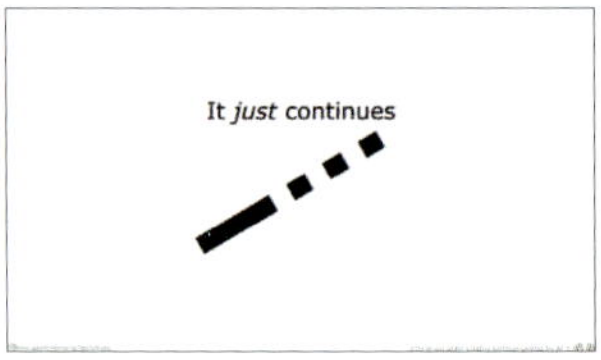

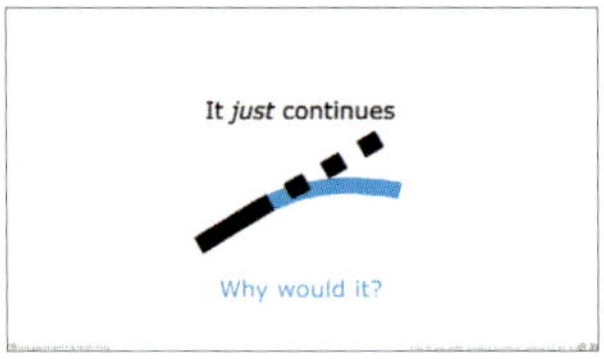

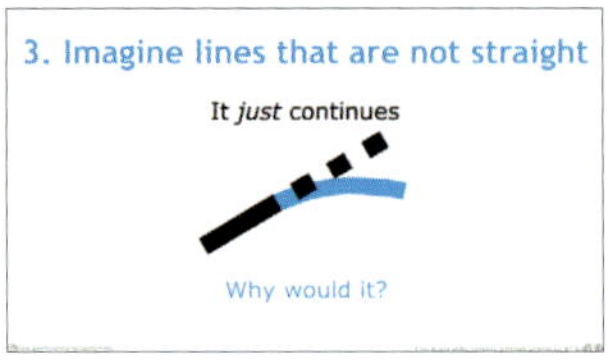

It's big!

It's big!
Big compared to what?

5. Check proportions
It's big!
Big compared to what?

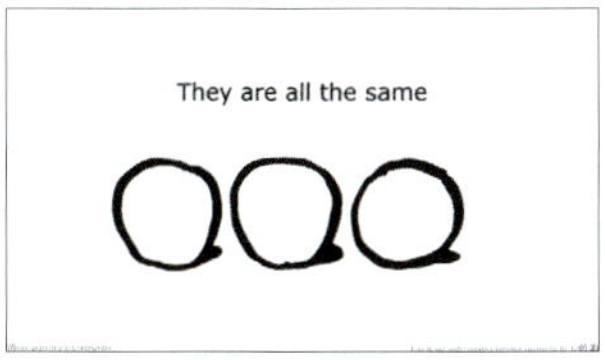
They are all the same

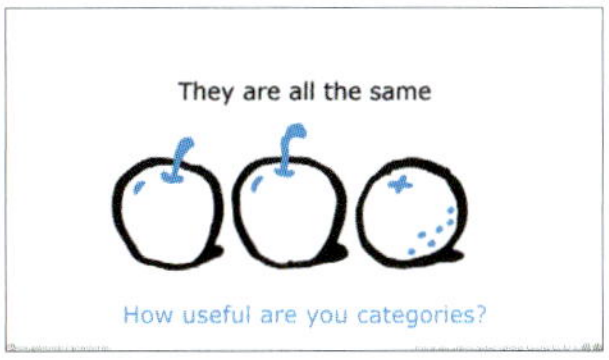
They are all the same
How useful are you categories?

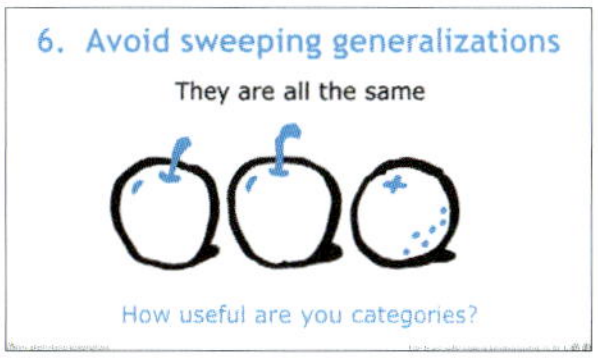
6. Avoid sweeping generalizations
They are all the same
How useful are you categories?

This is the destiny!

This is the destiny!
Is the destiny slowly changing?

7. Notice slow changes
This is the destiny!
Is the destiny slowly changing?

This is the solution!

This is the solution!
What other solutions exist?

8. Use multiple tools
This is the solution!
What other solutions exist?

That's the bad guy!

That's the bad guy!
What other explanations exist?

9. Resist blaming
That's the bad guy!
What other explanations exist?

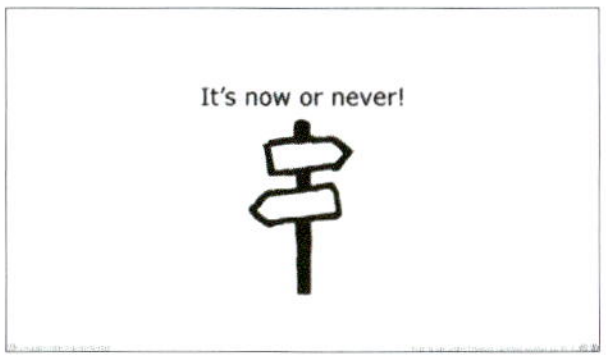
It's now or never!

It's now or never!
Can we take it stepwise?

10. Take small steps
It's now or never!
Can we take it stepwise?

10 FACTFULNESS COMMANDMENTS
1. Locate the majority
2. Expect negative news
3. Imagine non straight lines
4. Control your fears
5. Check proportions
6. Question your categories
7. Notice slow changes
8. Use multiple tools
9. Resist blaming
10. Take small steps

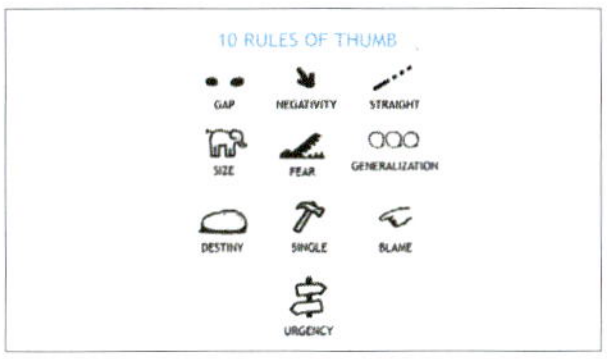
10 RULES OF THUMB
GAP
NEGATIVITY
STRAIGHT
SIZE
FEAR
GENERALIZATION
DESTINY
SINGLE
BLAME
URGENCY

Etikette beim Besuch heißer Quellen in Japan

Ich habe diese Folien bei einem Orientierungsvortrag für ausländische Gaststudenten in Japan verwendet. Sie sollten ursprünglich nur meinen kurzen Vortrag ergänzen, aber aufgrund der Einfachheit des Themas – und der Entscheidung, einen Schlüsselpunkt pro Folie darzustellen – waren sie auch in gedruckter Form verständlich (obwohl wichtige Details fehlten). Die verwendeten Vektorgrafiken lassen sich ohne Qualitätsverluste leicht in der Größe verändern. Die Hintergrund- und Textfarben wählte ich passend zu den Farben der Originalgrafiken. Einfache Elemente und Farben wiederholen sich im ganzen Foliensatz und vermitteln dadurch einen einheitlichen, unkomplizierten und fröhlichen Eindruck.

Die Takahashi-Methode

Masayoshi Takahashi
Web-Anwendungsentwickler, Tokio, Japan
www.rubycolor.org/takahashi
www.slideshare.net/takahashim

Masayoshi Takahashi ist ein Programmierer, der technische Präsentationen auf eine besondere Art, die beim Erscheinen der ersten Ausabe dieses Buchs noch ganz neu war. Takahashi verwendet in seinen Folien nur Text. Aber nicht einfach irgendeinen Text – sondern wirklich großen Text. Riesigen Text. Buchstaben von eindrucksvollen Ausmaßen, und zwar pro Folie nicht mehr als nur ein paar. Die Worte oder Begriffe ähneln laut Takahashi eher kurzen japanischen Zeitungsüberschriften als ganzen Sätzen. Auch wenn seine Folien nur aus Text bestehen, sind sie visuell: Wenn Sie Japanisch lesen können, sind sie sofort verständlich und stützen den Vortrag. Stichpunkte oder ganze Sätze hingegen würde das Publikum laut Takahashi durchlesen und deshalb möglicherweise nicht mitbekommen, was Sie sagen.

Doodler, vereinigt euch!

Sunni Brown

www.sunnibrown.com

Sunni Brown ist Bestseller-Autorin, Spezialistin für visuelles Denken und treibende Kraft der Doodle-Revolution. Im Jahr 2011 beschlossen die Produzenten von TED, Raum für sechsminütige Präsentationen zu schaffen. Sunni Brown hielt als eine der ersten Rednerinnen einen sechsminütigen TED-Vortrag. Ein derart kurzer Vortrag kann schwierig vorzubereiten sein. »Ich musste vier Monate lang fast täglich daran herumbasteln, um mein endgültiges Ziel von sechs Minuten zu erreichen«, sagt sie. »Bei der Konzeption des kürzesten Vortrag, den ich je gehalten hatte, musste ich Dutzende von Einleitungen, Abschlüssen und Überleitungen durchprobieren, bis endlich alles zusammenpasste. Es galt, Unmengen an Material zu verdichten.« Sunni arbeitete eine einfache Erzählung aus, um ihre Botschaft zu veranschaulichen. Wegen des Themas war es naheliegend, die Folien aus Skizzen auf einem Grafiktablett zu erstellen.

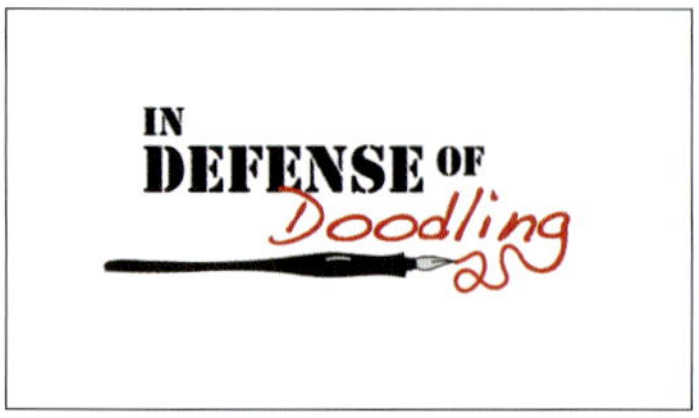

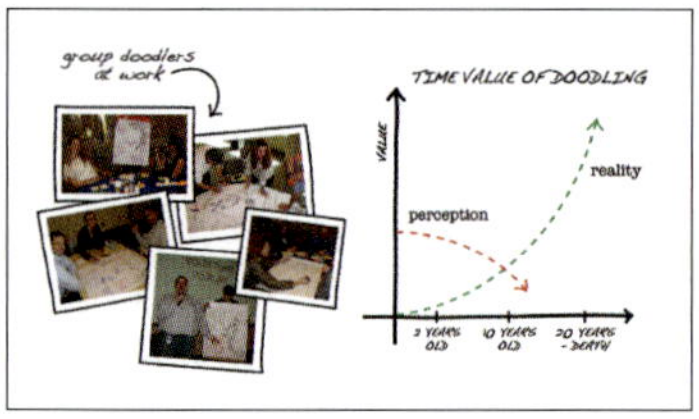

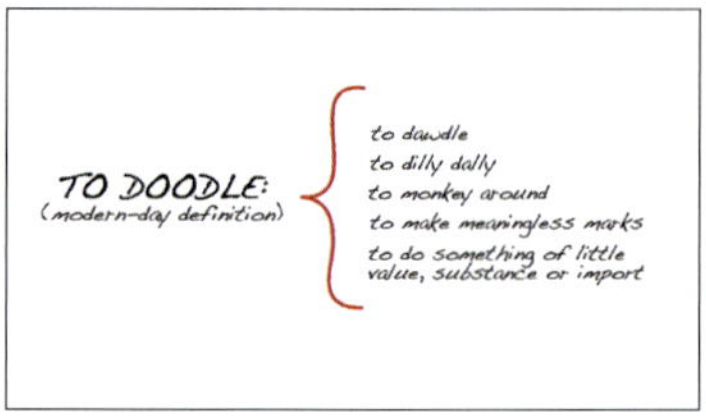

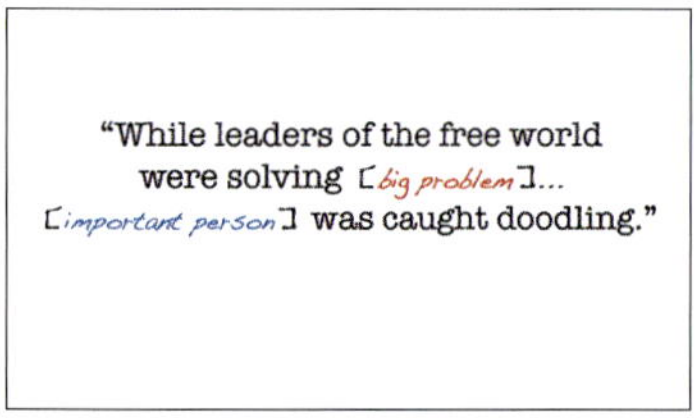

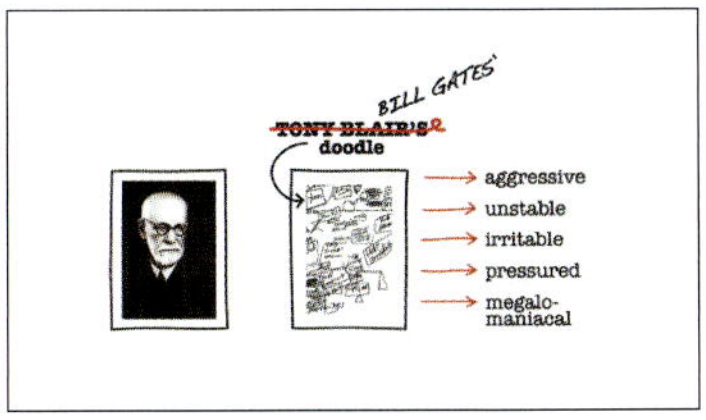
BILL GATES'
TONY BLAIR'S
doodle
aggressive
unstable
irritable
pressured
megalo-maniacal

TO DOODLE:
(the real definition)
to make spontaneous marks to help yourself think

29% greater retention

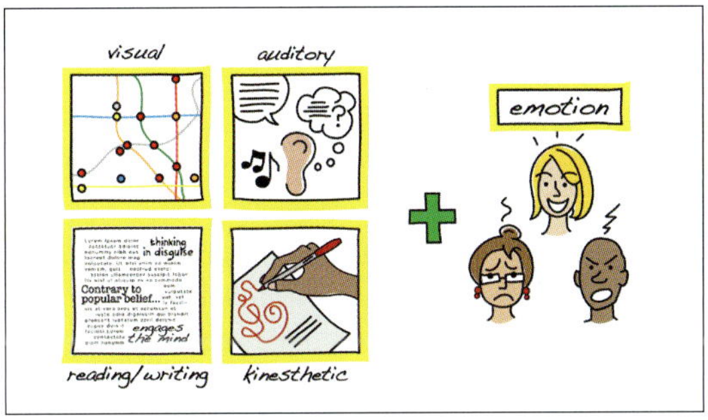
visual
auditory
reading/writing
kinesthetic
emotion

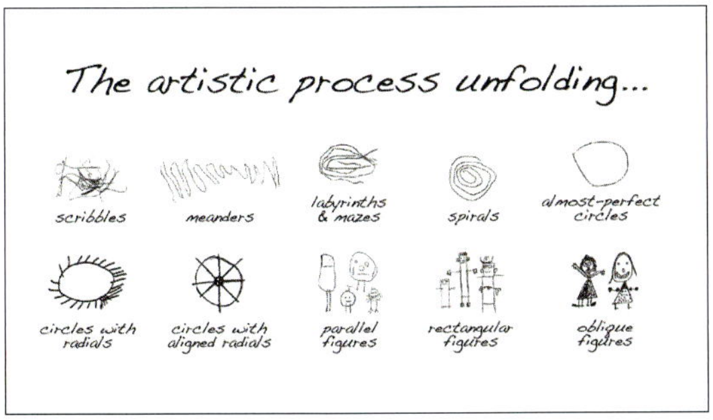
The artistic process unfolding...
scribbles
meanders
labyrinths & mazes
spirals
almost-perfect circles
circles with radials
circles with aligned radials
parallel figures
rectangular figures
oblique figures

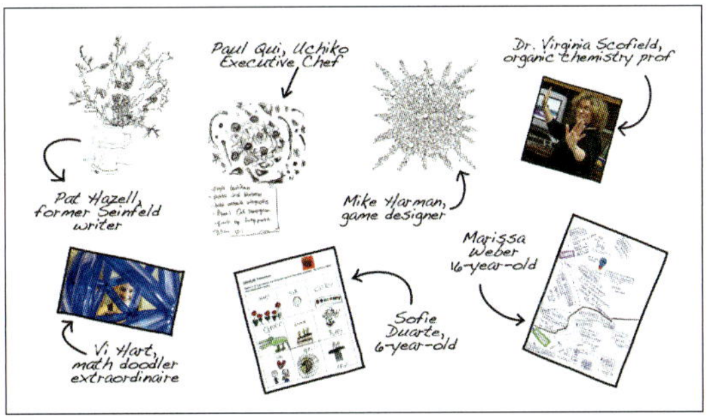
Paul Qui, Uchiko Executive Chef
Dr. Virginia Scofield, organic chemistry prof
Pat Hazell, former Seinfeld writer
Mike Harman, game designer
Marissa Weber 16-year-old
Vi Hart, math doodler extraordinaire
Sofie Duarte, 6-year-old

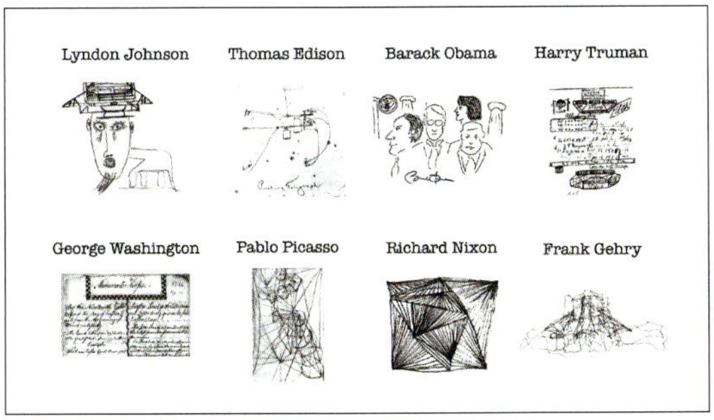
Lyndon Johnson
Thomas Edison
Barack Obama
Harry Truman
George Washington
Pablo Picasso
Richard Nixon
Frank Gehry

JOIN THE Doodle REVOLUTION

Ein Arzt beeindruckt auf einem medizinischen Symposium die Menge

Andreas Eenfeldt ist ein junger, hochgewachsener Arzt aus Schweden. Ich traf ihn zum ersten Mal bei einem meiner Presentation-Zen-Seminare in Paris. Er ist ein gutes Beispiel für jemanden, der eine wichtige Arbeit erledigt und dabei sein Wissen und seine Erfahrung dazu nutzt, um herkömmliche Ansichten auf den Prüfstand zu stellen und dramatische Änderungen hervorzurufen. »Es ist Zeit für eine Gesundheitsrevolution«, sagt er. Schon bald bemerkte er, dass diese Revolution durch überzeugende Präsentationen in Schwung gebracht werden könnte.

Neulich zeigte Andreas auf dem Ancestral Health Symposium 2011 eine eindrucksvolle Präsentation.

Mir gefiel Andreas' Präsentation, die aus vielerlei Gründen eine Menge Aufmerksamkeit erhielt. Fluss und Struktur waren gelungen und Andreas konnte seine Aussagen fundiert untermauern. Er bot sowohl persönliche Geschichten von seinen Freunden als auch Daten und Zitate von glaubwürdigen Menschen auf seinem Fachgebiet. Nicht immer war Andreas ein so überzeugender Präsentator gewesen. Deshalb wollte ich von ihm wissen, wie er diesen Wandel vollzogen habe.

> *»Einschläfernde Präsentationen sind im medizinischen Bereich keine Ausnahme – sie stellen vielmehr die Regel dar. Das ist natürlich gut, denn es genügen schon kleine Verbesserungen, damit eine Präsentation heutzutage aus der Masse herausragt. Seit 2008 habe ich immer mehr Präsentationen über kohlenhydratarme Ernährung gehalten. Man sagte mir dann, es sei nicht optimal, dass ich dem Publikum einfach meine Folien vorlese. Meine Präsentationsfähigkeiten waren damals (vor nur drei Jahren) so gut oder schlecht wie die jedes Medizinprofessors. Ich begann zu googeln und sah mir verschiedene YouTube-Videos zum Thema an. Recht bald landete ich auf der Presentation-Zen-Website, habe dort wahrscheinlich jeden Blogeintrag gelesen, weiterhin alle Presentation-Zen-Bücher und Nancy Duartes Werke und die meisten Bücher, die auf presentationzen.com empfohlen werden. Seither habe ich etwa 150 Vorlesungen auf Schwedisch und vier auf Englisch gehalten. Also haben sich in nur drei Jahren meine Präsentationsfähigkeiten von mies zu ganz anständig verbessert (selbst in meiner zweiten Sprache). Ich bin gespannt, wie meine Vorträge in zehn Jahren sein werden.«*

Andreas nutzt für die Vorbereitung ein Brainstorming mit Haftnotizen auf seinem Whiteboard. Dann filtert er die wichtigsten Punkte heraus, fasst sie zu Gruppen zusammen, kreiert Botschaften und ordnet diese in der besten Reihenfolge an. Die gegenüberliegende Seite zeigt einige der über 100 Folien, die er in einer 45-minütigen Präsentation verwendete.

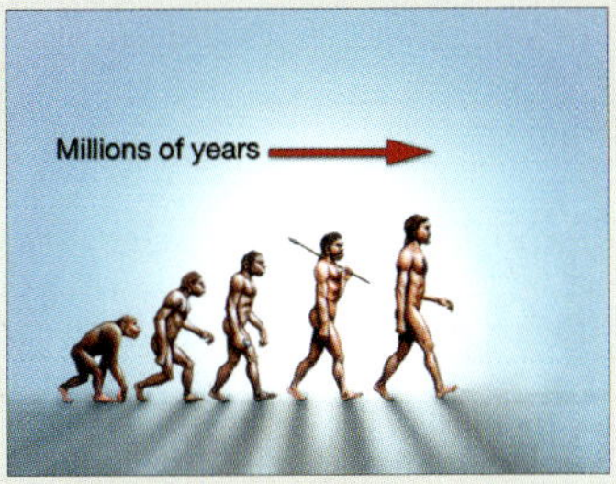

Diese beiden Folien zeigt Andreas am Anfang seiner Präsentation, wenn er das Problem erklärt: Die Fettleibigkeit als Volkskrankheit ist ein Problem unserer Zeit.

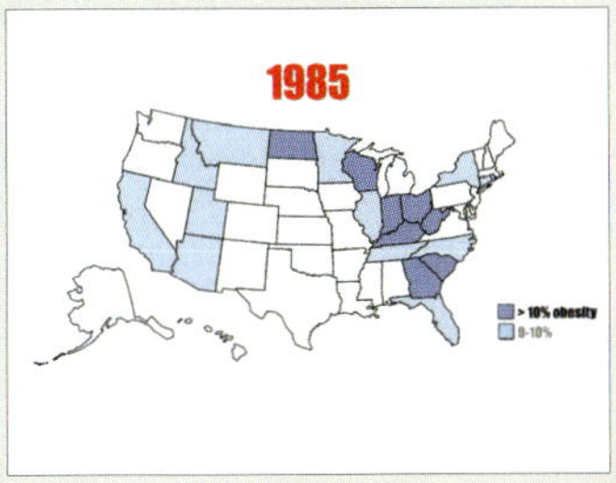

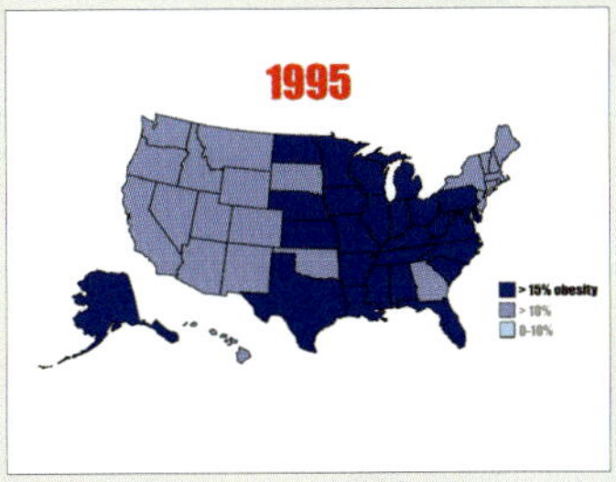

Der Mediziner zeigt dann 14 Folien mit statistischen Belegen der Centers for Disease Control. Die vier hier abgedruckten Folien zeigen anhand einer Karte der USA auf klare und eingängige Weise den dramatischen Anstieg der Fettleibigkeit im Zeitraum von 27 Jahren.

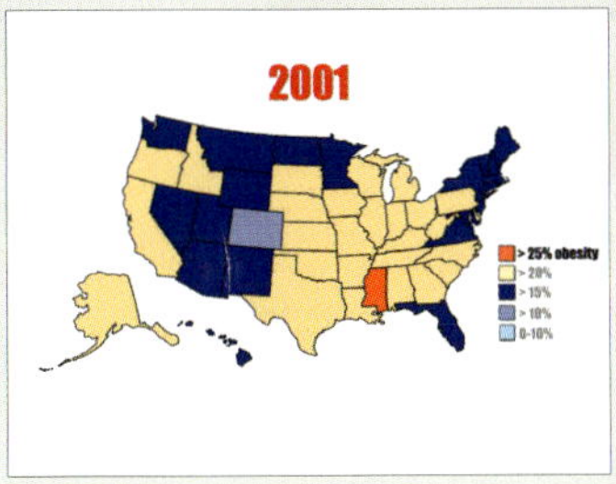

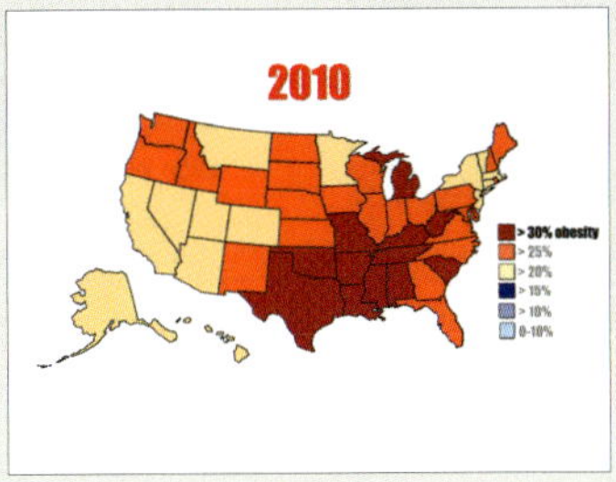

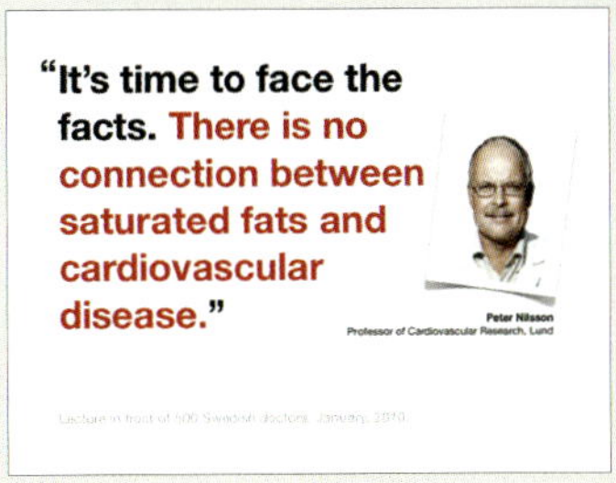

Glaubwürdige Zitate können Ihre Thesen untermauern. Andreas zeigte an mehreren Stellen seiner Präsentation Zitate in großer Schrift und mit hervorgehobenen Kernaussagen. So entstand ein sehr einfaches und klares Design, das auch für die Teilnehmer in den hinteren Reihen gut erkennbar war.

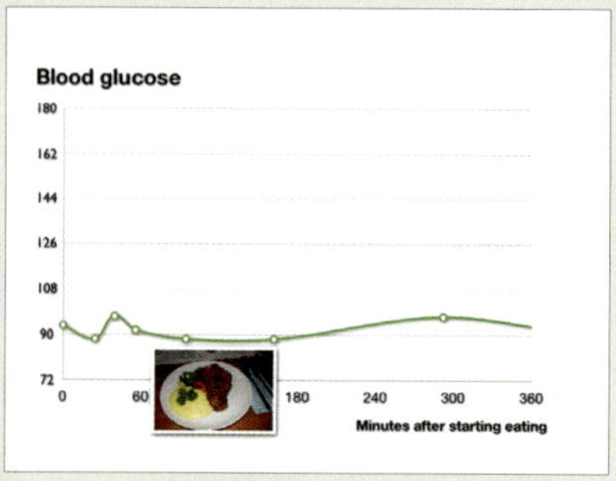

Hier zeigt der Mediziner ein persönliches Beispiel. Nach einem selbst gekochten LCHF-Gericht (Low Carbohydrate High Fat – wenig Kohlenhydrate, viel Fett) prüfte er seinen Blutzucker. Dieser blieb relativ stabil, wie das einfache Diagramm zeigt.

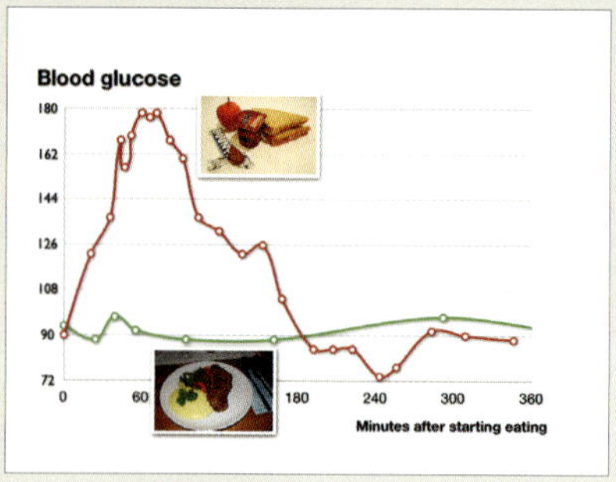

Als Nächstes verglich Andreas sein LCHF-Gericht mit einer Mahlzeit mit hohem Kohlenhydratanteil mit massenweise Zucker, die ihm ironischerweise auf einer Adipositas-Konferenz in Stockholm gereicht wurde. Zwar zeigt dieses Beispiel lediglich seine persönlichen Erfahrungen, es findet aber im Publikum einen deutlichen Widerhall. Eine sehr einfache, klare und visuelle Erklärung.

Was ist Innovation

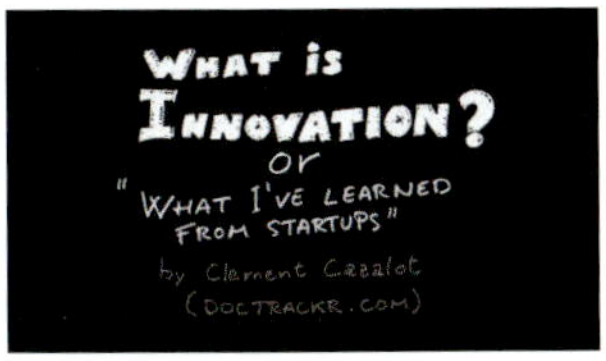

Clement Cazalot

Vor einigen Jahren traf ich Clement Cazalot auf einer Konferenz in Paris. Ich war beeindruckt von seiner Präsentation im Allgemeinen und von seinen Bildern im Besonderen. Auch wenn hier nur einige wenige Folien abgebildet sind, hat er offensichtlich alle seine Folien von Hand skizziert. Damit hob sich seine Präsentation visuell von allen anderen ab. Diese Technik war damals sehr ungewöhnlich, und das ist sie auch heute noch. Man könnte dazu ein Grafiktablett verwenden, aber Clement benutzte einen echten Notizblock, nichts als schwarze Tinte auf weißem Papier. Dann invertierte er die Farben in einem Bildbearbeitungsprogramm und voilà! Es wurden daraus weißen Skizzen auf schwarzem Hintergrund.

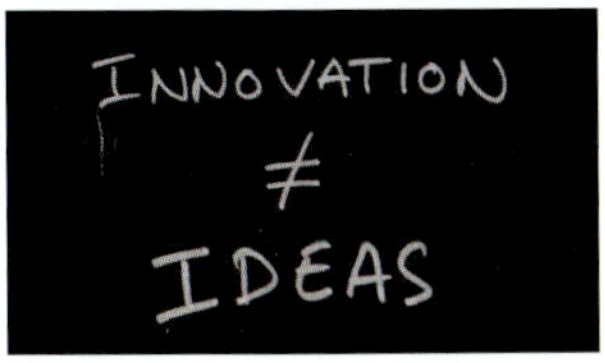

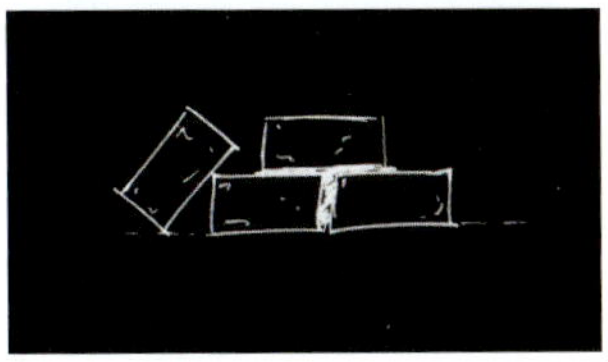

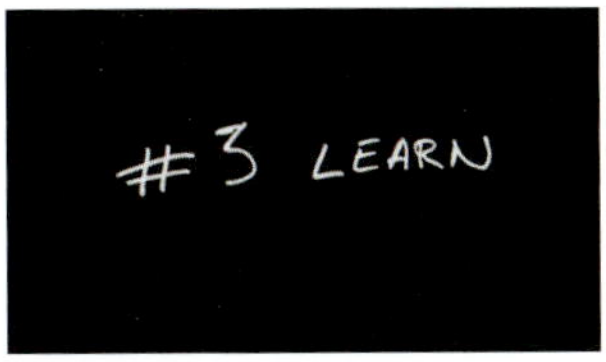

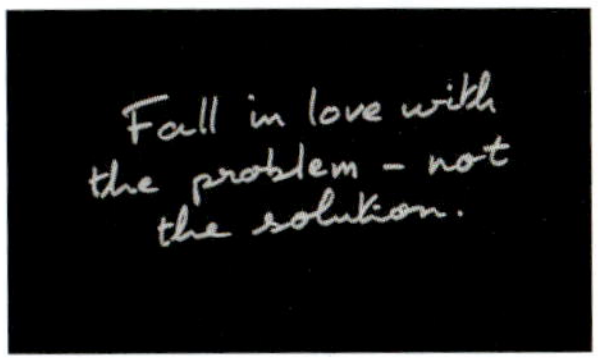

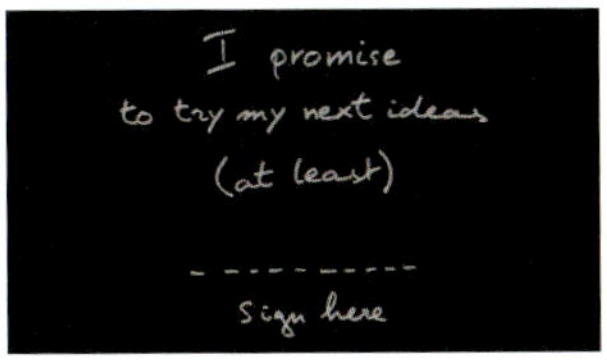

Schülerpräsentationen im Bildungswesen des 21. Jahrhunderts

Ich wurde vor kurzem dazu eingeladen, in Japan vor einigen hundert Lehrern einen Vortrag auf Englisch zu halten (es gab allerdings auch eine Simultanübersetzung). Dabei ging es um das Thema Schülerpräsentationen. Die Leinwand im Auditorium hatte ein Seitenverhältnis von 16:9 und war sehr groß und damit optimal geeignet für filmische Folien mit großem Text. Hier sehen Sie nur die ersten 25 von etwa 100 Folien.

The 4 Cs
4つのC
Critical Thinking
批判的思考
Communication
コミュニケーション
Creativity
創造性
Collaboration
協働性

21st century learning also means...
21世紀型の学びとは

Less time spent sitting & listening
座って聞くだけの時間が減る

More time doing & moving
より多くの時間を、実際にやってみることに使う

More time doing & moving
より多くの時間を、実際にやってみることに使う

More time doing & moving
より多くの時間を、実際にやってみることに使う

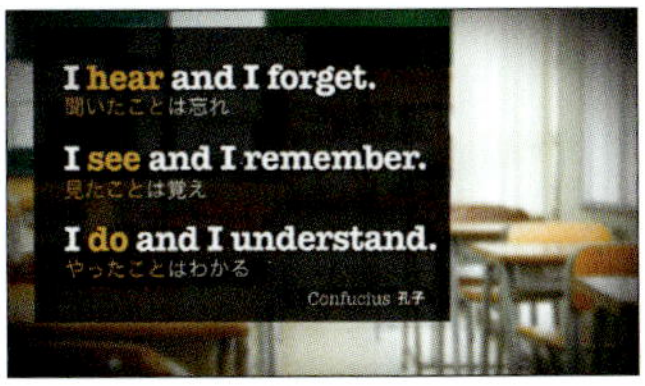
I hear and I forget.
聞いたことは忘れ
I see and I remember.
見たことは覚え
I do and I understand.
やったことはわかる
Confucius 孔子

Why student presentations?
なぜ生徒によるプレゼンテーションなのか?

Visual Literacy
視覚的能力
Critical Thinking
批判的思考
Communication
コミュニケーション
Information & Media Literacy
情報メディア能力
Creativity
創造性
Collaboration
協働性

Student presentations stimulate:
プレゼンテーションによって刺激される能力
Curiosity 好奇心
Exploration 探究心
Wonder 不思議
Imagination 想像力
Independence 独立心

Students teach other students.
プレゼンテーションで互いに教え合う

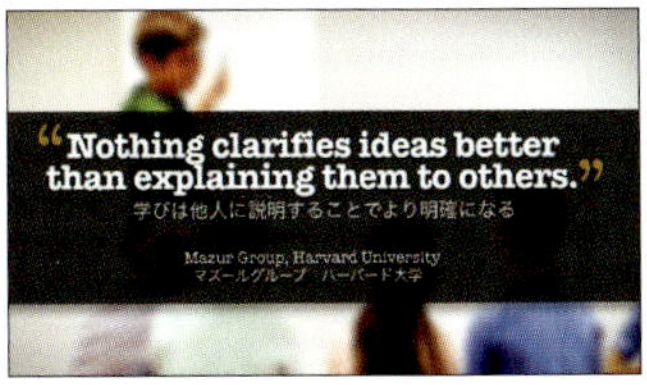
"Nothing clarifies ideas better than explaining them to others."
学びは他人に説明することでより明確になる
Mazur Group, Harvard University
マズールグループ ハーバード大学

Student presentations improve:
プレゼンテーションで伸びるスキル
Communication skills
コミュニケーション
Analytic skills
分析力
Visual literacy
視覚的能力
Creativity
創造性
Leadership skills
リーダーシップ

Teachers too can improve their visual literacy & presentation skills.
教師も視覚的能力やプレゼンテーション能力を学べる

Bill Gates bedient sich auf der Präsentationsbühne gerne großer, stimmungsvoller Bilder.

Zusammenfassung

Gute Präsentationsmaterialien verstärken die Botschaft des Redners. Vom technischen Standpunkt her war es nicht besonders schwierig, die in diesem Kapitel gezeigten Folien zu gestalten. Die Gestalter benötigten lediglich ein Präsentationsprogramm sowie eine Bildbearbeitungssoftware. Wie Sie Ihre Folien und andere Anschauungsmaterialien gestalten, hängt vollständig von Ihrer individuellen Situation, dem Inhalt und dem Publikum ab. Beachten Sie jedoch Folgendes:

- Erzeugen Sie einfache Anschauungsmaterialien mit wenigen Elementen, die das Auge des Betrachters führen.
- Gestalten Sie für die hinteren Reihen. Sorgen Sie dafür, dass jeder alle Elemente Ihrer Folien erkennen kann, egal wo im Raum er sich befindet.
- Entscheiden Sie sich für ein visuelles Thema, vermeiden Sie dabei jedoch langweilige, abgedroschene Software-Vorlagen.
- Setzen Sie Bilder und Text auf interessante Art und Weise ein, aber streben Sie dabei immer ein Gleichgewicht zwischen den verschiedenen Elementen an.
- Verwenden Sie Aufzählungspunkte nur sparsam oder verzichten Sie komplett darauf.
- Nutzen Sie hochqualitatives Bildmaterial.
- Bauen Sie komplexe Grafiken auf (animieren Sie sie), um Ihre Argumente besser zu unterstreichen.
- Machen Sie sich den folgenden Leitsatz zu eigen: »Maximaler Effekt mit minimalem Aufwand.«
- Lernen Sie, Leerraum zu erkennen und ihn für mehr Klarheit in Ihren Folien zu nutzen.

der vortrag

Jetzt sind Sie hier. Später sind Sie anderswo. Ist das so kompliziert?

– David Bader

8

Die Kunst, ganz anwesend zu sein

Wir leben im Zeitalter der Unterbrechungen und Ablenkungen. Wenn sich jemand mit uns unterhält, dabei aber offensichtlich anderweitig beschäftigt, also nicht ganz »da« ist, nicht zuhört und keine vernünftigen Antworten gibt, dann empfinden wir dies als unhöflich. Wir haben uns allerdings mehr oder weniger an Referenten und Präsentatoren gewöhnt, die dem Publikum und ihrem Thema nicht die volle Aufmerksamkeit schenken. Eine der wichtigsten Regeln beim Präsentieren ist, dass Sie in diesem Augenblick ganz anwesend sind. Ein guter Präsentator geht vollständig im Augenblick auf, er ist ganz dem Publikum verpflichtet. Er mag drückende Probleme haben – wer hat die nicht? –, aber er schiebt sie beiseite, sodass er vollständig anwesend sein kann. Wenn Sie eine Präsentation halten, sollten nicht eine Million Probleme durch Ihr Gehirn rasen, die Sie vom Hier und Jetzt ablenken. Es ist unmöglich, eine echte Unterhaltung mit jemandem zu führen, wenn dieser »irgendwo anders« ist. Anders herum ist es unmöglich, eine wirklich erfolgreiche Präsentation zu halten, wenn Sie »irgendwo anders« sind.

Eine der wichtigsten Erkenntnisse, die Sie aus der Welt des Zen lernen können, ist die Kunst der Achtsamkeit. Diesen Begriff kennen Sie möglicherweise in Verbindung mit der Meditation (*zazen*). Das Interessante an Zen ist jedoch, dass es nicht vom wirklichen Leben getrennt ist. Zen unterscheidet also nicht zwischen dem gewöhnlichen und dem spirituellen Leben. Bei der Meditation geht es nicht um ein Entkommen aus der Realität. Im Gegenteil: Sogar tägliche Routinehandlungen können der Meditation dienen. Sobald Sie sich bewusst machen, dass Ihre Handlungen und Entscheidungen normalerweise nur automatische Reaktionen auf eine Art Dialog in Ihrem Kopf sind, dann sind Sie frei, sich von allen Vorurteilen zu lösen. Sie haben also keine Abneigung gegen das Geschirrspülen – Sie spülen einfach. Wenn Sie einen Brief schreiben, schreiben Sie einen Brief. Und wenn Sie eine Präsentation halten, halten Sie eine Präsentation.

Bei der Achtsamkeit geht es um das Hier und Jetzt. Es ist das Bewusstsein für diesen speziellen Moment. Sie sehen diesen Moment genau so, wie er ist – ohne ihre normalen Filter, die sich nur um die Vergangenheit (oder Zukunft) drehen, die sich nur damit beschäftigen, was war, was sein sollte und was sein wird. Echte Achtsamkeit steht jedem offen; aber sie ist nicht leicht zu erlangen. Unser Leben ist so hektisch; wir müssen E-Mails beantworten und SMS verschicken, wir surfen im Web oder stecken im Berufsverkehr, um die Kinder abzuholen, während wir per Handy ein Essen bestellen. Unsere Köpfe sind mit so vielen Sorgen vollgestopft. Diese sind das größte Übel, weil sie sich stets um die Vergangenheit oder die Zukunft drehen – und beides existiert in der Gegenwart noch nicht einmal. Wir müssen im Privat- und Arbeitsleben, also auch beim Präsentieren, unseren Geist befreien und uns völlig im Hier und Jetzt bewegen.

Foto: Justin Sullivan/iStockphoto.com

Steve Jobs und die Kunst des Schwertkämpfers

Wie in Kapitel 5 erwähnt, nahm Steve Jobs seine Präsentationen auf eine einfache, aber bemerkenswerte Weise in Angriff. Seine Folien wirkten niemals vollgestopft, sie waren äußerst visuell. Er integrierte sie nahtlos und auf natürliche Weise in seinen Vortrag. Er selbst steuerte ihre Projektion, ohne jemals die Aufmerksamkeit auf diese Tatsache zu lenken. Sein Stil glich einer Unterhaltung und seine Folien waren perfekt mit seinen Worten synchronisiert. Seine Präsentationen waren ausgezeichnet strukturiert, man erhielt das Gefühl, dass Steve Jobs einen auf eine kleine Reise mitnahm. Auf der Bühne wirkte er freundlich, entspannt und selbstsicher (wodurch sich das Publikum ebenfalls entspannt fühlte) und er zeigte Leidenschaft und Begeisterung, die mitreißend, aber nicht übertrieben wirkte.

Alles wirkte so mühelos und einfach – so einfach, dass Sie annehmen könnten, dass Steve einfach ein Naturtalent war und dass es ihm leicht fiel, die Menge durch sein natürliches Charisma zu fesseln. Sie irren sich. Sicherlich war Steve Jobs eine charismatische Persönlichkeit; ich bin mir jedoch nicht sicher, ob überhaupt jemand von Natur aus Präsentationen mit Multimedia-Unterstützung und sogar Live-Demos halten kann. Nein, Steve Jobs Präsentationen waren deshalb so überzeugend und fesselnd, weil er und sein Team sich vorbereiteten und wie besessen übten, bis sie sicher waren, dass die Präsentation »mühelos« wirkte.

Auf der Bühne war Steve ein Künstler. Und wie jeder Künstler perfektionierte er seine Technik und Form durch Übung und Erfahrung. Genau wie bei jedem Künstler verschwendete er während der Ausübung seiner Präsentationskunst jedoch keinen Gedanken mehr an Technik und Form oder an Erfolg und Misserfolg. Denn sobald wir an Erfolg oder Versagen denken, geht es uns wie dem Schwertkämpfer, dessen Geist – wenn auch nur für einen ganz kurzen Augenblick – innehält, um über die Technik oder das Ergebnis des Kampfes nachzudenken. In diesem Moment hat er verloren. Dies klingt paradox – aber sobald wir unseren Gedanken während der Präsentation erlauben, über Erfolg und Misserfolg oder über Ergebnisse und Techniken nachzudenken, hat in diesem Augenblick unser Scheitern begonnen. Steve Jobs erinnert uns daran, dass wir uns während unserer Präsentationen ganz im Hier und Jetzt befinden müssen.

Unbewusstes Bewusstsein

Wenn sich ein Schwertkämpfer ganz im Augenblick befindet und sein Geist leer ist (*mushin no shin* oder »unbewusstes Bewusstsein«), empfindet er keine Angst und verschwendet keinen Gedanken an Gewinnen, Verlieren oder auch nur sein Schwert. Auf diese Weise, erläutert Daisetz T. Suzuki in seinem Buch *Zen and Japanese Culture*, »verwandeln sich sowohl Mann als auch Schwert in Instrumente des Unbewussten; und eben dieses Unbewusste vollbringt das Wunder der Kreativität. Der Schwertkampf wird zur Kunstform.«

Das Geheimnis der Schwertkampfkunst führt über die Beherrschung der Technik hinaus. Es beruht auf der Fähigkeit, das Bewusstsein in einen Zustand zu versetzen, in dem der Geist »leer und gleichzeitig nicht leer« ist. Ganz einfach – Künstler und auch Sportler müssen in der Lage sein, ihr Eigen-Bewusstsein an den Rand zu drängen, und ihr Selbst vollständig einbringen. Suzuki erklärt dies so: Es muss so sein, »als wenn in diesem Augenblick nichts Besonderes passieren würde«. Wenn Sie Ihre Kunst in diesem Zustand ausüben, sind Sie frei von Versagensängsten und Zweifeln. Künstler kennen diesen Geisteszustand genauso wie Musiker und Hochleistungssportler.

Steve Jobs' Präsentationen wurden stets mit Spannung erwartet, sodass er unter starkem Druck stand. Die Erwartungen an jede Präsentation waren innerhalb und außerhalb von Apple sehr hoch. Steve zeichnete sich in diesen Situationen deshalb so aus, weil er den Ernst der Situation scheinbar vergaß und einfach seine Präsentation hielt. In dieser Hinsicht war er wie der kunstfertige Schwertkämpfer, der durch seinen »unerschütterlichen Geist« keinen Gedanken an Leben oder Tod verschwendet. Der Geist ist ruhig und frei, sodass sich der Mensch ganz dem Augenblick hingeben kann. Suzuki formuliert es folgendermaßen: »Das Wasser ist stets in Bewegung; aber der Mond behält seinen Gleichmut. Der Geist bewegt sich als Antwort auf zehntausend Situationen, bleibt aber dennoch unverändert.«

Technisches Training ist wichtig; dennoch sind Techniken auf einen Blick als antrainiert erkennbar, wenn sie nicht mit dem entsprechenden Geisteszustand einhergehen. Suzuki führt aus: »Erst wenn der Geist, der von den technischen Fähigkeiten Gebrauch macht, sich in den Zustand der äußersten Beweglichkeit versetzt, tritt er über das Antrainierte oder Angeeignete hinaus und erlangt die Spontaneität des natürlichen Wachstums.« Sicherlich können Seminare und Bücher uns helfen, besser zu präsentieren. Im Endeffekt muss diese Fähigkeit aber wie viele andere darstellende Künste in uns wachsen. Technik und gute Form sind notwendig und Sie müssen »die Regeln« kennen. Sie müssen üben, üben und noch mehr üben. Je besser Sie sich vorbereiten und Ihr Material verinnerlichen, desto natürlicher wirkt Ihre Präsentationskunst und desto eher können Sie sich in den Zustand des »unbewussten Bewusstseins« versetzen.

Im Augenblick aufgehen

Sind Sie während einer Präsentation oder einer anderen Darbietung schon einmal so sehr im Augenblick aufgegangen – ohne einen Gedanken an Vergangenheit oder Zukunft –, dass Ihr Thema Sie ebenso sehr gefesselt hat wie Ihr Publikum? Dann haben Sie eine wahre Verbindung hergestellt.

In ihrem Buch *If You Want to Write* unterstreicht Brenda Ueland die Wichtigkeit, ganz im Augenblick aufzugehen, sodass Sie Ihre Kreativität und Wirkung auf Ihr Publikum maximieren können. Diese kreative Energie und die vollständige Präsenz sind eher intuitive als intellektuelle Fähigkeiten. Brenda vergleicht diese Kreativität und Verbindung mit einer gelungenen musikalischen Darbietung.

Als Musiker spielen Sie manchmal auf und manchmal in Ihrem Musikinstrument. Das Ziel besteht darin, nicht einfach die Noten auf der Seite zu wiederholen, sondern wirklich Musik zu spielen, sich *in der Musik* zu befinden. Gute Musiker werden zu einem Teil der Musik, selbst wenn sie nicht immer technisch perfekt sind. Das Gleiche gilt für Präsentationen. Das Ziel sollte sein, vollständig im Augenblick und der Präsentation aufzugehen. Es ist möglicherweise nicht machbar (oder gar nicht wünschenswert), eine perfekte Technik zu erreichen. Dennoch kann zwischen dem Publikum und dem Künstler (oder Präsentator) eine Art perfekter Verbindung entstehen, wenn er ganz im Augenblick aufgeht.

»Nur wenn Sie selbst zu einem Teil Ihrer Kunst werden«, schreibt Brenda, »hören die Menschen Ihnen zu und sind bewegt.« Ihre Musik ist glaubwürdig und authentisch, weil Sie »darin aufgehen«, sie nicht intellektualisieren oder nur einem Satz vorgeschriebener Regeln (Noten, Anweisungen) folgen. Wir sind bewegt, weil auch der Künstler bewegt ist. Gilt dies nicht auch für Präsentationen? Ihre Präsentation ist glaubwürdig, weil Sie sich vorbereitet haben und logische Argumente vorbringen, aber auch, weil Sie von Ihrem Thema gefesselt sind. Sie müssen ehrlich an Ihre Botschaft glauben, anderenfalls wird sie Ihnen niemand glauben. Sie müssen »im Moment aufgehen«, wenn Sie Ihr Publikum fesseln möchten.

»Das Wasser ist stets in Bewegung; aber der Mond behält seinen Gleichmut. Der Geist bewegt sich als Antwort auf zehntausend Situationen, bleibt aber dennoch unverändert.«

– Daisetz T. Suzuki

Von der Kunst des Judo lernen

Die besten Hinweise für Ihre Präsentationen finden Sie an den ungewöhnlichsten Orten. Betrachten wir beispielsweise die folgenden fünf Prinzipien, die gute Empfehlungen für effektive Präsentationen darstellen:

1. Beobachten Sie sich und Ihre Situation aufmerksam.
   Beobachten Sie aufmerksam andere und Ihre Umgebung.
2. Übernehmen Sie stets die Initiative.
3. Denken Sie sorgfältig nach, handeln Sie entschieden.
4. Erkennen Sie, wann Sie aufhören müssen.
5. Bleiben Sie in der Mitte.

Diese weisen Worten haben in Wirklichkeit nichts mit »effektiven Präsentationsprinzipien« zu tun. Es sind vielmehr Jigoro Kanos fünf Prinzipien des Judo, wie John Stevens in seinem Buch *Budo Secrets* auflistet. Dennoch lassen sich diese Prinzipien leicht auf die Gestaltung und den Vortrag von Präsentationen anwenden. Vielleicht haben Sie schon einmal eine Präsentation besucht, bei der der Referent besser das Prinzip 4 angewandt hätte: Erkennen Sie, wann Sie aufhören müssen. Manchmal sprechen Sie länger oder kürzer als geplant; dies muss jedoch eine überlegte Entscheidung sein – Prinzip 1: Beobachten Sie sich selbst, andere und Ihre Umgebung. Dies sind nur zwei Beispiele, die die Anwendung dieser Prinzipien verdeutlichen.

Jigoro Kano begründete Judo im späten 19. Jahrhundert in Japan. Judo basiert zwar nicht direkt auf den Zen-Prinzipien, wird aber oft als wichtiger Ausdruck des Zen betrachtet. Ich habe sehr großen Respekt vor Menschen, die sich der Kunst des Judo verschreiben. Judo ist mehr als ein Sport oder rein körperliche Aktivität. Die Lektionen, Weisheiten und Erfahrungen stellen für die Praktizierenden eine tiefgreifende Hilfe in allen Situationen des Lebens dar.
H. Seichiro Okazaki schrieb über die Geheimnisse des Judo: »Nur einen aufnahmebereiten Geisteszustand ohne vorgefasste Ideen oder Gedanken kann man die geheime Kunst der spontanen, natürlichen und unvermittelten Reaktion, die ohne absichtslosen Widerstand erfolgt, meistern.« Dieser Gedanke muss nicht auf die Judomatte beschränkt bleiben. Denken Sie an die letzte schwierige Präsentation, die nicht so gut lief wie erhofft. Vielleicht gab es unerwarteten »Gegenwind«. Hätten Sie es besser gemacht, wenn Sie Ihr Publikum gefesselt und die schwierigen Fragen durch »spontane, natürliche und unvermittelte Reaktion ohne absichtslosen Widerstand« beantwortet hätten?« Wenn ich schwierige Fragen von einer skeptischen oder sogar feindseligen und aggressiven Person

erhalte, ist erfahrungsgemäß eine natürliche, nicht aggressive Antwort stets effektiver, als wenn ich Ärger zeige oder mich in die Defensive drängen lasse. Es ist sehr einfach, aggressiv zu reagieren, führt normalerweise aber zu einer sicheren Niederlage für den Präsentator.

Im Gegenwind präsentieren

Irgendwann stehen auch Sie vor einem verärgerten Kunden oder einem Publikumsmitglied, das Sie aus dem Konzept bringen oder Sie dumm aussehen lassen will. So etwas kommt vor. Wichtig ist nun, dass das Publikum niemals unser Feind ist. Wenn es überhaupt einen Feind gibt, dann steckt dieser in uns selbst. Selbst wenn ein Publikumsmitglied die Rolle des »Gegners« einnimmt, wird Ärger und Gereiztheit sicherlich weder Ihnen noch übrigen Teilnehmern – von denen möglicherweise 90 Prozent Ihrer Ansicht sind – helfen. der Begründer des Judo Jigoro Kano beschreibt den Umgang mit dem Gegner folgendermaßen: »Um den Gegner zu besiegen, muss man dessen Kraft nachgeben, sich daran anpassen und sie am Ende in den eigenen Vorteil verwandeln.«

Vor vielen Jahren hielt ich vor einer großen Gruppe eine Präsentation. Es lief sehr gut. Eine Person im Publikum störte jedoch häufig mit irrelevanten Kommentaren, bis sich das Publikum dadurch abgelenkt fühlte. Ich hätte ärgerlich werden können, tat dies aber nicht. Ehrlich gesagt, spürte ich, dass das Publikum nur darauf wartete, dass ich den Kerl bei der nächsten Unterbrechung in der Luft zerreißen würde. Aber ich behandelte den Teilnehmer weiterhin respektvoll, zeigte weder Gereiztheit noch Ärger und ließ auch nicht zu, dass seine Unterbrechungen meinen Vortrag entgleisen lassen würden. Nach der Präsentation beglückwünschten mich einige Teilnehmer für meinen Umgang mit dem »Störenfried«. Ironischerweise wollte der aufmüpfige Teilnehmer wohl meine Effektivität mindern, erreichte aber das genaue Gegenteil. Ich ging im Augenblick auf, zeigte Selbstbeherrschung und rasselte nicht mit dem Störenfried zusammen, was alles nur noch schlimmer gemacht hätte. Dadurch gewann ich den Respekt des Publilkums.

Beitrag und Präsenz

Jede Präsentation ist eine Darbietung und Ben Zander, der begnadete Dirigent des Boston Philharmonic Orchestra, weiß einiges über die Kunst der Darbietung. Ben Zander ist gleichzeitig auch einer der wirklich herausragenden Präsentatoren unserer Zeit. In der Tat ist er so gut, so inspirierend und informativ, dass er jeden Tag vor Unternehmen und Organisationen über Führungsstärke und Transformation referieren könnte.

Als ich im Frühjahr 2007 mit Dan Pink im Zug nach Osaka saß, machte er mich auf Ben Zander aufmerksam. »Es gibt viele gute Präsentatoren«, sagte Dan. »Ben Zander spielt aber in einer anderen Liga«. Noch am gleichen Tag kaufte ich mir ich das Buch *The Art of Possibility: Transforming Professional and Personal Life* von Rosamund und Benjamin Zander. Es war eine Offenbarung. Dans Vorschlag, Ben Zander als Redner/Präsentator zu erleben, war der beste Tipp, den ich seit langer Zeit erhalten hatte.

Witzigerweise präsentierte ich im Monat darauf vor einer Fortune 500-Firma und stellte fest, dass jeder einzelne Anwesende mit den Ausführungen der Zanders vertraut war und dass sich ihre einfachen Ratschläge positiv auf das gesamte Unternehmen auswirkten.

Im folgenden Beispiel geht Zander auf die Musik ein; seine Aussagen lassen sich jedoch auch auf die Kunst des Präsentierens übertragen:

> *»Dies ist der Augenblick – gerade jetzt ist der wichtigste Augenblick. Das heißt: Es geht nur noch um den Beitrag. Das ist unsere Aufgabe. Es geht nicht darum, die Leute zu beeindrucken. Es geht nicht um das nächste Jobangebot. Es geht darum, einen Beitrag zu leisten.«*
>
> – *Benjamin Zander*

Es geht nicht immer um Erfolg oder Misserfolg; es geht um den Beitrag und um die vollständige Präsenz. Fragen Sie sich nicht »Wie werde ich ankommen?« oder »Werde ich sie überzeugen?« Fragen Sie sich lieber: »Welchen Beitrag kann ich leisten?« Als Ben einen begabten Musiker auf seinen Auftritt vorbereitete, gab er ihm den folgenden Ratschlag: »Es geht um unseren Beitrag; das ist unser Beruf ... Jeder konnte erkennen, dass Sie den Menschen in diesem Raum Leidenschaft vermittelt haben. Waren Sie besser als der andere Geiger; war dieser besser als der Pianist? Es ist mir gleichgültig; im Zusammenhang mit dem Beitrag gibt es kein »besser!«

Den Zanders zufolge ist es sinnlos, sich in Vergleichen zu verlieren, sich selbst mit anderen zu vergleichen und sich zu fragen, ob Sie der Richtige sind, diese Präsentation zu halten oder ob das besser ein anderer übernehmen sollte. Stattdessen leisten Sie in diesem Augenblick, genau hier und jetzt, Ihren Beitrag. Ihre Botschaft ist der Beitrag. Es gibt kein »Besser«, es gibt nur das Jetzt. Ganz einfach.

Möglicherweise steht nicht in jeder Präsentationssituation der Beitrag im Vordergrund. Allerdings kann ich mich an keine Präsentation erinnern, bei der ich nicht in gewissem Umfang einen Beitrag geleistet habe. Sicherlich – wenn Sie Ihr Expertenwissen mit einem Publikum aus Laien auf diesem Gebiet teilen sollen, dann sollten Sie genau darüber nachdenken, was (für die Teilnehmer) wichtig ist und was weniger (auch hier: *für die Teilnehmer*). Es ist zweifellos leichter, einfach Ihre Standardpräsentation hervorzuholen. Es geht aber nicht darum, die Menschen mit Ihrem Fachwissen zu beeindrucken. Es geht vielmehr darum, bleibende Werte zu hinterlassen.

Leidenschaft, Risiko und das »Spiel auf einer Pobacke«

In den meisten Kulturkreisen – und ganz besonders in Japan – ist es eine schlimme Sache, einen Fehler zu begehen. Für Musiker ist es laut Ben Zander gefährlich, sich zu viele Gedanken über die Konkurrenz zu machen und sich selbst mit anderen zu messen. Dadurch »wird es schwierig, die notwendigen Risiken auf sich zu nehmen, die zu einer wirklich herausragenden Darbietung notwendig sind.« Nur durch Fehler können wir erkennen, woran es uns fehlt, woran wir noch arbeiten müssen. Wir hassen Fehler, also gehen wir auf Nummer sicher. Langfristig gesehen, ist dies äußerst gefährlich, wenn Sie auf Ihrem Gebiet wirklich großartige Leistungen erbringen möchten. Zander empfiehlt, dass wir uns von Fehlern nicht aus der Fassung bringen lassen. Stattdessen sollten wir bei jedem Fehler die Arme heben und »Wie faszinierend!« ausrufen. Wieder einen Fehler gemacht? Wie faszinierend! Wieder haben wir eine Gelegenheit bekommen, etwas zu lernen. Wir sind wieder einmal ins Stocken geraten? Macht nichts! Fahren Sie fort. Es ist nicht möglich, ganz im Augenblick aufzugehen und gleichzeitig Angst vor Fehlern zu haben.

Es genügt nicht, ein Musikstück intellektuell zu erfassen oder es ohne irgendwelche Fehler zu spielen – wie Ben sagt, müssen Sie die wahre Sprache der Musik auf emotionale Weise ausdrücken. Ben bemerkte, dass die Musik durch die Körper der Musiker fließt und die Kontrolle übernimmt, sodass sie sich hin und her wiegen, wenn sie in ihrer Musik aufgehen und sie mit so viel Herz und

Gefühl spielen, dass das Publikum mitgerissen wird. Er fordert seine Musiker auf, »auf einer Pobacke zu spielen«, also die Musik durch ihre Körper fließen zu lassen, sodass sie sich von einer Gesäßhälfte auf die andere wiegen. Als Musiker (oder Darsteller einer anderen Kunstform) können Sie nicht auf beiden Gesäßhälften sitzen bleiben, sobald Sie ganz im Augenblick aufgehen und sich mit der Sprache der Musik und dem Publikum verbinden. Sie müssen sich bewegen und Sie können Ihre Leidenschaft nicht zurückhalten, sondern müssen das Publikum an der Energie und Leidenschaft, die Sie für die Musik (oder Ihre Thema, Ihre Ideen usw.) empfinden, teilhaben lassen.

Sie können sich zurückhalten, versuchen, keinen Fehler zu machen und perfekt »auf beiden Pobacken« spielen. Oder Sie können sagen: »Sei's drum! – ich gehe ein Risiko ein.« Dann trauen Sie sich, in die Intensität und Farbe der Musik, ihre Menschlichkeit und Leidenschaft einzutauchen und womöglich auf Ihre eigene kleine Weise (und nur auf einer Pobacke) die Welt ändern. Spielen Sie absolut ernsthaft und mit Ihrem ganzen Körper – Herz und Seele – und Sie werden eine Verbindung eingehen und die Dinge ändern. Ben Zander ermutigte einen seiner begabten Schüler, »auf einer Pobacke« zu spielen: »Wenn Sie auf diese Weise spielen, dann sind Sie unwiderstehlich. Sie werden eine treibende Kraft, die alle anderen dazu bringt, ihr Bestes zu geben.«

Der Jazzpianist Dr. John Hanagan spielt in einem bekannten Jazzclub in Osaka und geht ganz im Augenblick auf. Am Schlagzeug sitze ich und »Taku« (nicht im Bild) spielt Bass.
Foto: Nikolas Papageorgiou

Nehmen Sie sich nicht zu ernst!

»Entspannen Sie sich«, sagt Ben Zander, »und Ihre ganze Umgebung wird sich ebenfalls entspannen.« Das heißt nicht, dass Sie Ihre Arbeit nicht ernst nehmen sollten (denn das sollten Sie). Es heißt auch nicht, dass Sie sich selbst nicht ernst nehmen sollten (das hängt von der Zeit und dem Anlass ab). Ganz sicher ist jedoch, dass wir alle immer wieder über unseren Schatten springen müssen. Und dies geht mit Humor vielleicht am besten.

Rosamund Zander, die Philosophin des Paares, schreibt, dass wir uns von Geburt an mit anderen messen. Wir befürchten einen Mangel an Liebe, Aufmerksamkeit und Nahrung und halten dies für den natürlichen Lauf der Dinge. Sie nennt dies das »berechnende Selbst«. In einer von Mangel, Wettbewerb und Vergleich geprägten Welt »muss das Selbst tatsächlich sehr ernst genommen werden.« Egal, wie erfolgreich und selbstbewusst Sie als Erwachsener werden, Ihr »berechnendes Selbst« beschäftigt sich mit dem vermeintlichem Mangel. Es ist schwach und befürchtet, alles zu verlieren.

Wir sollten deshalb versuchen, über das berechnende Selbst und seine Welt des Mangels, übertriebener Befürchtungen und Unzulänglichkeiten hinauszutreten und eine gesündere Einstellung der Unabhängigkeit, Ganzheit und der Chancen zu entwickeln. Wenn Sie über sich selbst hinauswachsen – und Humor kann dabei äußerst hilfreich sein –, können Sie die kreative Natur der Welt und Ihre eigene Kreativität erkennen. Sobald Sie verstehen, wozu ein Kind nicht in der Lage ist – dass Sie die Welt nicht kontrollieren, Ihren Willen den Herzen der Menschen nicht aufzwingen können –, dann beginnen Sie, über sich selbst hinauszuwachsen.

Wenn Sie lernen, sich zu entspannen, betrachten Sie sich selbst als durchlässig, aber unverletzlich, schreibt Rosamund und Sie bleiben offen für das Unbekannte, neue Einflüsse und neue Ideen. Sie versuchen nicht mehr, dem Fluss des Lebens zu widerstehen und gegen ihn anzukämpfen, sondern bewegen sich harmonisch und anmutig mit ihm. Humor ist eine wunderbare Art, uns klarzumachen – egal, wie hart unsere Arbeit ist –, dass im echten Kern unseres Selbst nicht kindische Wünsche, Ansprüche und Berechnungen stehen, sondern stattdessen Solidarität, Zuversicht und sogar Inspiration. Auch eine Präsentation ist eine gute Gelegenheit, den Menschen diese Seite von Ihnen zu zeigen.

Zusammenfassung

- Wie eine Unterhaltung erfordert auch eine Präsentation Ihre vollständige Präsenz.
- Wie ein meisterhafter Schwertkämpfer müssen Sie sich vollständig im Augenblick befinden und keinen Gedanken an Vergangenheit, Zukunft, Gewinnen oder Verlieren verschwenden.
- Fehler können passieren; machen Sie sich aber keine Gedanken über frühere oder künftige Fehler. Leben Sie ausschließlich im Augenblick und für Ihr individuelles Publikum.
- Einfachheit und Natürlichkeit entstehen durch Vorbereitung und fortwährende Übung. Je mehr Sie üben, desto sicherer werden Sie und desto müheloser wird Ihre Präsentation dem Publikum erscheinen.
- Gute Planung ist notwendig; Sie sollten aber auch ganz im Augenblick aufgehen. Das heißt, dass Sie flexibel, völlig aufmerksam und offen für Chancen bleiben. Sie müssen nicht unbedingt perfekt sein. Vielmehr geht es darum, denjenigen, die gekommen sind, um Ihnen zuzuhören, eine authentische Präsentation zu bieten.

9

Verbindung mit dem Publikum

Das meiste, was ich über Kommunikation und Verbindung gelernt habe, habe ich nicht aus Vorlesungen und Kommunikationsseminaren. Es stammt aus meiner Erfahrung auf der Bühne und der langjährigen Beobachtung anderer Musiker. Seit meinem 17. Lebensjahr spielte ich in verschiedenen Jazzbands Schlagzeug. Egal, wie »gut« die Musik unter technischen Gesichtspunkten ist – nur mit einer guten Verbindung zwischen Musiker(n) und Publikum kann eine hervorragende Darbietung entstehen.

Musizieren ist Darbietung und Präsentation zugleich. Bei guten Präsentationen geht es wie bei Konzerten um eine ehrliche und aufrichtige Verbindung und einen ehrlichen Austausch auf intellektueller *und* emotionaler Ebene.

Herausragende Live-Musikaufführungen haben mich eine wichtige Lektion gelehrt: Die Musik und die Fähigkeit des Künstlers, die (musikalische) Botschaft zu vermitteln und sich mit dem Publikum zu verbinden, ist alles. Wenn es gut gemacht ist, geht das weit über die Noten auf dem Blatt hinaus. Eine echte Aufführung transzendiert die einfache Tatsache eines Künstlers, der Musik spielt, und der Menschen, die zuhören. Es gibt keine Politik und keine Mauern. Die Musik mag das Publikum berühren oder nicht; aber es ist kein Platz für Unaufrichtigkeit, fragliche Motive oder mehr Schein als sein. Das Lächeln, die zustimmend nickenden Köpfe und die Füße, die unter dem Tisch den Takt klopfen, sagen mir, dass eine Verbindung entstanden ist. Und diese Verbindung ist nichts weniger als Kommunikation. Es ist ein herrliches Gefühl.

Die Kunst der musikalischen Aufführung und die Kunst der Präsentation haben dieselbe Grundlage: Es geht immer um die Überbrückung der Entfernung zwischen dem Künstler und dem Publikum und um die Herstellung einer echten Verbindung. Ohne diese Verbindung ist keine Kommunikation möglich.

Das trifft immer zu – ob Sie sich nun eine neue Technologie oder eine innovative medizinische Behandlung vorstellen oder ein Konzert in der Carnegie Hall geben.

Denken Sie immer daran: Es geht nicht um uns, es geht um das Publikum. Und um unsere Botschaft.

Jazz, Zen und die Kunst der Verbindung

Ein bestimmter Gedankengang besagt: Würde ich Ihnen die Bedeutung von Zen mitteilen, dann wäre dies kein echtes Zen mehr. Dasselbe könnte man über die Bedeutung des Jazz sagen. Natürlich können wir darüber sprechen. Durch unsere Verbalisierung kommen wir der Bedeutung näher – und die Diskussion kann interessant, hilfreich und inspirierend sein. Dennoch können wir weder Jazz noch Zen selbst jemals erfahren, indem wir nur darüber reden. Beim Zen geht es um die Sache selbst. Beim Zen geht es um das Jetzt – genau hier, genau jetzt. Mit dem Jazz verhält es sich im Grunde genauso. Es geht um diesen Moment. Es gibt keine Künstlichkeit, keine Vorspiegelung falscher Tatsachen, keine Schauspielerei. Kein Wunsch, in diesem Moment irgendwo anders oder irgendjemand anders zu sein.

Es gibt zwar viele Arten von Jazz, aber wenn Sie dem Wesen dieser Kunstform zumindest nahekommen möchten, dann hören Sie sich das Album *Kind of Blue* von Miles Davis aus dem Jahr 1959 an. Die Liner Notes für dieses klassische Album stammen von dem legendären Bill Evans, der auf dem Album Klavier spielt. In diesem Booklet-Text bezieht sich Bill direkt auf die Zen-Kunst *sumi-e*.

Für mich vermittelte dieses Album stets die Ästhetik von Beschränkung, Einfachheit und Natürlichkeit – Prinzipien, die sich im Herzen des Presentation-Zen-Ansatzes ebenfalls finden. In der Musik hören Sie eine freie, aber strukturierte Spontaneität, eine Idee, die widersprüchlich scheint, bis Sie sich mit einer der Zen-Künste – oder dem Jazz – beschäftigen. Eine freie, aber strukturierte Spontaneität ist genau der Zustand, den wir uns während einer Präsentation für uns und unser Publikum wünschen.

Sie können eine bessere Verbindung zum Publikum aufbauen, wenn Sie den Geist des Jazz in Ihren Vortrag einbringen. Mit »Geist des Jazz« meine ich das genaue Gegenteil von Dekoration oder Oberflächlichkeit. Beim Geist des Jazz geht es um ehrliche Absichten. Wenn die Absicht rein und die Botschaft klar ist, dann brauchen Sie nichts Weiteres. Beim Jazz geht es um das Niederreißen von Barrieren, um einen Zugang zu schaffen, sodass die Zuhörer Ihren Ausdruck (Ihre Botschaft, Ihre Geschichte, Ihren Standpunkt) verstehen können. Das bedeutet nicht notwendigerweise, dass Sie stets direkt sein müssen, obwohl dies häufig der beste Weg ist. Andeutungen und Anspielungen sind ebenfalls wirkungsvoll. Der Unterschied ist, dass beabsichtigte Andeutungen und Anspielungen einen Zweck verfolgen und in Hinblick auf das Publikum angebracht werden. Ohne bestimmte Absicht und Aufrichtigkeit vorgebrachte Andeutungen und Anspielungen können zu vergröbertem, inhaltslosem Geschwafel oder sogar Verwirrung führen.

Jazz vereinfacht das Komplexe durch den tief empfundenen Ausdruck von Klarheit und Aufrichtigkeit. Er enthält Strukturen und Regeln, bietet aber auch große Freiheit. Vor allen Dingen ist Jazz natürlich. Es geht nicht darum, eine Maske von Raffinesse oder Ernsthaftigkeit aufzusetzen. In Wirklichkeit befinden sich auch Humor und Verspieltheit im Herzen des Jazz. Sie mögen ein leidenschaftlicher, ernsthafter Musiker oder Jazzfan sein; dann wisssen Sie auf jeden Fall auch, dass Lachen und Spielen ebenfalls zum Menschsein gehören – das Spiel liegt in unserer Natur und gehört zum kreativen Prozess. Es liegt nur an unserer üblichen Schulbildung, dass wir die »Ernsthaftigkeit« des Spiels anzuzweifeln beginnen. Und damit verlieren wir ein Stückchen von uns selbst, auch unser Selbstvertrauen und einen Teil unserer Menschlichkeit. Durch meine parallel laufenden Studien des Jazz und der Zen-Künste habe ich erkannt, dass im Kern beider Künste Struktur und Übung sowie Verspieltheit und Lachen verborgen sind – Elemente, die auch in unseren Präsentationen enthalten sein sollten.

In den meisten Situationen benötigen Sie nicht die neuesten Technologien oder die weltbeste Ausrüstung. Es ist viel wichtiger, dass Sie zeigen, wie gut Sie vorbereitet sind, und dass Sie bereit sind, »nackt« zu präsentieren, mit oder ohne Technologie. Eine schlechte Präsentation wird kein bisschen besser, nur weil die Bilder mittels einer teuren Ausrüstung projiziert werden. Ehrlichkeit, Offenheit und Respekt vor dem Publikum spielen eine sehr viel größere Rolle als Technologie und Technik.

Die vollkommen unvollkommene menschliche Verbindung

Mensch zu sein bedeutet, unvollkommen zu sein. Heutzutage können Computer Musik erzeugen, die nicht mehr vom Spiel echter Musiker zu unterscheiden ist, und Tonstudios können schon lange selbst die kleinsten Unvollkommenheiten echter Musiker in Timing oder Tonlage bereinigen. Was eine Live-Aufführung jedoch so großartig macht, ist eben nicht die Perfektion der Musik, sondern die menschliche Verbindung zwischen Musikern und Publikum.

Dave Grohl, der ehemalige Schlagzeuger von Nirvana, ist Begründer, Leadsänger und Gitarrist der Rockband Foo Fighters, die bis heute 11 Grammy Awards abgeräumt hat. Grohl spricht oft über die Bedeutung des unvollkommenen menschlichen Elements in guter Musik. Seine Worte treffen für musikalische Darbietungen zu, und sie gelten auch für andere Künste wie öffentliches Sprechen und Präsentationen. Hier ist ein Auszug aus seiner Rede zum Erhalt des Grammy Award für die beste Rock-Performance im Jahr 2012:

> *»Für mich bedeutet diese Auszeichnung sehr viel, denn sie zeigt, dass das menschliche Element in der Musik am wichtigsten ist. In ein Mikrofon zu singen und ein Instrument spielen zu lernen und zu lernen, sein Handwerk zu beherrschen, das ist das Wichtigste ... Es geht nicht darum, perfekt zu sein, es geht nicht darum, absolut korrekt zu klingen, es geht nicht darum, was sich in einem Computer abspielt. Es geht darum, was sich hier drinnen [in Ihrem Herzen] und hier drinnen [in Ihrem Kopf] abspielt.«*

Später stellte Grohl in einer Pressemitteilung klar, dass er nicht grundsätzlich gegen die Digitalisierung sei, sondern dass er herausstellen wollte, dass das unvollkommene menschliche Element aus seiner Sicht das Wichtigste in der Musik sei. »Das, was geschieht, wenn ein Lied etwas schneller oder eine Gesangsstimme etwas schärfer klingt«, sagt Grohl. »Das, was Menschen wie Menschen klingen lässt. Irgendwann wurden diese Sachen für schlecht erklärt, und mit den großen Fortschritten in der digitalen Aufnahmetechnik ließen sie sich immer einfacher reparieren. Das Endergebnis? Meiner bescheidenen Meinung nach ... sehr viel Musik, die perfekt klingt, der es aber an Persönlichkeit fehlt. Die eine Sache, die Musik überhaupt erst so aufregend macht«. In gewisser Weise zieht die Musik die Menschen nicht wegen ihrer Perfektion an, sondern weil sie eben nicht perfekt ist. Ebenso fühlen sich Menschen von Ihnen und Ihrer Persönlichkeit nicht deshalb angezogen, weil Sie perfekt sind, sondern weil Sie eben nicht perfekt sind.

All dieses Gerede von Unvollkommenheit soll nicht heißen, dass Sie improvisieren oder Ihre Präsentation auf die leichte Schulter nehmen sollten. Ja, wir bereiten uns gut vor, und wir streben nach Perfektion, so gut wir es im Augenblick eben können – wohl wissend, dass wir echte Perfektion niemals erreichen können. Aber wenn wir das anstreben, was wir als perfekt bezeichnen würden, erreichen wir vielleicht doch immerhin Spitzenleistungen. Salvador Dalí pflegte angeblich zu sagen: »Fürchten Sie sich nicht vor der Perfektion. Sie werden sie nie erreichen.« Wir werden sie nicht erreichen, aber indem wir danach streben, erreichen wir vielleicht doch ein Maß der Meisterschaft, die das Publikum zu würdigen weiß. Und durch das Wissen, dass Perfektion in Wahrheit nicht erreichbar ist, können wir uns etwas mehr entspannen. Das hilft uns dann tatsächlich, im Augenblick zu sein und uns einer vollkommen unvollkommenen, aber dafür echt menschlichen Verbindung anzunähern.

Gegenüberliegende Seite: Dave Grohl auf der Bühne mit den Foo Fighters.

Ein starker Beginn schafft eine Verbindung

Um eine Verbindung mit den Zuhörern aufzubauen, müssen wir von Anfang an ihre Aufmerksamkeit erregen. Granville N. Toogood, der Autor des Buchs *The Articulate Executive* vertritt ebenfalls die Idee, schnell zu starten und mit einem Paukenschlag zu beginnen. »Um sicherzustellen, dass Sie keinen Fehlstart hinlegen, sollten Sie sofort loslegen«, sagt er. »Wollen Sie das Publikum begeistern, müssen Sie schnell zuschlagen.« Ich empfehle immer dringend, keine Zeit am Anfang einer Präsentation mit Formalitäten wie langen Einführungen zu verschwenden, die nichts mit den Zielen der Präsentation zu tun haben. Der Anfang ist der wichtigste Teil. Sie benötigen eine Eröffnung, die die Menschen packt und sie in die Präsentation zieht. Wenn Sie sie nicht von Anfang an am Haken haben, kann der Rest Ihrer Präsentation sinnlos sein.

Gemäß dem Primäreffekt erinnern wir uns besser daran, was am Anfang einer Präsentation passiert, als an die übrigen Teile. Es gibt viele Möglichkeiten, schnell zuzuschlagen und mit einem Paukenschlag zu beginnen, um von Anfang an eine starke Verbindung zu erzielen. In meinem Buch *The Naked Präsentator* (Addison-Wesley) stellte ich die Idee vor, eine starke Verbindung herzustellen, indem Sie in Ihre Eröffnung etwas Persönliches, Unerwartetes, Originelles, Provozierendes oder Humorvolles einbringen. Die besten Präsentationen enthalten normalerweise mindestens eines oder auch mehrere dieser Elemente.

Persönlich

Seien Sie persönlich. Verwechseln Sie »persönlich« jedoch nicht mit einer langen Selbstvorstellung mit Ihrem Hintergrund und Organisationsdiagrammen oder einer Erläuterung, warum Sie qualifiziert sind, diese Präsentation zu halten. Eine persönliche Geschichte kann jedoch eine sehr effektive Eröffnung sein, solange sie einen wesentlichen Ansatzpunkt beleuchtet oder auf eingängige Weise zum Thema hinführt.

Unerwartet

Bringen Sie etwas Unerwartetes. Wenn Sie etwas tun oder sagen, was dem widerspricht, was die Menschen erwarten, haben Sie ihre Aufmerksamkeit. Tun oder sagen Sie etwas, was die Teilnehmer überrascht. Dies erhöht die Aufmerksamkeit und motiviert die Teilnehmer zur Konzentration. »Es muss Überraschungen geben … ein paar wichtige Fakten, die nicht allgemein bekannt oder unerwartet sind«, sagt der Management-Guru Tom Peters. »Ohne Überraschungen gäbe es keinen Grund, überhaupt eine Präsentation zu halten.«

Neuartig
Zeigen oder sagen Sie etwas Originelles. Sichern Sie sich dadurch die Aufmerksamkeit des Publikums. Beginnen Sie mit einem beeindruckenden Bild, das noch nie gezeigt wurde, erzählen Sie eine passende Kurzgeschichte, die noch nie erzählt wurde, oder zeigen Sie eine Statistik aus einer brandneuen Studie, die neue Erkenntnisse zu einem Problem liefert. Es kann gut sein, dass Ihr Publikum aus geborenen Forschern besteht, die sich nach Entdeckungen sehnen und von allem Neuen und Unbekannten angezogen werden. Auf manche Leute wirkt Neues eher bedrohlich. In sicherer Umgebung und wenn es hier keine unübersehbare Fülle von Neuem gibt, wird Ihr Publikum jedoch positiv auf etwas Neues reagieren.

Herausfordernd
Stellen Sie die herkömmliche Meinung oder die Annahmen des Publikums auf die Probe. Denken Sie auch darüber nach, die Vorstellungskraft des Publikums auf die Probe zu stellen: »Wie fänden Sie es, wenn Sie in zwei Stunden von New York nach Tokio fliegen könnten? Unmöglich? Nun ja, manche Experten glauben, es sei möglich!« Fordern Sie den Intellekt der Zuhörer, indem Sie provokative Fragen stellen, die sie zum Nachdenken bringen. Viele Präsentationen oder Vorlesungen schlagen fehl, weil einfach versucht wird, Informationen vom Redner zum Zuhörer zu transportieren, als ob der Zuhörer kein aktiver Teilnehmer sei.

Humorvoll
Arbeiten Sie mit Humor, um das Publikum durch gemeinsames Lachen emotional in Anspruch zu nehmen. Lachen hat viele Vorteile. Lachen ist ansteckend. Ein Publikum, das gemeinsam lacht, bekommt eine stärkere Verbindung zueinander und zu Ihnen, wodurch eine allgemeine positive Stimmung im Raum entsteht. Gelächter setzt Endorphine frei, entspannt den ganzen Körper und kann sogar die Perspektive ändern. Ein alter Spruch lautet »Wenn sie lachen, hören sie zu.« Das stimmt zwar, bedeutet aber nicht notwendigerweise, dass sie auch lernen. Es ist wichtig, dass sich der Humor direkt auf das Thema der Präsentation bezieht oder sich aber harmonisch in den Fluss Ihrer Rede einfügt, ohne dass er Sie von Ihrem Thema ablenkt.

Humor beim Präsentieren hat wegen der üblichen und abgedroschenen Praxis, eine Rede mit einem meist lahmen Witz zu beginnen, einen schlechten Ruf. Mir geht es aber nicht um Witze. Vergessen Sie Witze. Ein Anflug von Ironie, eine Anekdote oder eine kurze humorvolle Geschichte, die ein wichtiges Argument ins Spiel bringt, ins Thema einführt oder dieses sogar vorgibt – diese Art Eröffnung kann funktionieren.

Es gibt viele Möglichkeiten, eine Präsentation zu beginnen. Aber wie Sie Ihre Rede auch anfangen möchten: Sie vergeuden die wertvollen ersten zwei oder drei Minuten, wenn Sie das Publikum mit Floskeln oder Formalitäten »aufwärmen«. Legen Sie stattdessen einen starken Start hin. Die fünf genannten Elemente sind nicht das Einzige, was Sie beachten sollten; wenn Ihre Eröffnung aber zwei oder drei dieser Ansätze berücksichtigt, sind Sie auf dem richtigen Weg zu einem wirkungsvollen Beginn.

Die Schonfrist

Es kann eine heikle Sache sein, die Aufmerksamkeit eines Publikums zu erlangen und zu behalten. Grundsätzlich will das Publikum, dass Sie Erfolg haben, aber es gibt Ihnen nur eine oder zwei Minuten »Schonfrist«, um einen guten Eindruck zu machen. Selbst bekannte und beliebte Moderatoren – auch Berühmtheiten – haben nur etwa eine Minute, bevor das Publikum ihrer Unfähigkeit, seine Aufmerksamkeit zu erregen, müde wird. Es gibt keine Ausrede für einen schwachen Beginn. Wenn Ihre Technologie Sie zu Beginn Ihrer Präsentation im Stich lässt, können Sie nicht einfach aufhören. Wie es im Show-Business heißt: »The Show Must Go On«. Die Menschen sammeln in den ersten Augenblicken Eindrücke von Ihnen und der Präsentation – und dies soll auf keinen Fall die Erinnerung daran sein, wie Sie versuchten, die Technik zum Laufen zu bringen.

Beginnen Sie nie mit einer Entschuldigung

Entschuldigen Sie sich nicht, lassen Sie niemals durchblicken bzw. geben Sie niemals zu, dass Sie sich nicht ausreichend für Ihr spezielles Publikum vorbereitet haben. Das mag ja sein und Sie suchen vielleicht noch nicht einmal eine Ausrede, sondern entschuldigen sich von Herzen; aber es kommt beim Publikum nie gut an. Das Publikum muss nicht wissen, dass Sie sich vielleicht nicht so vorbereitet haben, wie Sie dies gern getan hätten. Warum sollten Sie es also erwähnen und die Teilnehmer überhaupt darauf bringen? In Wirklichkeit sind Sie vielleicht tatsächlich ausreichend vorbereitet und machen Ihre Sache gut; aber das Publikum sagt sich jetzt: »Mensch, er hat Recht – er hat sich nicht ausreichend vorbereitet.« Genauso wenig sollten Sie den Zuhörern mitteilen, dass Sie nervös sind. »Sie wirkten nicht nervös, aber jetzt, wo Sie es sagen ...«

Das Bekenntnis zur Nervosität erscheint vielleicht ehrlich und transparent, ist aber zu selbstbezogen, und das zu einem Zeitpunkt, an dem Sie sich eigentlich auf das Publikum und seine Bedürfnisse und Gefühle konzentrieren sollten. Sie gestehen Ihre Nervosität nicht ein, damit sich das Publikum besser fühlt, sondern damit Sie sich besser fühlen. Wenn Sie zugeben, dass Sie nervös sind, fühlen Sie sich vielleicht wirklich besser – es ist besser, ein Gefühl zu benennen und anzuerkennen, als es zu unterdrücken. Deshalb heißt es: Wenn man etwas laut ausspricht, fühlt man sich ein bisschen besser. Die Präsentation ist jedoch für das Publikum. Wenn Sie ihm sagen, wie nervös Sie sind, dient das nicht seinen Interessen. Gestehen Sie sich selbst ein, dass Sie nervös sind – das ist normal –, aber teilen Sie diese Information nicht mit dem Publikum.

Müssen Sie die Struktur zeigen?

In der Regel brauchen Sie – falls Sie nicht gerade ein langes Seminar leiten – für Ihre Präsentation keinen visuellen Fahrplan aufzuzeigen. Aber denken Sie daran, dass Sie Ihre Präsentation in der Vorbereitungsphase auf einer einfachen Struktur aufgebaut haben. Die Zuhörer brauchen sich dieser Struktur nicht bewusst sein, aber Sie selbst hätten ohne sie keine überzeugende Erzählung entwickeln können, die Ihre Zuhörer an ein bestimmtes Ziel führt. In George Stevens Juniors Buch *Conversations with the Great Moviemakers of Hollywood's Golden Age at the American Film Institute* (Vintage, 2007) hebt der legendäre Filmemacher Billy Wilder die Bedeutung von Struktur hervor, während er auf die Handlungspunkte des Filmklassikers *Manche mögen's heiß* (siehe Folie unten) eingeht.

Stellen Sie sich selbst dar

Damit Sie eine Verbindung herstellen können, dürfen Sie nicht schüchtern sein – Sie müssen sich selbst darstellen. Wenn es um Ihre Fähigkeit zur Selbstdarstellung vor dem Publikum geht, gibt es drei Dinge zu beachten (einmal abgesehen vom Inhalt der Rede): wie Sie aussehen, wie Sie sich bewegen und wie Sie klingen. Ob es Ihnen klar ist oder nicht: Ihr Publikum beurteilt Sie und Ihre Botschaft auf der Grundlage dieser drei Eigenschaften. Alle diese Faktoren beeinflussen Ihre Fähigkeit, eine starke Verbindung herzustellen.

Kleiden Sie sich passend

Es spielt eine Rolle, wie Sie sich anziehen. Eine Faustregel lautet, sich zumindest etwas formeller anzuziehen als das Publikum. Es ist natürlich wichtig, sich passend zur Organisation und zum Anlass zu kleiden; aber es ist besser, sich etwas zu sehr in Schale zu werfen als zu leger gekleidet zu erscheinen. Sie möchten professionell wirken – dabei aber auch nicht den Anschein erwecken, dass Sie keine Beziehung zu Ihrem Publikum haben. Im Silicon Valley beispielsweise kann die Kleiderordnung ziemlich leger sein; sogar eine gepflegte Person in Jeans und einem netten T-Shirt von guter Qualität und mit guten Schuhen kann professionell wirken. In Tokio liegen Männer wie Frauen mit einem dunklen Geschäftsanzug niemals und einfach nirgends falsch. Sie können Ihr formelles Äußeres etwas abmildern, indem Sie das Jackett ausziehen, die Krawatte ablegen und die Ärmel hochkrempeln. Es ist hingegen schwierig, eine zu legere Kleidung aufzupeppen. Vorsichtshalber und aus Respekt vor dem Publikum sollten Sie sich eher formell und geschäftsmäßig kleiden.

Bewegen Sie sich zweckorientiert

Nach Möglichkeit sollten Sie es vermeiden, während der gesamten Präsentation auf einer Stelle zu stehen. Es ist viel besser, zu verschiedenen Teilen der Bühne oder zum Vorderteil des Raums zu gehen, wodurch Sie mit mehr Menschen in Dialog treten können. Sie sollten jedoch nicht ohne Grund auf und ab gehen oder um den Bereich nahe der Leinwand wandern. Diese Art von Bewegung ist ablenkend und projiziert keine selbstbewusste und offene, sondern eine nervöse Energie. Wenn Sie von einer Stelle zu einer anderen gehen, tun Sie das langsam und in aufrechter Haltung. Bleiben Sie stehen, um Ihren Standpunkt zu verdeutlichen oder um eine Geschichte zu erzählen. Dann bewegen Sie sich wieder langsam zu einem anderen Teil der Bühne, wo Sie erneut anhalten, um einen anderen Punkt auszuführen. Wenn jemand auf der anderen Seite des Raums eine Frage stellt, gehen Sie langsam in seine Richtung, wodurch Sie zeigen, dass Sie ihn wahrnehmen, während Sie zuhören und sich auf seine Seite des Raums bewegen.

Wenn Sie stehen, stellen Sie Ihre Füße bequem, aber fest schulterbreit auseinander. Stehen Sie nicht wie ein Cowboy, der gleich seine Revolver zieht. Stellen Sie Ihre Beine auch nicht so dicht nebeneinander, als würden Sie strammstehen. Strammstehen oder überkreuzte Beine demonstrieren eine verschlossene, defensive oder unsichere Haltung; für einen entspannten Menschen wären diese Positionen unnatürlich. In diesen Positionen sind sie physisch etwas instabil und die fehlende Balance wird von anderen als Schwäche interpretiert. Passen Sie auch auf, dass Sie sich nicht gegen das Rednerpult lehnen. Bestenfalls wirkt das nachlässig und schlimmstenfalls signalisiert es Schwäche.

Wenn sie nervös werden, tendieren die meisten dazu, ihre Bewegungen und auch Handgesten zu beschleunigen. Denken Sie daran, alles langsam zu tun, um ein ruhiges, entspanntes und natürliches Bild zu vermitteln.

Blicken Sie das Publikum an

Auch wenn hinter Ihnen Folien auf die Leinwand geworfen werden, gibt es keinen Grund, Ihren Kopf auch nur für einen ganz kurzen Augenblick nach hinten zu drehen. Selbst wenn Sie auf die Leinwand zeigen, sollten Sie so stehen, dass Ihre Schultern in die Richtung des Publikums zeigen. Wenn Ihre Schultern nach vorne zeigen, werden Sie nach einem Blick auf die Leinwand von alleine den Kopf zurück zum Publikum drehen. Es ist akzeptabel, den Kopf leicht und kurz in Richtung Leinwand zu drehen, um auf ein Detail hinzuweisen. Jedoch ist es unnötig und ablenkend, ständig auf die Leinwand zu sehen, nur um sich daran zu erinnern, was sich auf der Bühne befindet. Außer in den seltenen Fällen, wenn Sie einen Computer zur Demonstration Ihrer Anschauungsmaterialien verwenden, können Sie den Rechner weit unten vor Ihnen platzieren, sodass es kaum einen Grund gibt, sich umzudrehen.

Halten Sie mit den Augen Kontakt

Ähnlich wichtig wie eine frontale Position vor dem Publikum ist ein guter Augenkontakt. Ein natürlicher Augenkontakt mit dem Publikum ist wesentlich. Er ist einer der Gründe, warum ich davon abrate, ein Skript vorzulesen oder sich auf Notizen zu verlassen – es ist schwierig, den Teilnehmern in die Augen zu sehen, wenn Ihre eigenen Augen auf Notizen herabsehen. Ihr Augenkontakt sollte natürlich erscheinen. Dies erreichen Sie, indem Sie einzelne Menschen im Publikum tatsächlich anblicken. Wenn Sie stattdessen in den hinteren Teil des Raums oder auf einen Punkt auf einer Seite des Raums starren, wird Ihr Publikum dies irgendwann bemerken und die Verbindung wird geschwächt.

Haben Sie ein relativ kleines Publikum mit weniger als etwa 50 Teilnehmern, können Sie vielleicht während der Präsentation tatsächlich jedem irgendwann in die Augen sehen, während Sie bewusst verschiedene Teile der Bühne ansteuern. Bei einem größeren Publikum in einer typischen Keynote-Präsentation macht es trotzdem Sinn, sich tatsächlich Teilnehmer herauszupicken und während der Rede Augenkontakt mit ihnen zu suchen – auch mit Zuhörern im hinteren Teil des Raums. Wenn Sie eine Person ansehen, werden ihre Nachbarn das Gefühl haben, dass Sie sie ebenfalls anblicken. Professionelle Sänger verwenden diese Technik, wenn sie in größeren Sälen auftreten. Es ist wichtig, dass Sie nicht nur allgemeine Bereiche des Raums ansehen oder Ihr Auge darüberschweifen lassen. Nehmen Sie vielmehr kurzen, echten Augenkontakt mit Menschen in unterschiedlichen Teilen des Raums auf. Auf keinen Fall sollten wir nach unten auf den Computer schauen oder unseren Blick auf die Leinwand richten, so wie in den beiden ersten unteren Bildern gezeigt.

Die beiden oberen Bilder zeigen, was Sie genau nicht tun sollten, um einen guten Kontakt mit den Augen aufrechtzuerhalten. Zu den zwei häufigsten Fehlern unerfahrener Präsentatoren gehört es, (1) sich hinter dem Computer zu verstecken und nach unten auf den Bildschirm zu blicken, oder (2) wenn Sie in die Näher der Leinwand kommen, den Blick nicht auf das Publikum, sondern auf die Folien zu richten. Das Beispiel unten links ist schon viel besser. Das Publikum hat die Rednerin und das Bildmaterial zugleich im Blick und die Präsentatorin kann eine bessere Verbindung zur Hörerschaft aufbauen.

(1) Es ist vertretbar, den Kopf kurz in Richtung Projektionsfläche zu drehen, wenn Sie auf ein bestimmtes Element auf der Folie zeigen. Ihr Körper sollte dabei aber weitgehend dem Publikum zugewandt bleiben.

(2) Ihr Blick sollte jedoch nicht allzu lange auf der Folie verweilen. Stellen Sie stattdessen den Blickkontakt zum Publikum wieder her, während Ihre Hand weiterhin auf die Folie zeigt.

(3) Da Sie nicht den ganzen Körper in Richtung Leinwand gedreht haben, stehen Sie automatisch wieder ganz natürlich dem Publikum zugewandt, sobald Sie Ihren Arm wieder gesenkt haben.

Der Blick nach unten auf das Smartphone ist de fakto zur internationalen Geste für »Ich bin gerade woanders« geworden. Präsentatoren schätzen es in der Regel nicht, wenn die Zuhörer wiederholt auf ihre Handys schauen, und auch die Vortragenden machen damit keine gute Figur. Manchmal sind Notizen notwendig, obwohl wir sie wo immer möglich zu vermeiden versuchen. Durch das kleine Display ist ein Smartphone aber schlecht zu handhaben und noch viel schwerer zu überfliegen als ein einfaches Blatt Papier. Aber vielleicht bin ich ja auch einfach altmodisch und aus der Zeit gefallen. Also fragte ich etwa 100 meiner Hochschulstudenten, und die überwältigende Mehrheit gab an, es nicht gerne zu sehen, wenn Redner bei Präsentationen Notizen von ihrem Smartphones abrufen.

Legen Sie Energie in Ihre Stimme

Es stimmt tatsächlich, dass die besten Präsentationen eher an ein gutes Gespräch erinnern. Es ist jedoch ein Unterschied, ob Sie mit einer oder zwei Personen bei einer Tasse Kaffee ein Gespräch führen oder ob Sie nach dem Mittagessen vor 500 Zuhörern stehen. Ihr Tonfall sollte an eine Unterhaltung erinnern, aber Ihre Energie muss um Einiges gesteigert werden. Wenn Sie begeistert sind, wird die Energie dazu beitragen, dass Ihre Stimme trägt. Murmeln ist absolut verboten – dasselbe gilt aber auch für Schreien. Schreien ist normalerweise nicht effektiv und für das Publikum sehr unerfreulich. Wenn Sie schreien, erhöht sich zwar die Lautstärke, aber der Reichtum Ihrer Stimme, die Höhen und Tiefen Ihrer Intonation, gehen verloren. Stehen Sie also aufrecht, artikulieren Sie sich klar; aber passen Sie auf, dass Ihre Sprechweise nicht zu einem Schreien wird, während Sie mit voller Stimme sprechen.

Sollen Sie ein Mikrofon verwenden? In einem normal großen Seminar- oder Konferenzraum für nur 10 bis 30 Leute ist dies eventuell nicht notwendig. In fast jedem anderen Fall ist die Verwendung eines Mikrofons eine gute Idee. Denken Sie daran: Es geht nicht um Sie, es geht um das Publikum. Schon eine leichte Verstärkung Ihrer Stimme durch ein Mikrofon erleichtert es den Teilnehmern, Sie zu hören. Viele Präsentatoren meiden Mikrofone und schreien stattdessen lieber. Besonders Männer tun dies, weil es irgendwie männlicher und forscher ist, das Mikrofon wegzulassen und stattdessen zu schreien. Wenn Sie aber nicht gerade ein Cheftrainer sind, der eine mitreißende Halbzeitansprache hält, ist Schreien eine sehr schlechte Idee. Sie wenden sich nicht an Ihre Truppen; Sie versuchen, auf eine natürliche, dialogorientierte Weise zu sprechen. Das Mikrofon ist alles andere als eine Schranke; es kann in Wirklichkeit auf großartige Weise mehr Intimität ermöglichen – weil es Ihnen ermöglicht, in Ihrer besten und verbindlichsten natürlichen Stimme vorzutragen.

Verwenden Sie nur für sehr kurze Ansprachen oder für Ankündigungen ein Handmikrofon. Eine bessere Wahl ist ein kabelloses Lavalier-Mikrofon, auch Ansteckmikro oder Knopflochmikro genannt. Das Lavalier ist gut, weil Sie eine Hand frei haben. Das ist besonders wichtig, wenn Sie in der anderen Hand eine Fernbedienung halten. Nachteilig ist, dass manche Ansteckmikros Ihre Stimme nicht mehr besonders gut abnehmen, sobald Sie Ihren Kopf auf die Seite drehen. Die beste Mikrofonart ist ein Stirnband- oder Headset-Mikrofon, wie sie für Konferenzen verwendet werden. Die winzige Spitze des Mikrofons befindet sich neben Ihrem Mund oder Ihrer Wange und ist für das Publikum praktisch unsichtbar. Dieses Mikro schaltet nicht nur die eventuellen Raschelgeräusche von Ihrem Hemd aus, es bleibt auch stets in derselben Position, gleichgültig, wie Sie Ihren Kopf bewegen, und es gibt Ihre Stimme stets klar wieder.

Professor Jay Klaphake, der Gründer und leitende Produzent von TEDxKyoto, wendet sich auf der TEDxKyoto 2018 an das Publikum. Das nahezu unsichtbare drahtlose Headset-Mikrofon nimmt seine Stimme gut auf und gewährt Bewegungsfreiheit. Foto von Neil Murphy, mit freundlicher Genehmigung von TEDxKyoto.

Lesen Ihren Vortrag nicht ab

Der Kommunikationsguru Bert Decker rät dringend davon ab, eine Rede abzulesen, wenn es irgend möglich ist. In seinem Buch *You've Got to Be Believed to Be Heard* (St. Martin's Press, 2008) schreibt er: »Lesen ist langweilig ... Noch schlimmer ist, dass ein Sprecher durch das Ablesen einer Rede unglaubwürdig und lustlos wirkt.« Dies gilt genauso für das Ablesen von Folien. Vor vielen Jahren beinhaltete die typische Verwendung von Präsentationsfolien auch das Ablesen der Textzeilen von den Folien hinter einem – und ob Sie es glauben oder nicht, das passiert heute immer noch. Tun Sie es nicht. Viel Text auf einer Folie, den Sie dann vorlesen, ist eine großartige Möglichkeit, Ihr Publikum zu verprellen und alle Hoffnungen auf eine Verbindung zu ihm zu ruinieren.

Guy Kawasaki, der Mitbegründer von Alltop.com und Autor von *Enchantment: The Art of Changing Hearts, Minds, and Actions*, empfiehlt dringend, auf der Folie große Schrift zu verwenden, damit die Teilnehmer sie wirklich lesen können. »Dadurch zwingen Sie sich«, schreibt er, »Ihre Präsentation tatsächlich zu kennen und nur die Kernpunkte auf der Folie aufzuführen.« Der freimütige Kawasaki sagte in einer Rede, die er 2006 vor einem Raum voller Unternehmer in Silicon Valley hielt, über das Ablesen von Text von der Folie Folgendes:

> *Wenn Sie hier oben 8-Punkt- oder 10-Punkt-Schriften verwenden müssen, liegt das daran, dass Sie Ihr Material nicht kennen. Wenn Sie Ihr Material ablesen, weil Sie es nicht kennen, wird das Publikum sehr schnell denken, dass Sie ein Trottel sind. Es wird sich sagen: »Dieser Trottel liest seine Folien vor. Ich kann schneller lesen, als dieser Trottel sprechen kann. Ich lese einfach weiter.«*
>
> *– Guy Kawasaki*

Guys Kommentar erntete viele Lacher, aber er hat Recht. Wenn Sie vorhaben, PowerPoint-Folien abzulesen, können Sie die Präsentation ebenso gut sofort absagen. Denn Ihre Fähigkeit, eine Verbindung zu den Teilnehmern aufzunehmen und sie zu überzeugen oder ihnen etwas beizubringen, wird gegen null tendieren. Durch das Ablesen von Folien können Sie keine Präsenz zeigen, keine Verbindung aufnehmen und noch nicht einmal Informationen auf eine einprägsame Weise vermitteln. In vielen Fällen ist das Ablesen einer Serie Folien jedoch eine gute Methode, wenn Sie möchten, dass das Publikum einschläft.

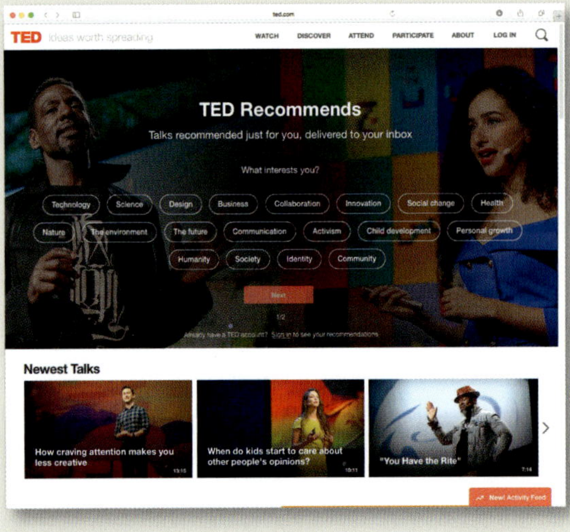

Die TED-Website ist eine tolle Anlaufstelle. Alle dort verfügbaren Präsentationsvideos sind mit Untertiteln in vielen verschiedenen Sprachen versehen. Transkriptionen sind ebenfalls in mehreren verschiedenen Sprachen verfügbar.

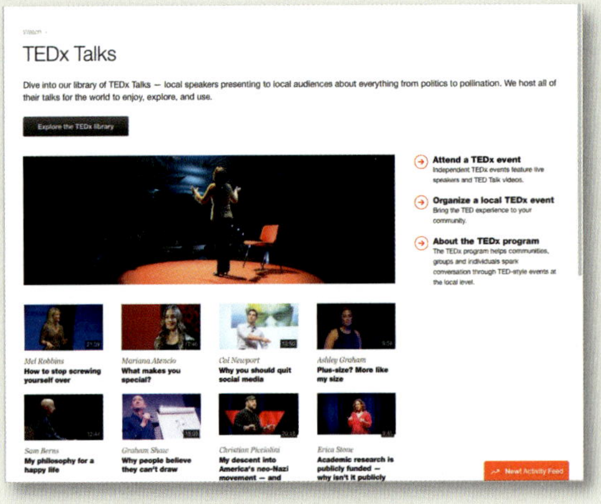

Es gibt viele fantastische TEDx-Veranstaltungen auf der ganzen Welt, und TED stellt die Videos dieser Veranstaltungen auf der TED-Website bereit.

Gute Ideen verdienen es, verbreitet zu werden

Die jährliche TED (Technology, Entertainment, Design)-Konferenz bringt die faszinierendsten Denker und Lenker der Welt zusammen. Sie dürfen hier maximal 18 Minuten einen faszinierenden Vortrag halten. Die Zeitvorgabe resultiert normalerweise in sehr präzisen, straffen und konzentrierten Vorträgen. Wenn Sie Ideen haben, die die Welt erfahren soll, dann gehen Sie auf die Bühne, tragen Sie sie vor und vertreten Sie Ihren Standpunkt. Wie die Präsentatoren jedes Jahr auf der TED-Konferenz zeigen, ist die Fähigkeit zur perfekten Präsentation äußerst wichtig.

Großartig finde ich an der TED-Konferenz mit ihren herausragenden Präsentationen, dass das Publikum nicht auf eine kleine Elite beschränkt ist. Stattdessen werden die besten Präsentationen ins Web hochgeladen und können in vielen verschiedenen Formaten kostenlos betrachtet und heruntergeladen werden. Hunderte von hochqualitativen Kurzpräsentationen aus den TED-Archiven sind online verfügbar und jede Woche werden neue Dateien hinzugefügt. Produktionsqualität und Inhalte sind hervorragend. TED ist ein echtes Beispiel für den Geist des Konzeptzeitalters: Mit anderen teilen, verschenken, den Zugang erleichtern – je mehr Menschen Ihre Idee kennen, desto größer wird ihr Stellenwert. Durch die hochqualitativen, kostenlosen Videos sind die Reichweite und Wirkung von TED immens. Die TED-Website ist eine großartige Ressource für alle, die an guten, oft Multimedia-gestützten Präsentationen interessiert sind.
www.ted.com/talks

Hans Rosling: Doktor, Professor und außergewöhnlicher Präsentator

Hans Rosling (rechts) war Professor für internationale Gesundheit am schwedischen Karolinska-Institut und Zen-Meister der Präsentation sinnvoller Statistiken, die eine Geschichte erzählen. Rosling hat die Nonprofit-Software Gapminder mit entwickelt, mit der er seine Visualisierungen erzeugte. Mithilfe von Statistiken der Vereinten Nationen zeigte Rosling dass die Welt in den letzten Jahren viele tiefgreifende Veränderungen erlebt hat – tatsächlich handelt es sich inzwischen um eine andere Welt. Mehrere Präsentationen auf der TED-Website zeigen Roslings Begabung. Normalerweise heißt es, dass man niemals zwischen Leinwand und Projektor stehen sollte, und im Allgemeinen ist dies ein guter Ratschlag. Wie Sie jedoch auf den Bildern sehen können, verweigerte sich Rosling gelegentlich den üblichen Regeln und interagierte so energiereich mit den Daten, dass er sein Publikum mit seinen Visualisierungen und der dahinterstehenden Geschichte faszinierte.

Leider verstarb Professor Rosling am 7. September 2017 im schwedischen Uppsala. Er wurde nur 68 Jahre alt. Der Tod von Professor Rosling war ein äußerst trauriger Tag für seine Familie und für alle, die ihn kannten. Aber es war auch ein trauriger Tag für die gesamte TED-Community und für alle Leute aus den Bereichen Datenvisualisierung und Business Intelligence. Millionen von Menschen haben Dr. Roslings Arbeit gesehen und werden sie auch weiterhin weltweit sehen. Er hat über die Jahre unzählige Fachleute inspiriert. Seine Präsentationen, die stets mit Ehrlichkeit, Integrität und Deutlichkeit vorgetragen wurden, zeichneten sich durch eine klare digitale und analoge visuelle Darstellung aus. Er war ein hervorragender Statistiker, Mediziner und Akademiker, aber auch ein begnadeter Präsentator und Geschichtenerzähler.

Dr. Roslings Vision lebt in der Arbeit seines Sohnes, Ola Rosling, und dessen Frau Anna R. Rönnlund weiter. Beide erhalten auf *Gapminder.org* den Traum von einer faktenbasierteren, rationaleren Weltanschauung am Leben. Gapminder ist eine fantastische Informationsquelle.

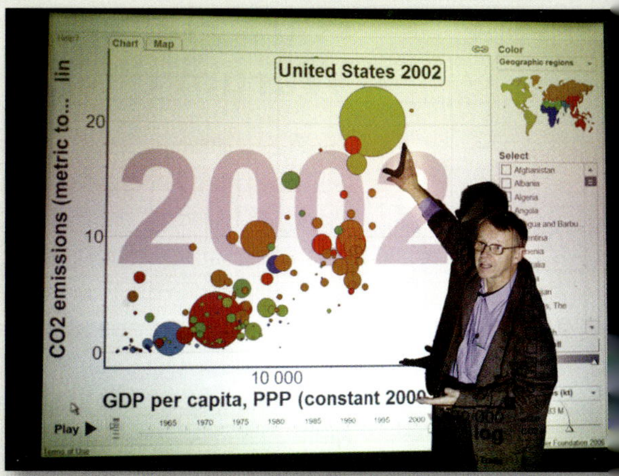

Dr. Hans Roslings leidenschaftliche, unkonventionelle Beziehung zu Daten belebte seine Präsentationen. Foto von Stefan Nilsson.

Dr. Hans Rosling verwendete bei der Vorbereitung seiner Vorträge sowohl analoges als auch digitales Anschauungsmaterial. Foto: Jörgen Hildebrandt.

Hara Hachi Bu: Warum die Länge eine Rolle spielt

Durch Zen-Übungen erlangt man unter anderem ein verstärktes Bewusstsein der Gegenwart, Ruhe und die Fähigkeit, sich auf das Hier und Jetzt zu konzentrieren. Es ist jedoch nicht anzunehmen, dass Ihr durchschnittlicher Zuhörer vollständig »in sich ruht« oder sich ganz im »Hier und Jetzt« befindet. Vielmehr beschäftigen sich die Teilnehmer mit ihren eigenen geschäftlichen und privaten Problemen, während sie versuchen, Ihren Ausführungen zu folgen. Uns allen geht es so. Es ist für unser Publikum selbst bei kürzeren Präsentationen buchstäblich unmöglich, sich komplett auf unseren Vortrag zu konzentrieren. Viele Untersuchungen belegen, dass die Konzentration tatsächlich nach 15 bis 20 Minuten nachlässt. Ich habe jedoch die Erfahrung gemacht, dass die Aufmerksamkeitsspanne sogar noch kürzer ist, vor allem bei Führungskräften. Demnach spielt die Länge Ihrer Präsentation durchaus eine Rolle.

Kein Fall gleicht dem anderen. Trotzdem ist kürzer ganz allgemein besser. Warum überziehen dann so viele Präsentatoren – oder, noch schlimmer, walzen ihre Präsentation so aus, dass sie das vorgegebene Zeitlimit erreichen, selbst wenn sie offensichtlich ihren Standpunkt bereits in aller Deutlichkeit dargelegt haben? Dies ist wahrscheinlich größtenteils unserem Bildungssystem geschuldet. Ich kann immer noch meinen Philosophieprofessor vor dem zweistündigen Examen hören: »Denken Sie daran: Mehr ist besser.« Als Schüler mussten wir davon ausgehen, dass eine 20-seitige Arbeit wahrscheinlich eine bessere Note erhalten würde als eine 10-seitige und dass eine einstündige Präsentation mit 25 Präsentationsfolien voller 12-Punkt-Text härtere Arbeit zeigen würde als eine 30-minütige Präsentation mit 50 sehr visuellen Folien. Diese traditionelle Denkweise lässt die Kreativität, den Intellekt und strategisches Denken außen vor. Diese Qualitäten sind aber erforderlich, um unsere Gedanken klar darlegen zu können. Wir nehmen diesen »Mehr ist besser«-Gedanken mit in unser Berufsleben.

Ein Geheimnis des gesunden Lebens (und großartiger Präsentationen)

Im Japanischen gibt es ein wundervolles Sprichwort: *hara hachi bu,* also »Iss nur, bis du zu 80 Prozent satt bist.« Dies ist ein hervorragender Ratschlag. In Japan ist es recht einfach, diesem Prinzip zu folgen, weil die Portionen allgemein viel kleiner sind als beispielsweise in den Vereinigten Staaten. Auch die Essstäbchen verhindern, dass man sein Essen in sich hineinschaufelt, und sorgen für ein etwas langsameres Esstempo. Dieses Prinzip hat nichts mit Verschwendung zu tun; es bedeutet nicht, dass Sie 20 Prozent Ihrer Mahlzeit übrig lassen sollten. (In Wirklichkeit gilt es als schlechter Stil, Nahrung auf Ihrem Teller liegen zu lassen.) In Japan und Asien allgemein bestellen wir normalerweise in der Gruppe und nehmen uns das Gewünschte von der gemeinsamen Platte. Ich habe festgestellt, dass mich das Mahl dann am meisten befriedigt, wenn ich aufhöre zu essen, bevor ich ganz satt bin. So werde ich nach dem Mittag- oder Abendessen nicht schläfrig und fühle mich allgemein viel besser.

hara hachi bu lässt sich auch auf die Länge von Vorträgen, Präsentationen und selbst Meetings anwenden. Mein Ratschlag: Egal, wie viel Zeit Sie haben, überziehen Sie niemals; hören Sie lieber ein bisschen früher auf. Wie lang Sie sprechen, hängt von Ihrer speziellen Situation ab; streben Sie aber etwa 90 bis 95 der Ihnen zugeteilten Zeit an. Niemand wird sich beschweren, wenn Sie ein paar Minuten früher aufhören. Meist sind Präsentationen zu lang, nicht zu kurz.

Hungrig nach ein bisschen mehr

Professionelle Unterhalter wissen, dass man aufhören sollte, wenn es am schönsten ist, sodass das Publikum gerne noch ein bisschen mehr von ihnen gehabt hätte. Wir möchten ein zufriedenes, motiviertes, inspiriertes Publikum hinterlassen. Es soll nicht das Gefühl haben, dass etwas weniger besser gewesen wäre. Dieses Prinzip können Sie auch auf die Länge und den Umfang des Materials, das Sie präsentieren, anwenden. Liefern Sie den Teilnehmern hohe Qualität – die höchstmögliche –, aber nicht so viel Quantität, dass ihm am Schluss der Kopf schwirrt.

Ein typisches ekiben (eine spezielle Lunch-Box, die auf Bahnhöfen verkauft wird), das ich auf einer Reise nach Tokio gekauft habe. Es ist einfach. Ansprechend. Seine Größe stimmt. Nichts ist überflüssig. Genau auf den »geschätzten Fahrgast« abgestimmt. Nachdem ich 20 oder 30 Minuten damit verbracht habe, den Inhalt des ekiben zu genießen und dazu japanisches Bier zu trinken, fühle ich mich zufrieden und gesättigt, aber ohne Völlegefühl. Ich könnte mehr essen – zum Beispiel noch ein ekiben –, aber das ist nicht nötig. Ich will es auch gar nicht. Das Erlebnis hat mich zufriedengestellt. Würde ich bis zur vollständigen Sättigung essen, würde ich das gute Gefühl nur ins Gegenteil verkehren.

Jedes unnötige Wort fließt einfach aus dem übervollen Geist heraus.

– Cicero

Zusammenfassung

- Solide Inhalte und eine logische Struktur sind notwendig. Sie müssen aber auch eine Verbindung zum Publikum herstellen und damit sowohl die logische als auch die emotionale Seite Ihres Publikums ansprechen.
- Wenn Ihre Ideen so wichtig sind, dass Sie sie Ihrem Publikum mitteilen möchten, dann tragen Sie sie mit Energie und Leidenschaft vor. Keine Situation gleicht der anderen; für Langeweile aber gibt es keine Entschuldigung.
- Halten Sie sich nicht zurück. Wenn Sie mit Leib und Seele in Ihrem Thema aufgehen, dann sollte das Publikum dies auch spüren.
- Legen Sie einen starken Start hin. Bringen Sie Inhalte, die persönlich, unerwartet, neuartig, herausfordernd oder humorvoll sind, um gleich zu Beginn eine Verbindung herzustellen.
- Stellen Sie sich selbst gut dar, indem Sie sich angemessen kleiden, sich mit Selbstvertrauen und zielgerichtet bewegen, guten Augenkontakt herstellen und im Gesprächsstil, aber mit gesteigerter Energie sprechen.
- Lesen Sie Ihre Präsentation nicht von den Notizen ab.
- Denken Sie an *hara hachi bu.* Entlassen Sie Ihr Publikum zufrieden, aber mit dem Wunsch nach etwas mehr. Stopfen Sie es nicht bis zur Übersättigung voll.

10

Engagement ist notwendig

Die besten Präsentatoren sind diejenigen, die eine Verbindung zu ihrem Publikum herstellen können, die besten Lehrer diejenigen, die ihre Schüler fesseln. Mit oder ohne Multimedia ist Engagement das Wichtigste. Wenn Sie aber hundert Menschen nach der Definition von Engagement fragen, erhalten Sie hundert verschiedene Antworten. Was ist also Engagement? Für mich geht es dabei, ungeachtet des Themas, grundsätzlich um Gefühle. Wir alle haben das tiefe Bedürfnis, die Gefühle der Menschen anzusprechen, auch wenn dieses Bedürfnis oft geleugnet wird. Es geht um die Gefühle des Präsentators und seine Möglichkeiten, diese auf eine ernsthafte Weise auszudrücken. Aber in erster Linie geht es darum, die Gefühle des Publikums anzusprechen, sodass sich diese auf ganz persönliche Weise mit dem Thema beschäftigen. Ob wir es wollen oder nicht: Wir sind emotionale Wesen. Ohne logisches Denken geht es auch beim Präsentieren nicht; es reicht aber selten aus. Wir müssen uns auch an die »rechte Gehirnhälfte« bzw. die kreative Seite unseres Publikums wenden. Die Autoren von *Why Business People Speak Like Idiots* schreiben dazu:

»Im Geschäftsleben folgen wir immer den natürlichen Instinkten unserer linken Gehirnhälfte. Wir bauen engmaschige Argumentationen auf und überrennen das Publikum mit Fakten, Zahlen, historischen Diagrammen und Logik. Die schlechte Nachricht lautet, dass dieses Sperrfeuer aus Fakten häufig gegen Sie arbeitet. Meine Fakten gegen Ihre Erfahrungen, Gefühle und Wahrnehmungsfilter. Kein fairer Kampf – die Fakten verlieren jedes Mal.«

Wir dürfen es uns nicht zu leicht machen. Unsere Zuhörer bringen ihre eigenen Gefühle, Erfahrungen, Vorlieben und Wahrnehmungsfilter mit, die nicht einfach auf bloße Daten und Fakten ansprechen. Egal, wie überzeugend oder aussagekräftig unsere Daten uns selbst erscheinen: Es wäre falsch anzunehmen, dass sie für sich selbst sprechen. Möglicherweise haben wir wirklich das beste Produkt oder fundierte Untersuchungsergebnisse. Wenn wir aber eine todlangweilige, leidenschaftslose Präsentation mit Anschauungsmaterialien in Form von Folumenten veranstalten, haben wir verloren. Die besten Präsentatoren ziehen die Teilnehmer in ihren Bann, indem sie ihre Gefühle ansprechen.

Gefühl und Gedächtnis

Sie erlangen die Aufmerksamkeit Ihres Publikums, wenn Sie es auf emotionaler Ebene ansprechen. Gleichzeitig verankert sich Ihr Material besser in der Erinnerung der Teilnehmer, wenn Sie seine Gefühle mit passenden Geschichten, Bildern oder unerwarteten, überraschenden (oder traurigen, berührenden usw.) Fakten wecken können. Während ein Teilnehmer einen emotionalen Moment Ihrer Präsentation erlebt, schüttet die Amygdala im Limbischen System seines Gehirns Dopamin aus. »Und Dopamin«, sagt Dr. John Medina, der Autor des Buchs *Brain Rules*, »ist sehr hilfreich für die Informationsverarbeitung und das Gedächtnis.«

In einer Verkaufspräsentation sollten Sie sich beispielsweise fragen, was Sie tatsächlich verkaufen möchten. In Wirklichkeit möchten Sie nicht Eigenschaften oder Dinge verkaufen, sondern Erlebnisse und Gefühle. Nehmen wir etwa an, Sie verkaufen Mountainbikes. Würden Sie sich dann auf die Funktionen des Fahrrads oder auf das Erlebnis bei der Benutzung des Mountainbikes konzentrieren? Verwenden Sie lebhafte Geschichten und Beispiele und sprechen Sie die Gefühle der Menschen an.

Spiegelneuronen

Die Spiegelneuronen im Gehirn feuern nicht nur dann, wenn Sie selbst etwas Bestimmtes tun, sondern auch, wenn Sie jemanden bei einer bestimmten Tätigkeit beobachten – obwohl Sie selbst sich noch nicht einmal bewegt haben. Es ist fast so, als wenn Sie, der Beobachter, dieselbe Tätigkeit ausführen würden wie der Beobachtete. Es ist natürlich nicht dasselbe, bei etwas zuzusehen und etwas zu tun. Für unser Gehirn ist der Unterschied aber nicht allzu groß.

Möglicherweise spielen Spiegelneuronen ihre Rolle auch beim Einfühlungsvermögen, einer überlebenswichtigen Fähigkeit. Forschungsergebnisse zeigen, dass immer dieselbe Hirnregion aktiv wird – egal ob ein Proband ein Gefühl selbst erlebt oder ob er jemanden beobachtet, der dieses Gefühl gerade durchlebt. Wenn Sie jemanden Leidenschaft, Freude, Besorgnis oder ein anderes Gefühl bekunden sehen, dann senden die Spiegelneuronen nach Auffassung der Experten Botschaften an das limbische System, das eine Rolle bei der Verarbeitung von Gefühlen spielt. In gewissem Sinne scheint es im Gehirn also eine Region zu geben, um sich in andere Menschen hineinzuversetzen – um also zu fühlen, was sie fühlen.

Diese beiden Folien verwende ich bei einer Marketing-Präsentation, damit die Teilnehmer darüber nachdenken, was sie wirklich verkaufen wollen: einen Gegenstand oder die Erfahrung dieses Gegenstands? In den Folien verwendete Bilder: Shutterstock.com

Wenn wir also von Natur aus fühlen können, was andere fühlen, ist es dann verwunderlich, wenn sich Langeweile und Desinteresse unter den Zuhörern ausbreiten, wenn der Redner selbst gelangweilt und desinteressiert wirkt? Da hilft es auch nichts mehr, wenn der Inhalt brauchbar erscheint. Müssen wir uns wundern, dass wir uns steif und unwohl fühlen, wenn jemand auf der Bühne kaum einen Muskel rührt, von der Kiefermuskulatur einmal abgesehen? Zu viele Präsentationen werden heutzutage immer noch in einem überaus förmlichen, statischen und lehrerhaften Stil vorgetragen. Die visuelle Komponente mitsamt der Botschaften unserer Körpersprache und Gefühlsäußerungen entfällt dabei. Lebhafte, natürliche Gefühlsäußerungen bereichern unsere Erzählung, denn das Publikum fühlt dadurch unbewusst unsere Gefühle nach. Wenn Sie beispielsweise voller Leidenschaft stecken, dann überträgt sich diese Emotion auf die meisten Menschen, solange sie nur echt wirkt. Ihre Geschichte und die mitgelieferten Belege sind wichtig; aber Ihre ehrlichen Gefühlsäußerungen haben auf die Botschaft, die Ihr Publikum aufnimmt und in Erinnerung behält, einen direkten und starken Einfluss – sowohl zum Guten als auch zum Schlechten.

Die Macht des Lächelns

Lächeln ist in der Tat ansteckend, es muss aber echt sein. Ein vorgetäuschtes Lächeln, das Sie nicht ehrlich meinen, wird sofort erkannt. Einige Studien belegen sogar, dass Ihr Publikum Sie aufgrund eines falschen Lächelns als nicht vertrauenswürdig oder heuchlerisch wahrnehmen könnte.

Laut Martin Seligman, dem Autor von *Authentic Happiness* (Free Press, 2004), gibt es zwei Grundtypen des Lächelns: das »Duchenne-Lächeln« und das »Pan-American-Lächeln«. Das Duchenne-Lächeln ist das echte Lächeln. Es zeichnet sich durch Bewegungen der Muskulatur um Mund und Augen aus. Ein echtes Lächeln erkennen Sie daran, dass die Haut um die Augen einige Falten wirft. Das Pan-American-Lächeln ist das »gekünstelte« Lächeln, bei dem nur der Mund bewegt wird. Es ist jenes höfliche Lächeln, das Sie manchmal bei Angehörigen der Dienstleistungsbranchen beobachten können, die ihr Bestes geben, aber keinen guten Tag haben.

Wir alle erkennen ein falsches Lächeln. Ein Präsentator oder Entertainer, dem man jedoch ansieht, dass er sich wirklich darüber freut, da zu sein, ist auf dem besten Weg, sein Publikum auf natürliche Weise in seinen Bann zu ziehen. Ein echtes Lächeln zeigt, dass wir uns freuen, da zu sein. Und da das Publikum fühlen kann, was wir fühlen, warum sollten wir uns da nicht wünschen, dass es sich wohl fühlt? Sie denken vielleicht, die Leute sollten sich nur an Ihre Worte erinnern – tatsächlich wird sich das Publikum aber auch an vieles erinnern, was es gesehen (inklusive Ihrer Mimik) und gefühlt hat.

»Es gibt ganz unterschiedliche Formen des Lächelns – sarkastische, gekünstelte oder diplomatische. Viele Arten des Lächelns erzeugen kein Wohlgefühl, manche können sogar Angst auslösen. Ein ehrliches Lächeln aber gibt uns ein ganz besonders frisches, belebendes Gefühl. Wenn wir auf solche Weise angelächelt werden möchten, müssen wir die Ursachen dafür schaffen.«

– Dalai Lama

Lektionen von Queen bei Live Aid

Im Jahr 2005 wurde für die Channel-4-Sondersendung »The World's Greatest Gigs« eine Umfrage durchgeführt, in der Queens Live-Aid-Auftritt von 1985 zum besten Live-Gig aller Zeiten gekürt wurde. Auch heute noch halten die meisten Menschen dieses 21-minütige Set für die größte Live-Rock-Performance aller Zeiten – vor allem angesichts des erhöhten Aufmerksamkeitsgrads und der Nostalgie, die der Darstellung des Events in dem 2018 mit dem Oscar ausgezeichneten Film *Bohemian Rhapsody* mit Oscar-Preisträger Rami Malek in der Hauptrolle als Freddie Mercury zu verdanken ist. Queen spielten gut, aber was den Auftritt zum denkwürdigsten der Rockgeschichte machte, war Freddies absolute Hingabe an den Moment und das Publikum. An diesem Tag gab Freddie Mercury einen Meisterkurs in persönlichem Engagement und Präsenz. Es mag zwar nur Rock'n'Roll sein, aber aus Freddie Mercurys Auftritt können trotzdem wir alle etwas lernen.

Die Vorbereitung ist entscheidend.
Da sie nur eine Band unter vielen berühmten Acts waren – und sogar erst in letzter Minute eingeladen wurden – wäre es für Queen verlockend gewesen, einfach nur ihr Set herunterzuspielen. Aber es war offensichtlich, dass sie gut geprobt und sich gründlich auf diesen besonderen Anlass vorbereitet hatten. Wer gut vorbereitet ist, kann sich entspannen und ganz im Moment sein.

Der erste Eindruck zählt.
Freddie trat hinter dem Vorhang hervor, joggte nach vorne auf die Bühne und strahlte vor Freude, als er die Fäuste in die Luft reckte und die Menge anstachelte, als wolle er sie wissen lassen, dass es heute wirklich um sie ging und dass er sie dafür liebte, dass sie gekommen waren. Wenn Sie sich das Video des Auftritts ansehen, werden Sie feststellen, dass Freddie nach dem Spiel mit der Menge und kurz bevor er sich ans Klavier setzte, ein breites Lächeln im Gesicht hatte – kein nervöses Lächeln, wie man es vielleicht erwarten würde, sondern ein ehrliches Lächeln aus dem Herzen, das besagte, dass er zu einhundert Prozent präsent war und sich über den Augenblick freute.

Bleiben Sie einfach.
Queen waren für die Requisiten und extravaganten Kulissen ihrer Live-Shows bekannt, aber bei Live Aid gab es keine Requisiten, an die man sich anlehnen konnte. Nur das Nötigste. Nichts Überflüssiges. In einem Interview im Vorfeld der Veranstaltung äußerte sich Lead-Gitarrist Brian May zur spärlichen Bühnenausstattung in Wembley und ließ sich davon nicht beunruhigen: »Es kommt darauf an, ob man spielen kann oder nicht«. Selbst Freddies Kleidung war schlicht: Er trug nur Jeans und ein weißes Tanktop.

Reißen Sie die Schranken ein.
Freddie unternahm alles, um der Menge nahe zu kommen: Er gestikulierte, zeigte in alle Ecken des vollbesetzten Wembley-Stadions und ging bis an den Bühnenrand vor. Gelegentlich sprang er auf den unteren Teil der Bühne, der für die

Monitorboxen gedacht war, um dem Publikum noch näher zu kommen. Er sang für das gesamte Publikum, nicht nur für die erste Reihe.

Schaffen Sie eine gemeinsame Erfahrung.

Freddies Körpersprache vermittelte während des gesamten Sets, dass dies ein höchst freudiges und gemeinsames Erlebnis war. Das Publikum nahm die ganze Zeit über daran teil, indem es mitsang, die Arme in die Luft hob und während der Performance von »Radio Ga Ga« klatschte oder gemeinsam mit Freddie in die Luft boxte. Als Freddie mit seinem »Ay Oh!« mit dem Publikum in Dialog trat, fraß es ihm aus der Hand. Daraus können auch wir unsere Lehren ziehen: Binden Sie Ihr Publikum mit ein. Stellen Sie sich der Menge, nutzen Sie die Bühne, bleiben Sie nicht an einem Ort verhaftet. Bewegen Sie sich zielgerichtet.

Es geht um die anderen.

»Jede Band sollte den Auftritt von Queen bei Live Aid studieren«, sagt Dave Grohl. »Wenn Sie tatsächlich das Gefühl haben, dass die Barriere weg ist, dann werden Sie zu Freddie Mercury. Für mich ist er der beste Frontmann aller Zeiten«, sagt Dave Grohl. Ein Mantra, das ich oft wiederhole, lautet: »Es geht nicht um uns, es geht um die anderen«. Freddie Mercury verkörperte dieses Ideal. In seiner Show ging es immer um das Publikum. Abseits der Bühne war Freddie Mercury eher ruhig und zurückhaltend, aber auf der Bühne war er einer der beeindruckendsten Performer überhaupt. Die Darbietung von Freddie Mercury führt uns allen einmal mehr vor Augen, dass es enorm wirkungsvoll ist, das Publikum in den Mittelpunkt zu stellen und alles in unserer Macht Stehende zu unternehmen, um Hindernisse zu beseitigen und so eine uneingeschränkte Mitwirkung des Publikums zu erreichen.

Regen Sie die Neugier an

Der berühmte Physiker Michio Kaku sagte: »Wir sind geborene Wissenschaftler.« Er meint damit, dass wir alle von Natur aus unglaublich neugierige Wesen sind – auf diese Art lernen wir. Wenn Sie Ihre eigene Neugier zeigen und die Neugier anderer wecken, erzeugen Sie durch dieses mächtige Gefühl eine Verbindung. Die Neugier kann durch eine gute Präsentation geweckt und stimuliert, durch eine schlechte Präsentation völlig ausgelöscht werden. Den meisten geschäftlichen Präsentationen gelingt es heutzutage nicht, die Neugier des Publikums zu wecken, weil sie langweilige Einbahnstraßen voller Datenmüll sind.

Vielleicht hat das Dilemma schon in unserer Kindheit, zumindest bald nach der Grundschule, begonnen. Meiner Erfahrung nach, die auch von zahllosen E-Mails von Lehrern auf der ganzen Welt gestützt wird, sind die Lehrmethoden an den heutigen Schulen nur schlecht dazu geeignet, die natürliche Neugier der Schüler zu wecken. Das ist nichts Neues. Einstein sagte in dem 1949 von Paul Arthur Schilpp herausgegebenen Buch *Albert Einstein als Philosoph und Naturforscher:* »Es ist eigentlich wie ein Wunder, dass der moderne Lehrbetrieb die heilige Neugier des Forschens noch nicht ganz erdrosselt hat; denn dies delikate Pflänzchen bedarf neben Anregung hauptsächlich der Freiheit; ohne diese geht es unweigerlich zugrunde. Es ist ein großer Irrtum zu glauben, dass Freude am Schauen und Suchen durch Zwang und Pflichtgefühl gefördert werden könne.« Während unserer gesamten Kindheit sind wir von einer natürlichen und unersättlichen Neugier getrieben, aber laut Dr. Kaku führen die Lehrmethoden an den Schulen zu oft dazu, »dass die Neugier der nächsten Generation regelrecht ausgetrieben wird«.

Der berühmte japanische Hirnforscher Kenichiro Mogi fordert, dass wir uns stets die Neugier des Kindes bewahren, dass wir unser Gespür für das Wunderbare behalten müssen. »Wenn wir vergessen, wie man neugierig ist, verlieren wir etwas wirklich Wertvolles. Denn Neugier ist die allerwichtigste Triebfeder, die uns dorthin gebracht hat, wo wir heute stehen.« Die besten Präsentatoren und die besten Lehrer zeigen ihre Neugier und ihr leidenschaftliches Interesse an ihrem Thema. Wenn der Präsentator seine eigene leidenschaftliche Neugier zeigt, inspiriert und nährt er die natürliche Neugier in seinem Publikum. Neugier und Erstaunen lassen sich nicht vortäuschen. Die besten Lehrer wecken, leiten, inspirieren und nähren die natürliche, in jedem Kind vorhandene Flamme der Neugier. Die besten Präsentatoren haben keine Scheu, ihre ungezügelte Neugier und leidenschaftliche Wissbegierde bezüglich ihrer Arbeit zu zeigen.

Neugier ist ansteckend

Ein gutes Beispiel für eine Person, die wichtige Informationen mit einer ansteckenden Neugier und Wissbegierde präsentiert, ist der schwedische Arzt Hans Rosling. Natürlich ist die Datendarstellung durch Hans' Software Gapminder äußerst fesselnd. Er zeigt jedoch seine leidenschaftliche Neugier und fesselt das Publikum mit seiner Vortragsweise:

> Erkennen Sie das?
> Sehen Sie hierher!
> Das ist unglaublich!
> Was passiert als Nächstes?
> Ist das nicht überraschend?

Eine solche Sprache fesselt den Zuhörer. Hans Rosling erweckt die Daten durch Visualisierungen zum Leben und spricht die Gefühle der Präsentationsteilnehmer an, indem er die Informationen in eine Geschichte verpackt, sodass sie für alle Zuhörer zugänglich werden. Er bringt außerdem seinen eigenen trockenen Humor ein – und Humor ist eine der wirkungsvollsten Möglichkeiten, eine emotionale Bindung zu erzeugen.

Viele Menschen sind zum Werkzeug ihrer Werkzeuge geworden.

– Henry David Thoreau

Sie benötigen keine Hilfsmittel, um Ihr Publikum zu fesseln

Viele Menschen tun so, als seien technische Hilfsmittel ein Allheilmittel für langweilige und ineffektive Präsentationen. Digitale Tools haben in vielerlei Weise die Qualität der gegenseitigen Kommunikation in Live-Präsentationen verbessert. Das trifft besonders dann zu, wenn Sie Menschen auf der anderen Seite des Erdballs über Videokonferenzen, Webinare, Skype usw. von für Ihre Sache einnehmen möchten. Allerdings haben sich unsere technischen Möglichkeiten in der letzten Generation zwar auf dramatische Weise entwickelt, aber unser grundlegendes menschliches Bedürfnis nach Bindungen und Beziehungen hat sich nicht verändert. Heutige Hersteller wollen uns glauben machen, dass wir mittels des technischen Schnickschnacks und der sensationellen Animationsmöglichkeiten ihrer Präsentationssoftware das Publikum unter Garantie fesseln werden. Solchen Aussagen sollten wir jedoch sehr skeptisch begegnen. Je mehr Effekte wir verwenden, desto stärker lenken wir unser Publikum ab.

Der japanische Filmemacher Eiji Han Shimizu drehte den preisgekrönten Film *Happy*. Im Jahr 2011 vertrat Shimizu in seiner Präsentation auf der TEDxTokyo die Idee, dass zu unserem Glück nicht immer noch mehr notwendig ist, sondern dass im Herzen der japanischen Kultur die absichtliche Auswahl von weniger liegt. »Es macht uns nicht glücklich, uns blindlings auf einen Fortschritt zuzubewegen, der auf Ablenkung, Versuchung und Konsum basiert«, sagt Shimizu. Diese Aussage lässt sich auf das moderne Zeitalter der Präsentationstechnologie und der digitalen Werkzeuge übertragen: Viele von uns wenden blindlings massenweise Software-Effekte, -Tricks und -Techniken im Namen von »Fortschritt« und »Verbindung« an. In immer größerer Geschwindigkeit werden immer mehr digitale Hilfsmittel verfügbar. Gerade deshalb kann die absichtliche Entscheidung für das »Weniger« zu besonders fesselnden und gelungenen Präsentationen führen.

Kommunikationsbarrieren abbauen

Ich bin kein Freund des Rednerpults oder Podiums. Dieses hat gewiss seinen Platz und manchmal ist es unvermeidlich. Aber in den allermeisten Fällen stehen Sie hinter einem Rednerpult wie hinter einer Wand.

Das Rednerpult kann dazu beitragen, dass der Sprecher Respekt einflößend und zuverlässig wirkt. Aus diesem Grund stehen Politiker bei ihren Reden gerne hinter einem Pult. Wenn Sie groß und mächtig wirken wollen, dann ist ein Podium möglicherweise der richtige Platz für Sie. Aber die meisten von uns – Konferenzpräsentatoren, Lehrer, Vertriebsleute usw. – möchten auf keinen Fall hinter einer Mauer stehen. Außerdem werden Rednerpulte häufig seitlich auf und hinter der Bühne aufgestellt. In diesem Fall befinden Sie sich nicht nur hinter einer Barriere, werden auch von Ihren Präsentationsfolien an den Rand gedrängt, sodass Ihre physische Präsenz sehr reduziert ist. Sowohl Sie selbst als auch die Leinwand können vorne im Mittelpunkt stehen, also in dem Bereich, auf den das Publikum von alleine seine Aufmerksamkeit richten – aber dazu müssen Sie sich vom Rednerpult wegbewegen.

Möglicherweise ändert sich an Ihren Folien und an Ihrem Vortrag nichts, wenn Sie hinter einem Pult stehen; aber es ist trotzdem ganz und gar nicht ideal. Die Verbindung geht verloren. Stellen Sie sich vor, dass Ihr Lieblingssänger hinter einem Pult auftreten würde. Das wäre natürlich lächerlich. Stellen Sie sich weiterhin vor, dass Steve Jobs seine berühmten Keynote-Präsentationen mit denselben Folien und denselben Videoclips, in denselben Jeans und demselben schwarzen Rollkragenpullover gehalten hätte, aber hinter einem Pult. Er hätte vielleicht genauso geklungen. Die Folien und Videos hätten genauso ausgesehen. Aber die Verbindung zum Publikum wäre nicht vorhanden gewesen.

Allgemein ist das Rednerpult ein Relikt aus dem vorigen Jahrhundert. Manchmal ist es jedoch absolut angemessen, ein Pult zu nutzen, zum Beispiel wenn bei einer offiziellen Feierlichkeit mehrere Redner nacheinander auftreten.

Wenn die Menschen aber gekommen sind, um genau *Sie* zu erleben, von Ihnen zu lernen und sich von Ihnen überzeugen oder inspirieren zu lassen – dann sollten Sie unter allen Umständen sämtliche Barrieren zwischen Ihnen und dem Publikum niederreißen. Im wörtlichen und im übertragenen Sinne. Es ist beängstigend und es erfordert Übung. Der Unterschied wird jedoch gewaltig sein.

Die obige Situation ist häufig zu beobachten. Beachten Sie die drei Barrieren zwischen Vortragendem und Publikum. Zunächst ist da das Rednerpult als physisches Hindernis. Je nach Größe verdeckt es nahezu den gesamten Körper des Redners. Zweitens stellt auch der Laptop selbst eine kleine Barriere zwischen Sprecher und Publikum dar, ein Hindernis, das der Präsentierende oft häufiger anschaut als die Zuhörer. Und drittens wird auch der Abstand selbst zu einer Art Barriere. Rednerpulte werden meist weit von der Leinwand und/oder weit vom Publikum entfernt aufgestellt. Reißen Sie alle Barrieren nieder – alle –, so weit es möglich ist. Treten Sie daher vom Rednerpult und vom Computerbildschirm weg und nähern Sie sich Ihrem Publikum, um dessen Auseinandersetzung mit Ihnen und Ihrem Material anzuregen.

Was uns Steve Jobs noch über Präsentationen gelehrt hat

Am Morgen des 6. Oktober 2011 setzte ich mich mit einer Tasse Kaffee an die Küchentheke in unserem Haus im japanischen Nara. Ich schaltete den Fernsehapparat ein, um die Wettervorhersage zu sehen. Stattdessen brachte der Sender einen Sonderbericht aus den USA: »Steve Jobs ist gestorben.«

Mir wurde schwer ums Herz.

Gelegentlich hatte ich ein paar E-Mails mit Steve ausgetauscht und ihn an der Salatbar des Cafe Mac auf dem Apple-Campus in Cupertino gegrüßt. Sonst hatte ich in meiner Zeit bei Apple nicht viel direkten Kontakt zu ihm. Trotzdem erfüllte mich die Nachricht von seinem Dahinscheiden mit tiefer Trauer. Um die Wahrheit zu sagen: Es war Steves besondere Fähigkeit, ein großes Publikum auf eine so natürliche und einfache Weise zu verbinden und zu fesseln, die mich vor einer Generation zu Apple hinzog. Natürlich hatte ich im Lauf der Jahre alle Bücher über öffentliche Auftritte und Präsentationen gelesen; am allermeisten lernte ich jedoch von Jobs' Begabung, Präsentationen zu halten.

Ich besuchte buchstäblich jede Keynote-Präsentation, die Steve Jobs seit 1997 hielt (und betrachtete alle Archiv-Videos von den früheren Präsentationen). In meiner Zeit bei Apple verpasste ich keine einzige Sonderveranstaltung und kein Townhall-Meeting auf dem Campus. Ich bin zwar in diesem Buch bereits einige Male auf Steve Jobs eingegangen, aber nun folgt eine Zusammenfassung der wichtigsten Lektionen vom Meister der Keynote-Präsentation.

Machen Sie sich klar, wann Folien *keine* gute Wahl sind.

Multimedia eignet sich hervorragend für Präsentationen vor großen Gruppen, zum Beispiel für Keynote-Reden oder Konferenzpräsentationen. Wenn Sie jedoch in Meetings bestimmte Themen diskutieren oder Details in der Tiefe erörtern möchten, sind Folien – besonders die typischen, für jeden Zweck ungeeigneten Aufzählungslisten – normalerweise kontraproduktiv. Jobs war bei Apple dafür bekannt, dass er Folienpräsentationen in Meetings verabscheute. »Ich hasse die Art, wie die Leute Folienpräsentationen einsetzen, anstatt nachzudenken«, erklärte Jobs seinem Biografen Walter Isaacson, als er die Meetings bei seiner Rückkehr zu Apple im Jahr 1997 beschrieb. Die Leute gingen ein Problem an, indem sie eine Präsentation erstellten. Ich wollte, dass sie sich einbrachten und das Problem am runden Tisch besprachen, statt eine Reihe von Folien zu zeigen. Menschen, die wissen, worüber sie sprechen, brauchen kein PowerPoint.«

Jobs bevorzugte das Whiteboard, um seine Ideen zu erklären und mit seinen Mitarbeitern zu besprechen. Es gibt große Unterschiede zwischen Keynote-Ansprachen, Präsentationen vor großem Publikum, TED-Reden und ähnlichen Veranstaltungen sowie einem Meeting an einem Konferenztisch. Die meisten produktiven Meetings bieten Gelegenheit zur Diskussion und die Ausarbeitung von Themen. Hier bringt es wenig, einfach eine Abfolge von Folien durchzugehen. Sparen Sie sich Multimedia für größere Veranstaltungen. Die folgenden Tipps betreffen hauptsächlich Präsentationen für ein größeres Publikum.

Denken Sie daran, dass Multimedia selbst auf der Bühne nicht immer notwendig ist.

Wenn Sie eher eine Townhall-Konferenz und eine Diskussion mit dem Publikum anstreben, sollten Sie vielleicht einfach einen Stuhl in die Mitte der Bühne stellen, um Ihre Geschichte zu erzählen. Ein paar Mal war ich dabei, als Steve Jobs sich im Town Hall Auditorium im Infinite Loop in Cupertino an die Angestellten wandte. Er nutzte dabei kein Multimedia, sondern setzte sich für seine Ausführungen und die Beantwortung von Fragen auf einen Stuhl in der Mitte der Bühne. Sofort hatte man das Gefühl, an einer Unterhaltung teilzunehmen. Ich liebe Multimedia sehr – aber manchmal passt es einfach nicht zum Anlass.

Präsentieren Sie äußerst klar und konzentriert.

In der Vorbereitungsphase sollten Sie rigoros alle überflüssigen Vortragsinhalte und Anschauungsmaterialien weglassen. Schlechte Präsentationen resultieren aus schlechter Planung und mangelnder Konzentration auf die Hauptpunkte und die Kernaussage, die Sie dem Publikum vermitteln möchten. Dabei ist es gleichgültig, wie gut die Präsentationsfolien oder sogar der Vortrag sein mögen. Steve Jobs konzentrierte sich in fast allen Geschäftsbereichen, auch bei der Planung seiner Präsentationen, messerscharf. Im Hinblick auf das Produktdesign sagte Steve Jobs: »Konzentration bedeutet, dass Sie oftmals zu bedingten Dingen ›Nein‹ sagen müssen.« Sie können in Ihrer Präsentation nicht alles behandeln; fassen Sie den Mut, das Unwesentliche wegzulassen. Die meisten misslungenen Präsentationen enthalten zu viele Informationen und zeichnen sich durch überfüllte Folien aus, die das Gehirn nicht fesseln können.

Entwickeln Sie eine Beziehung zum Publikum.

Wenn Jobs auf die Bühne spazierte, ohne dass er förmlich vorgestellt worden war, strahlte er normalerweise über das ganze Gesicht. Er zeigte auf der Bühne seine Persönlichkeit, die selbstbewusst, aber bescheiden und freundlich war (während der Meetings mit seinen Angestellten vermittelte er dieses Bild nicht immer). Die Menschen werden von Selbstvertrauen angezogen – aber nur, wenn es von Bescheidenheit begleitet wird. Jobs bewegte sich auf der Bühne auf natürliche Weise, arbeitete mit Augenkontakt und unaufdringlicher Freundlichkeit, um eine Verbindung zum Publikum herzustellen.

Zeigen Sie dem Publikum, wohin die Reise geht.

Sie benötigen keine Agenda-Folie; trotzdem sollte das Publikum eine Vorstellung haben, wohin die Reise führt. Jobs begann nach einer einfachen, freundlichen Begrüßung häufig etwa: »Es gibt vier Dinge, über die ich heute gerne mit Ihnen sprechen würde. Lassen Sie uns also anfangen. Erstens ...« Jobs strukturierte seine Reden häufig um drei oder vier Teile eines Themas.

Zeigen Sie Ihre Begeisterung.

Manchmal sollten Sie Ihren Enthusiasmus unterdrücken; die meisten Präsentatoren zeigen jedoch nicht zu viel, sondern zu wenig Leidenschaft oder Begeisterung. Kein Fall gleicht dem anderen; aber Begeisterung kann äußerst hilfreich sein. Jobs' Begeisterung war unaufdringlich; er ließ sie aber in seinem Tonfall und an seiner Wortwahl erkennen. In den ersten paar Minuten auf der Bühne verwendete Jobs häufig starke Worte wie »unglaublich«, »großartig«, »fantastisch«, »erstaunlich«, »revolutionär«. Sie könnten einwenden, dass diese Ausdrucksweise über das Ziel hinausschoss. Steve Jobs glaubte jedoch, was er sagte. Er war ehrlich. Sie müssen sich nicht wie Steve Jobs ausdrücken – oder sich wie Steve Ballmer bewegen. Sie sollten jedoch Ihre ehrliche Begeisterung für Ihre Arbeit mit der Welt teilen, indem Sie sie in Ihren eigenen Stil legen.

Sprechen Sie positiv, optimistisch, humorvoll.

Jobs war ein sehr ernsthafter Mensch. In seinen Präsentationen trat er jedoch äußerst optimistisch auf, weil er zutiefst an seine Inhalte glaubte. Hinsichtlich der Zukunft war er selbst in schweren Zeiten guten Mutes und optimistisch. Realitätsverzerrungsfeld hin oder her: Auf der Bühne vermittelte er diese positive Energie. So etwas lässt sich nicht vortäuschen – Sie müssen an Ihre Botschaft glauben oder Sie können sie nicht verkaufen. Jobs würzte seine Vorträge auch mit etwas Humor. Er erzählte keine Witze. Sein Humor war feinsinniger. Gelegentliche subtile Ironie ist ansteckend und bringt das Publikum zum Lachen.

Konzentrieren Sie sich nicht auf die Zahlen, sondern auf die Bedeutung der Zahlen.

Die Keynote-Präsentation einer Technologiefirma unterscheidet sich von einer wissenschaftlichen Präsentation auf einer Konferenz. Trotzdem geht

Steve Jobs' Keynote-Ansprachen wurden stets durch äußerst wirkungsvolle Bilder unterstrichen.

Oft balancierte Jobs seine äußerst wirkungsvollen Präsentationsfolien mit einem vollständig leeren Display aus. In diesem Augenblick zog er alle Blicke auf sich selbst.

Fotos auf dieser Seite von Justin Sullivan/ iStockphoto.com es niemals um die Zahlen selbst, sondern stets um ihre Bedeutung. Ihr Cholesterinwert liegt also bei 199, dem nationalen Durchschnitt? Ist das gut oder schlecht? Hoch oder niedrig? Ist »Durchschnitt« gesund oder ungesund? Und im Vergleich wozu?

Wenn Steve Jobs in seinen Keynote-Präsentationen über Zahlen sprach, schlüsselte er sie oft auf. Typisch wäre etwa gewesen, dass der Verkauf von vier Millionen iPhones einer Anzahl von 20.000 Exemplaren pro Tag seit Verkaufsstart entspricht. 20 Prozent Marktanteil? An und für sich bedeutet das nicht viel; die Bedeutung wurde aber gleich klar, wenn er dies mit den Zahlen der Konkurrenz verglich. Fragen Sie sich bei der Präsentation von Daten stets: »Im Vergleich wozu?«

Visualisieren Sie.

Jobs verwendete in seinen Keynote-Präsentationen und Spezialveranstaltungen riesige Displays und große, hochqualitative Grafiken. Die Bilder waren klar, professionell und eindeutig. Sie stammten niemals aus einer Vorlage. Schaubilder und Diagramme waren einfach und auf schöne Weise klar. Es gab keinen »Tod durch Aufzählungspunkte«. Jobs verwendete die Leinwand, um visuelles Material darzustellen. Nur gelegentlich zeigte er kurze Listen. Er präsentierte die Daten auf eine Weise, dass ihre Bedeutung sofort klar wurde. Nicht jede Präsentation erfordert Fotos oder Videos; wenn Sie aber Multimedia verwenden, gestalten Sie einfache, hochqualitative Materialien.

Bringen Sie etwas Unerwartetes.

Jobs Präsentationen enthielten stets etwas Neues. Jedes Mal überraschte er das Publikum ein wenig. Wir mögen es, wenn uns etwas zum Staunen bringt. Das Gehirn liebt alles Neue.

Variieren Sie die Geschwindigkeit und die verwendeten Techniken.

Jobs beherrschte die Variation von Geschwindigkeit und Fluss seiner Präsentationen. Hierbei setzte er verschiedene Techniken ein. Er bliebt nicht an einer Stelle und hinter einem Rednerpult stehen. Stattdessen mischte er Videoclips, Bilder, Geschichten, Daten, unterschiedliche Sprecher und Live-Hard- und Software-Demos. Wenn ein Referent eine oder zwei Stunden lang nur über Informationen spricht, langweilen sich Publikum und Präsentator. Ginge es nur um neue Funktionen und Informationen, könnte man sie dem Publikum in Form gedruckter Dokumente austeilen. Diese könnten die Teilnehmer dann lesen, wenn sie Zeit dazu hätten.

Wählen Sie die passende Länge.

Jobs ging niemals auf unnötige Details ein und er überzog niemals. Er wusste, dass Präsentationen nicht zu lang dauern dürfen und kam schnell und flüssig auf den Punkt. Wenn Sie nicht in höchstens 20 Minuten erklären können, warum Ihr Thema wichtig, interessant und bedeutungsvoll ist, dann kennen Sie es nicht gut genug. Halten Sie Ihren Vortrag so kurz wie möglich, füllen Sie ihn aber mit bedeutsamen Inhalten und berücksichtigen Sie, dass kein Fall dem anderen gleicht. Es geht nicht darum, die Präsentationsteilnehmer abzufüllen. Besser ist es, wenn sie sich am Schluss gerade noch ein wenig mehr wünschen.

Heben Sie sich das Beste für den Schluss auf.

Die Teilnehmer werden in den ersten zwei Minuten ein Urteil über Ihren Auftritt fällen. Also benötigen Sie einen starken Beginn. Sie müssen aber noch stärker schließen. Am besten erinnert man sich an den ersten und den letzten Teil einer Präsentation. Der mittlere Teil ist natürlich wichtig, aber wenn Sie Ihren Vortrag am Anfang oder Ende versieben, könnte alles verloren sein. Aus diesem Grund sollten Sie gerade den Einstieg und den Schluss so sehr proben. Jobs war für »Noch eine Sache« berühmt. Damit sparte er das Beste für zuletzt auf – nach dieser Folie war die Präsentation beendet.

Steve Jobs sprach häufig über die Veränderung der Welt. Und er änderte die Welt in seinen kurzen 56 Jahren auf dieser Erde tatsächlich. Seine unglaubliche Hingabe an das Detail, an Einfachheit und Ästhetik erhöhten die Messlatte für den Design-, den technologischen und geschäftlichen Bereich. Er erhöhte auch die Messlatte für Präsentationen. Trotz seiner launenhaften Natur war er ein wahrer Meister. Er war ein echter *sensei*.

Wenn Jobs Zahlen zeigte, dann groß und unübersehbar. Auf diesem Foto von der Macworld 2008 gibt er bekannt, dass seit dem Erscheinen von Mac OS 10.5 mehr als fünf Millionen Exemplare verkauft wurden.

Jobs nutzte Bilder stets in äußerst effizienter Weise für Vergleiche und um Funktionen herauszustellen. In diesem Foto aus dem Jahr 2007 stellt er auf einer Apple-Sonderveranstaltung in San Francisco einen neuen iPod Nano vor. Foto von Justin Sullivan/ iStockphoto.com

Treten Sie nahe an das Publikum heran

Meine Erfahrungen beim weltweiten Unterrichten und Präsentieren verdeutlichten mir in den letzten 20 Jahren den großen Einfluss des physischen Abstands zwischen einem Sprecher und seinem Publikum (und des Abstands zwischen den einzelnen Menschen im Publikum) auf seine Fähigkeiten, zu begeistern und effektiv zu sein. Der räumliche Kontext hat große Auswirkungen auf die nonverbale Kommunikation und die Qualität der Interaktion. Die Auffassung von Privatsphäre mag sich von Kultur zu Kultur unterscheiden; wenn Sie Ihr Publikum aber fesseln möchten, müssen Sie ihm auf jeden Fall so nahe wie möglich kommen. Auch das Publikum sollte so dicht wie möglich beisammen sitzen. Es gibt physische Grenzen; grundsätzlich sollten Sie aber erstens den Abstand zwischen sich selbst und dem Publikum verringern, zweitens das Publikum näher zusammenbringen, ohne dabei die vor Ort herrschende Auffassung von Privatsphäre zu missachten, und drittens sämtliche distanzerzeugenden Schranken zwischen Ihnen und dem Publikum entfernen – egal, ob diese Distanz räumlich oder nur in der Wahrnehmung des Publikums existiert. Die Zuhörer könnten beispielsweise auch Distanz zu Ihnen empfinden, wenn Sie eine zu formelle oder unangemessene Sprache verwenden oder in einem für ein bestimmtes Publikum unverständlichen Fachjargon reden. Auch Technik kann bei schlechter Anwendung ein Gefühl von Abstand erzeugen. Die Begeisterung wird dann nachlassen, egal wie nahe Sie Ihrem Publikum räumlich gesehen sind.

Bei wichtigen Konferenzen werden meist große Monitore – so genannte »Confidence Monitors« – vor der Bühne oder hinter dem Publikum aufgestellt. Wenn keine solchen Monitore zur Verfügung stehen, erzielen Sie den gleichen Effekt, wenn Sie Ihren mit dem audiovisuellen System des Veranstaltungsortes verbundenen Laptop ganz unten vor der Bühne aufstellen. So haben Sie den Bildschirm von der ganzen Bühne aus gut im Blick, aber für das Publikum ist er kaum wahrnehmbar.

Hier steht der Rechner nicht auf einem Rednerpult an der Seite, sondern in der Mitte und dient mir als eine Art Monitor. Für das Publikum ist er aber nicht sichtbar. Das Publikum sieht nur mich und die Bildschirme hinter mir.

In diesem Bürogebäude in Tokio gibt es im hinteren Teil des Raumes einen großen Bildschirm, sodass ich meinen Laptop hier nicht als Monitor zu benutzen brauche; er kann an der Seite stehen bleiben. Unabhängig davon, wo ich mich auf der Bühne befinde, kann ich den Blickkontakt zum Publikum aufrechterhalten und weiß trotzdem immer, was hinter mir projiziert wird.

Wechseln Sie die Folien mit einer kleinen Fernbedienung

Ich sehe eine Menge Präsentationen, die von sehr intelligenten Leuten gehalten werden. Trotz ihrer Intelligenz verwenden die Präsentatoren die Fernbedienung nicht gekonnt (als wäre es das erste Mal, dass sie ein solches Gerät sehen) oder gleich gar nicht. Selbst heute postieren sich zu viele Präsentatoren dauerhaft neben dem auf einen Tisch oder Podest gestellten Computer oder gehen alle paar Minuten zurück zum Rechner, um die Folien zu wechseln.

Fernbedienungen für Computer sind relativ preiswert und ein absolutes Muss. Es gibt keine Ausreden; Sie müssen eine haben. Wenn Sie die Folien momentan noch nicht mit einer Fernbedienung wechseln, wird sich Ihr Präsentationsstil deutlich verbessern, wenn Sie sich eine zulegen. Die Fernbedienung erlaubt es Ihnen, näher an die Teilnehmer heranzutreten, sich zu unterschiedlichen Teilen der Bühne oder des Raums zu bewegen und enge Beziehungen herzustellen.

Wenn wir am Laptop festkleben und nach unten sehen, um jede Folie zu wechseln, ähneln unsere Präsentationen eher Slideshows mit gesprochenen Kommentaren – denken Sie daran, wie Ihr Onkel Sie langweilte, als er seinen 35-mm-Diaprojektor auspackte und Ihnen die Höhepunkte seines letzten Angelausflugs zeigte. Gähn.

Achten Sie darauf, dass das Publikum so wenig von der Technologie hinter Ihrer Präsentation mitbekommt wie möglich. Wenn Sie sie klug einsetzen, wird Ihr Publikum noch nicht einmal wissen (oder sich darum kümmern), welche digitalen Werkzeuge Sie einsetzen. Liegt aber Ihre Hand auf dem Computer und bewegen sich Ihre Augen vom Computerbildschirm zur Tastatur und dann zum Publikum oder der Projektionsleinwand, erhalten Sie eine der typischen Folienpräsentationen, über die sich das Publikum beschwert.

Benötigen Sie den Computer nicht nur für eine einfache Abfolge von Präsentationsfolien, dann können Sie ruhig hin und wieder zum Rechner gehen, um ein Programm, eine Demo-Website oder Ähnliches aufzurufen. Sie sollten dann aber auch immer wieder das Pult verlassen, wenn Sie dort nichts zu tun haben.

Sie benötigen nichts weiter als eine kleine, einfache Fernbedienung. Ich bevorzuge Fernbedienungen mit den allereinfachsten Funktionen. Es gibt Fernbedienungen, mit denen Sie den Mauszeiger auf der Leinwand bewegen können und vieles mehr; sie sind jedoch groß und lenken die Aufmerksamkeit auf sich selbst. Im Grunde genommen benötigen Sie nur die Möglichkeit, weiter- und zurückzuschalten und die Leinwand schwarz zu zeigen. Ganz einfach.

Verwenden Sie die B-Taste

Wenn Sie Ihre Präsentation mithilfe von Folien halten, ist das »B« eine der nützlichsten Tasten. Drücken Sie in PowerPoint oder Keynote die B-Taste, wird die Leinwand schwarz (die W-Taste ergibt hingegen eine weiße Leinwand). Sie können schwarze Folien in eine Präsentation einbauen, um die Aufmerksamkeit vollständig von der Leinwand wegzulenken. Die B-Taste ist beispielsweise sehr nützlich, wenn eine spontane, aber relevante Diskussion von den visuellen Informationen auf der Leinwand abweicht. Wenn die Leinwand schwarz wird, blenden Sie die möglicherweise ablenkenden Informationen aus. Alle Augen richten sich auf Sie und die Diskussionsteilnehmer. Wenn Sie mit den vorbereiteten Punkten fortfahren möchten, drücken Sie einfach erneut die B-Taste (diese Funktion befindet sich auch auf den meisten Fernbedienungen) und die Folien werden wieder sichtbar.

Mit einer schwarzen Leinwand konzentriert sich die ganze Aufmerksamkeit auf den Präsentator, der vorne und in der Mitte steht. Sie können leere Folien verwenden, um geplante visuelle Brüche in Ihrem Vortrag umzusetzen. Sie können das Bild aber auch jederzeit mit der Taste B auf Ihrem Computer (oder der Fernbedienung) dunkel schalten. Das ist besonders nützlich, wenn sich eine Diskussion entwickelt, bei der das Bild auf der Leinwand nur noch irrelevant oder ablenkend wirkt.

Lassen Sie das Licht an

Damit Sie eine Verbindung zum Publikum herstellen können, muss dieses Sie sehen können. Wenn das Publikum tatsächlich Ihre Augenbewegungen und Ihren Gesichtsausdruck erkennen kann, versteht es Ihre Botschaft besser. Das Publikum interpretiert die Bedeutung auf der Grundlage des Verbalen (dem Inhalt Ihrer Worte), des Klangs (Ihrer Stimme) und des Visuellen (Ihres nichtverbalen Ausdrucks). Die nichtverbalen Signale sind ein sehr wichtiger Teil Ihrer Botschaft. Wenn das Publikum Sie aber nicht sehen kann – selbst wenn es die Folien klar erkennen kann –, geht viel von der Tiefe Ihrer Botschaft verloren. Es mag zwar verführerisch sein, die Lichter auszuschalten, damit die Folien besser sichtbar werden. Oberste Priorität muss jedoch sein, den Präsentator zu beleuchten. Häufig ist ein Kompromiss möglich, indem Sie nur einige Lichter abdämpfen.

Durch den fortgeschrittenen Stand der Projektionstechnologie können Sie heutzutage normalerweise alle oder die meisten Lichter in den Konferenzräumen und Vorlesungssälen anlassen. Hörsäle an Universitäten haben meist bessere Lichtbedingungen, wodurch eine Beleuchtung des Präsentators möglich ist, ohne dass die Leinwand beleuchtet wird. Egal, in welcher Präsentationssituation Sie sich befinden: Stellen Sie sicher, dass viel Licht auf Sie fällt. Sie können keine Verbindung aufnehmen, wenn die Teilnehmer Sie nicht sehen.

In japanischen Konferenzräumen ist es üblich, alle oder die meisten Lichter bei Präsentationen auszuschalten. Normalerweise sitzt der Präsentator zudem neben oder hinter einem Tisch und bedient einen Computer, während das Publikum auf den Bildschirm starrt und der »Präsentator« die Folien kommentiert. Dies wird geradezu als normal angesehen. Es mag normal sein, aber es ist nicht effektiv. Die Teilnehmer verstehen die Botschaft des Präsentators besser, wenn sie ihn hören *und* sehen können.

Wenn Sie das Licht ausschalten und vom hinteren Teil des Raums aus präsentieren, ...

... wird der Raum schnell so aussehen.

Woher wissen Sie, ob Sie fesselnd wirken?

Wenn Sie das Publikum wirklich mit Ihrer Präsentation fesseln, können Sie in ihm etwas erwecken. Benjamin Zander, den ich in Kapitel 8 vorgestellt habe, ist ein Meister darin, die Möglichkeiten in anderen zu erwecken. Und er legt uns nahe, genau dies ebenfalls zu tun – die Möglichkeiten in unseren Schülern, Kollegen, unserem Publikum usw. zu erwecken. Welche Rolle würde eine gute Führungskraft spielen, wenn sie nicht die Möglichkeiten einer Gruppe, eines Unternehmens oder sogar einer ganzen Nation weckt? Welche Rolle spielt ein Lehrer, der seine Schüler nicht inspirieren und ihr Potenzial nicht wecken kann? Besteht die Rolle guter Eltern nicht – neben einer Million anderer Dinge – darin, die Möglichkeiten in ihren Kindern zu erwecken? Sicherlich bietet nicht jede Präsentation die Möglichkeit, in großem Stil zu inspirieren; wir möchten jedoch eine Änderung in den Menschen bewirken und dazu müssen wir sie in unseren Bann ziehen und neue Möglichkeiten in ihnen wecken.

Woher wissen Sie, ob Sie die Möglichkeit in jedem Ihrer Schüler oder Präsentationsteilnehmer erweckt haben, fragt Ben. Die Antwort: »Sehen Sie ihnen in die Augen. Wenn diese glänzen, wissen Sie, dass Sie es geschafft haben.« Er fährt fort: »Wenn die Augen nicht glänzen, müssen Sie sich eine Frage stellen: Wer bin ich, dass die Augen meiner Spieler nicht glänzen?« Dies gilt auch für unsere Kinder, Schüler, Präsentationsteilnehmer und so weiter. Das ist die wichtigste Frage, die ich Ihnen mitgeben möchte: Wer bin ich, dass ich keine Leidenschaft in den Augen der anderen sehe?

Zusammenfassung

- Sprechen Sie die Gefühle des Publikums an.
- Lassen Sie die Lichter an; das Publikum muss stets in der Lage sein, Sie zu sehen.
- Entfernen Sie alle Barrieren zwischen Ihnen und dem Publikum. Vermeiden Sie möglichst Podien und Rednerpulte.
- Verwenden Sie ein kabelloses Mikrofon und eine Fernbedienung, um die Folien zu wechseln, sodass Sie sich frei und natürlich umherbewegen können.
- Seien Sie positiv, heiter, humorvoll und entwickeln Sie eine Verbindung zum Publikum. Sie müssen an Ihre Inhalte glauben, sonst können Sie sie nicht verkaufen.

der nächste
schritt

**Was wir heute denken,
werden wir morgen sein.**

– Buddha

11

Die Reise beginnt

Viele Menschen suchen nach einem bequemen Weg, in kurzer Zeit ausgezeichnete Präsentationen zu erzielen. Diesen Weg gibt es jedoch nicht – und ebenso wenig gibt es Patentrezepte oder Lösungen von der Stange. Wenn Sie heutzutage ein herausragender Präsentator werden möchten, müssen Sie sich auf eine richtiggehende Reise begeben. Viele Wege führen zu dem Ziel, besser und zeitgemäß zu präsentieren. Als ersten Schritt auf diesem Weg müssen Sie lernen zu sehen – wirklich zu sehen –, dass das, was heutzutage als normal, üblich und gut genug betrachtet wird, nicht unserer Art zu lernen, zu verstehen und zu erinnern entspricht.

Egal, wo Sie heute stehen; Sie können viel besser werden. Tatsächlich können Sie außerordentlich werden. Ich weiß, dass das stimmt, weil ich es schon viele Male erlebt habe. Ich habe mit Berufstätigen – jungen und alten – gearbeitet, die geglaubt haben, sie wären nicht besonders kreativ, charismatisch oder dynamisch. Und doch: Mit etwas Hilfe verwandelten sie sich in extrem kreative, äußerst redegewandte, fesselnde Präsentatoren, sobald sie bemerkten, dass bereits ein bemerkenswerter Präsentator in ihnen steckte. Sobald sie ihre Augen öffneten und sich darauf einließen, zu lernen und die Vergangenheit hinter sich zu lassen, war es nur eine Frage der Zeit, bis deutliche Fortschritte erkennbar wurden. Interessanterweise hatte das neu gefundene Selbstvertrauen auch eine bemerkenswerte Wirkung auf andere Bereiche ihres Privat- und Berufslebens.

Wie Sie sich verbessern

Es gibt viele Möglichkeiten, wie Sie sich als Präsentator – mit oder ohne Multimedia – oder ganz allgemein als Kommunikator verbessern können. Nachfolgend einige Hinweise.

Lesen und lernen

Mithilfe von Büchern, DVDs und Online-Materialien können Sie sich viele Grundlagen selbst beibringen. Auf meiner Website *www.presentationzen.com* empfehle ich eine Reihe von Büchern, DVDs und Websites zum Thema Präsentationsdesign und Vortragstechnik. Viele davon beschäftigen sich nicht direkt mit Präsentationstechniken oder Präsentationsprogrammenn. Jedoch sind gerade diese Ressourcen häufig am hilfreichsten. Beispielsweise können Sie von den Meistern des Dokumentar- und Spielfilms eine Menge über das Erzählen von Geschichten und die Verwendung von Bildmaterial lernen. Selbst Bücher für Drehbuchschreiber lassen sich auf die Welt der Präsentationen übertragen. Sie können einfach nie wissen, was Sie im Selbststudium lernen werden – vor allem wenn Sie dazu ungewöhnliche Quellen verwenden.

Tun Sie es

Lesen und Lernen sind wichtig und notwendig. Damit Sie Ihre Präsentationen und Anschauungsmaterialien jedoch wirklich verbessern, müssen Sie es tatsächlich *tun*, und zwar so oft wie möglich. Lassen Sie auch keine Gelegenheit zu einer Präsentation aus. Gibt es in Ihrer Nähe eine Rhetorikclub, sollten Sie sich diesem anschließen. Wenn nicht, gründen Sie vielleicht selbst einen? Melden Sie sich freiwillig, wenn an Ihrer Schule, in Ihrem Unternehmen oder Ihrer Nutzergruppe eine Präsentation gehalten werden soll, und suchen Sie nach weiteren Gelegenheiten zum freien Sprechen.

Inspiration durch Auftritte …

Trainieren Sie Ihre Kreativität

Es ist für Berufstätige – gleichgültig, in welcher Branche – wichtig, dass sie mit ihrer kreativen Seite in Verbindung bleiben und diese pflegen. Was für eine Verschwendung wäre es, unserer Leidenschaften oder Begabungen zu ignorieren. Sie wüssten ganz einfach nicht mehr, woher Ihre Inspriation kommen sollte. Inspiration, Klarheit oder eine neue Perspektive können Ihnen spontan kommen, wenn Sie einen Berg erklimmen, ein Porträt malen, einen Sonnenuntergang fotografieren, eine Geschichte schreiben ... oder mit befreundeten Musikern in einem Nachtclub (oder einer Garage) spielen.

...und das Unterrichten meiner Kinder...

Ich trete gelegentlich mit lokalen Jazz- und Blues-Musikern in den Nachtclubs in und um Osaka auf. Es tut meiner Kreativität gut, live zu spielen und mich mit anderen Musikern sowie dem Publikum zu verbinden. Live-Musik zu spielen ist ähnlich wie gute Präsentationen zu machen – es geht nicht um Technik. Sobald Sie anfangen, sich auf Ihre Technik, Tricks, Showeffekte und den äußerlichen Eindruck zu konzentrieren, ist alles verloren. Eine gute Darbietung hat mit Gefühl zu tun. Wenn ich keine Musik machen würde, wäre mir all dies nicht bewusst. Seit ich die erste Ausgabe dieses Buches geschrieben habe, habe ich die inspirierende Erfahrung gemacht, wie meine kleinen Kinder mit Freude ihre eigene Kreativität entdecken, während sie lernen, Musikinstrumente zu spielen.

Gehen Sie nach draußen

Sie werden niemals etwas Großartiges erleben, wenn Sie hinter dem warmen Ofen sitzen bleiben. So oft wie möglich sollten Sie aus Ihrem Büro, Ihrer Schule oder Ihrem Haus hinaustreten und Verbindungen schaffen. Versuchen Sie, die rechte (kreative, emotionale) Seite Ihres Gehirns zu trainieren. »Da draußen« findet das Lernen statt. Fordern Sie sich selbst und entwickeln Sie Ihre Kreativität, üben Sie Ihr kreatives Potenzial. Nehmen Sie Schauspielunterricht. Nehmen Sie Kunstunterricht. Melden Sie sich zu einem Seminar an. Gehen Sie ins Kino. Besuchen Sie ein Konzert. Gehen Sie ins Theater oder ein Musical. Oder machen Sie einfach einen Spaziergang, um Inspiration zu finden.

...oder den Besuch eines Tempels in Kyoto.

Überall können Sie etwas lernen

Selbst an den ungewöhnlichsten Orten können wir Inspirationen und Lektionen finden. Zum Beispiel habe ich im Lauf der Jahre eine Menge über wirkungsvolles und weniger wirkungsvolles GrafikDesign gelernt, während ich auf dem Weg zur Arbeit im Zug saß. Japanische Züge sind sauber, bequem und pünktlich. Die Abteile sind außerdem voller Werbung, die jeden erdenklichen Winkel ausfüllt. Mir macht es Freude, die Werbung auf dem Weg zur Arbeit zu betrachten, weil mir dies die Möglichkeit gibt, bezüglich neuer Produkte und Veranstaltungen auf dem Laufenden zu bleiben und dabei Designtrends und die Verwendung grafischer Elemente in Printmedien zu studieren.

Wenn Sie Plakate, Schilder, Schaufenster usw. sorgfältig studieren, können sie viel über die grundlegenden Designprinzipien lernen und ein kritisches Auge entwickeln. Normalerweise ignorieren wir im urbanen Bereich viele Designelemente oder nehmen sie als gegeben hin. In Wirklichkeit sind die Lektionen aber überall. Wir müssen sie nur sehen.

Sie können es bereits

Machen Sie sich bewusst, was in Ihnen steckt. Verlassen Sie sich nicht auf technologische Errungenschaften oder andere Menschen. Lassen Sie sich vor allem nicht von bloßer Gewohnheit – oder den Gewohnheiten anderer – vorschreiben, wie Sie Ihre Präsentationen vorbereiten, gestalten und schließlich halten sollen. Das Geheimnis besteht vielmehr darin, dass Sie Ihre eigene Achtsamkeit erhöhen, sodass Sie imstande sind, die Welt und die Lektionen um Sie herum zu sehen. So lange wir dem Alten verhaftet bleiben, können wir nicht wirklich vorwärts kommen und etwas Neues lernen. Der wirkliche Schlüssel zur Verbesserung ist einfach ein offener Geist, ein offenes Herz und der Wille zu lernen, selbst wenn wir dabei Fehler machen. Es gibt viele Wege, sich selbst zu verbessern und zu wandeln. In diesem Kapitel habe ich nur ein paar Möglichkeiten erwähnt und hoffe, dass diese Ihnen hilfreich sein werden.

Zusammenfassung

Welche Schlussfolgerung können wir nun ziehen? Die Schlussfolgerung lautet, dass es keine solche gibt – es gibt nur den nächsten Schritt. Und dieser liegt vollständig bei Ihnen. Ich habe Ihnen in diesem Buch ein paar einfache Dinge gezeigt, die Sie überdenken können, während Sie an der Verbesserung Ihrer Präsentationsvorbereitung und -gestaltung und Ihres Vortrags arbeiten. Dieses Buch konzentrierte sich auf das Präsentieren multimedialer Unterstützung, auch wenn die Verwendung von Multimedia nicht in jedem Fall angebracht ist. Sie entscheiden, ob dies der Fall ist. Wenn Sie jedoch die Anschauungsmaterialien für Ihren nächsten Vortrag *tatsächlich* mit digitalesen Werkzeuge produzieren, sollten Sie sich von Selbstbeschränkung, Einfachheit und Natürlichkeit leiten lassen. Genießen Sie die Reise.

Eine Reise von tausend Meilen beginnt mit einem einzelnen Schritt.

– Lao-tse

Bildnachweis

Markuz Wernli Saito

Gartenfotos mit freundlicher Genehmigung nachgedruckt aus dem Buch: *Mirei Shigemori: Modernizing The Japanese Garden (Stone Bridge Press)* von Christian Tschumi und Markuz Wernli Saito. Siehe Markuz' Portfolio unter *http://markuswernli.org/*.

Titelei:

VI kosmos111/Shutterstock; VIII Garr Reynolds; X Guy Kawasaki; XI Guy Kawasaki.

Kapitel 1:

4 Benson Truong/Shutterstock; 6 Garr Reynolds; 9 Shutterstock; 9 Life und Times/Shutterstock; 11 Life und Times/Shutterstock; 13 Adam Gregor/Shutterstock, 13 Rawpixel.com/Shutterstock; 15 iJeab/Shutterstock, anatoliy_gleb/Shutterstock, Kiattipong/Shutterstock, Korawat photo shoot/Shutterstock, George Rudy/Shutterstock, joyfull/Shutterstock; 18 Shutterstock; 20 Seth Godin; 21 Seth Godin; Lyza Danger Gardner; 23 KieferPix/Shutterstock; 25 Svetoslav Radkov/Shutterstock.

Kapitel 2:

30 Eladora/Shutterstock; 32 Ollyy/Shutterstock; 33 Garr Reynolds; 36 Garr Reynolds; 38 Dr. Ross Fisher; 39 Dr. Ross Fisher; 42 Garr Reynolds; 43 Garr Reynolds, Min C. Chiu/Shutterstock; 45 Naluwan/Shutterstock.

Kapitel 3:

46 SkyLynx/Shutterstock; 48 anyaberkut/Getty Images; 51 Ditty_about_summer/Shutterstock; 52 Zack Frank/Shutterstock; 55 Pressmaster/Shutterstock; 57 Daxiao Productions/Shutterstock; 58 Garr Reynolds; 59 Jacob Lund/Shutterstock; 60 Garr Reynolds; 61 Stylephotographs/123rf.com; 64 C.PIPAT/Shutterstock; 67 Matej Kastelic/Shutterstock; 69 Asier Romero/Shutterstock, Wavebreak Media Ltd/123rf.com; 71 its_al_dente/Shutterstock, Pilipphoto/Shutterstock, Alexander Raths/Shutterstock, Garr Reynolds; 72 Matej Kastelic/Shutterstock; 73 wavebreakmedia/Shutterstock; 74 fizkes/Shutterstock; 76 Jacob Lund/Shutterstock; 77 Valzan/Shutterstock.

Kapitel 4:

78 anatoliy_gleb/Shutterstock; 82 Garr Reynolds; 83 Africa Studio/Shutterstock, pathdoc/Shutterstock, patpitchaya/Shutterstock, Andreeva Anna/Shutterstock; 84 Pictorial Press Ltd/Alamy Stock Photo; 90 Tatchaphol/Shutterstock; 91 TY Lim/Shutterstock; 93 Koonsiri boonnak/Shutterstock; 95 Wavebreakmedia/Shutterstock; 98 Garr Reynolds; 99 Garr Reynolds; 100 Garr Reynolds; 101 Orla/Shutterstock, Lucky Business/Shutterstock, Chinnapong/Shutterstock, Cedric Crucke/Shutterstock; 101 antoniodiaz/Shutterstock, Imtmphoto/Shutterstock; 102 Garr Reynolds; Maridav/Shutterstock, Jacob Lund/Shutterstock, its_al_dente/Shutterstock, Lucky Business/Shutterstock, Nickoly/Shutterstock, 103 Garr Reynolds, Krasovski Dmitri/Shutterstock, Lora liu/Shutterstock, Elnavegante/Shutterstock, TOMO/Shutterstock, GaudiLab/Shutterstock, Andrey Bayda/Shutterstock, Rawpixel/Shutterstock, GaudiLab/Shutterstock, Andrey Bayda/Shutterstock, KPG_Payless/Shutterstock, TOMO/Shutterstock; 104 Courtesy of Nancy Duarte; 105 Courtesy of Nancy Duarte; 106 Courtesy of Nancy Duarte; 107 Courtesy of Nancy Duarte; 110 Elnavegante/Shutterstock; 110 Maxx-Studio/Shutterstock; 111 Slawomir Chomik/Shutterstock.

Kapitel 5:

116 Alexey Fedorenko/Shutterstock; 120 Justin Sullivan/Getty Images, Ron Wurzer/Getty Images; 123 Kcline/E+/Getty Images; 124 Garr Reynolds; 125 Katherine Welles/Shutterstock; 128 The History Collection/Alamy Stock Photo; 129 Garr Reynolds; 132 COSMOS A PERSONAL VOYAGE/Druyan-Sagan Associates, Inc.; 135 NeydtStock/Shutterstock.

Kapitel 6:

136 Blue Planet Studio/Shutterstock; 138 Mstanley/Shutterstock; 139 Mstanley/Shutterstock; 141 SFIO CRACHO/Shutterstock; 143 GaudiLab/Shutterstock; 145 Supranee/Shutterstock; 145 akarin Sawasdinaka/Shutterstock; 146 dem10/Getty Images; 147 wavebreakmedia/Shutterstock, Tom Saga/Shutterstock, wavebreakmedia/Shutterstock; 151 iJeab/Shutterstock, anatoliy_gleb/Shutterstock, Kiattipong/Shutterstock, Korawat photo shoot/Shutterstock, joyfull/Shutterstock, Garr Reynolds; 153 Rawpixel.com/Shutterstock, Garr Reynolds; 154 Garr Reynolds; 156 Dex Image/Alamy Stock Photo; 157 Benoist/Shutterstock, naka-stockphoto/Shutterstock, takayuki/Shutterstock, KO HONG-WEI/Alamy Stock Photo, Dex Image/Alamy Stock Photo; 158 mikiel/123rf.com; 159 Yury Zap/Shutterstock, MyPixelDiaries/Shutterstock, 159 FCG/Shutterstock; 160 Shutterstock, Garr Reynolds,

Mladen Zivkovic/Shutterstock; 161 Jim David/Shutterstock, wavebreakmedia/Shutterstock, 161 Garr Reynolds; 162 magone/123rf.com, Jit-anong Sae-ung/Shutterstock, Tanya_F/Shutterstock, Sergii Molodykov.123rf.com, Garr Reynolds, Blue Ice/Shutterstock; 164 Anton Watman/ Shutterstock; 164 yonibunga/Shutterstock; 165 Anton Watman/Shutterstock, yonibunga/Shutterstock; 166 KieferPix/Shutterstock; 167 EasyBuy4u/Getty Images; 168 Garr Reynolds; 169 Andreeva Anna/Shutterstock, Daxiao Productions/Shutterstock, redhumv/Getty Images, Claudiad/E+/Getty Images; 172 Phil Date/Shutterstock, ene/Shutterstock, Mikhail Pozhenko/Shutterstock, Phil Date/Shutterstock; 173 NASA; James Breeze; 174 Photodynamic/Shutterstock, Pictorial Press Ltd/Alamy Stock Photo; 175 Khakimullin Aleksandr/Shutterstock, StockPhotosArt/Shutterstock, EpicStockMedia/ Shutterstock, epicstockmedia/123rf.com, Garr Reynolds; 177 Kathleen Scott; 179 Christian Delbert/Shutterstock, Garr Reynolds, Chinnapong/Shutterstock; 180 Blue Planet Studio/Shutterstock, WildSnap/Shutterstock, KPG_Payless/ Shutterstock, joyfull/Shutterstock; 181 Katsushika Hokusai (Japanische, Tokyo (Edo) 1760–1849 Tokyo (Edo)). South Wind, Clear Sky (Gaifū kaisei), also known as Red Fuji, from the series Thirty-six Views of Mount Fuji (Fugaku sanjūrokkei). Metropolitan Museum of Art, New York. JP9.; Evgeny Atamanenko/Shutterstock, Garr Reynolds; 06photo/Shutterstock, Garr Reynolds, Jozef Polc/123rf. com; 184 Mstanley/Shutterstock; 185 Alina Rosanova/ Shutterstock, Garr Reynolds, nadianb/Shutterstock, Tanya_F/Shutterstock; 186 Green Color/Shutterstock; 190 Rawpixel.com/Shutterstock, oatawa/Shutterstock, EM Arts/ Shutterstock; 191 Sergii Molodykov.123rf.com; 192 Garr Reynolds, Pictorial Press Ltd/Alamy Stock Photo; 193 Garr Reynolds, milatas/Shutterstock, PopTika/Shutterstock, jtyler/ Getty Images; 195 NeydtStock/Shutterstock.

Kapitel 7:

196 Life und Times/Shutterstock; 198 Andrey Bayda. Shutterstock, J.D.S/Shutterstock; 199 Garr Reynolds; 200 MaraZe/Shutterstock, Dan Kosmayer/Shutterstock; 201 Garr Reynolds, polkadot_photo/Shutterstock, Garr Reynolds, kazoka/Shutterstock, Mstanley/Shutterstock; 203 Garr Reynolds; 204 HstrongART/Shutterstoc, PitukTV/ Shutterstock; 205 GHProductions/Shutterstock, Halfpoint/ Shutterstock, Garr Reynolds; 206 Garr Reynolds; 207 Mstanley/Shutterstock; 208 Garr Reynolds,Kativ/E+/Getty Images, Worldclassphoto/Shutterstock, Kcline/E+/Getty Images, Kathleen Scott, Patryk Kosmider/Shutterstock; 209 Dudarev Mikhail/Shutterstock, Ooyoo/E+/Getty Images, Yali Shi/123RF, John Leung/Shutterstock, dstephens/Getty Bilder, Mykeyruna/Shutterstock, RichLegg/Getty Images; 210 Epicurean/E+/Getty Images, nunosilvaphotography/ Shutterstock, miya227/Shutterstock, Rawpixel.com/ Shutterstock, Yury Zap/Shutterstockq; 212 Courtesy of Gihan Perera; 214 Courtesy of Shena Ashley; 215 Courtesy of Shena Ashley; 216 www.gapminder.com; 218 MatoomMi/ Shutterstock; 219 Courtesy of Masayoshi Takahashi; 220 Courtesy of Sunni Brown; 221 Courtesy of Sunni Brown; 222 Garr Reynolds; 223 Courtesy of Andreas Eenfeldt; 224 Courtesy of Andreas Eenfeldt; 225 Courtesy of Clement Cazalot; 226 imtmphoto/Shutterstock, KPG_Payless/ Shutterstock, Vyntage Visuals/Shutterstock, imtmphoto/ Shutterstock, maroke/Shutterstock, milatas/Shutterstock; 227 maroke/Shutterstock, milatas/Shutterstock, imtmphoto/ Shutterstock,UfaBizPhoto/Shutterstock,milatas/ Shutterstock, Billion Photos/Shutterstock, Syda Productions/ Shutterstock, vectorfusionart/Shutterstock, KPG_Payless/ Shutterstock; 228 UPI/Alamy Stock Photo; 229 Angel_fff/ Shutterstock.

Kapitel 8:

234 Breslavtsev Oleg/Shutterstock; 236 Justin Sullivan/ Getty Images; 240 bouybin/Shutterstock; 241 bouybin/ Shutterstock; 242 maRRitch/Shutterstock; 247 Nikolas Papageorgiou; 249 New Africa/Shutterstock.

Kapitel 9:

250 Andrey Armyagov/Shutterstock; 253 Billion Photos/ Shutterstock; 254 Invision/AP/Shutterstock; 259 Mstanley/ Shutterstock, Blue Ice/Shutterstock; 261 Garr Reynolds; 262 Garr Reynolds; 263 Garr Reynolds; 264 Photo by Neil Murphy courtesy of TEDxKyoto; 266 TED.com; 267 Photo by Stefan Nilsson; 268 Photo by Jörgen Hildebrandt; 269 Mstanley/Shutterstock, Supranee/Shutterstock; 271 nito/ Shutterstock.

Kapitel 10:

272 fizkes/Shutterstock; 275 Shutterstock; 275 Shutterstock; 277 Mstanley/Shutterstock, Garr Reynolds; 278 Alan Davidson/Shutterstock; 279 Shutterstock; 280 Imtmphoto/Shutterstock; 285 Matej Kastelic/Shutterstock; 286 David Paul Morris/Getty Images; 289 Justin Sullivan/ Getty Images; 290 David Paul Morris/Getty Images, Justin Sullivan/Getty Images; 292 Garr Reynolds; 295 Life und Times/Shutterstock; 297 Gorodenkoff/Shutterstock, WHYFRAME/Shutterstock; 298 Garr Reynolds; 299 naluwan/ Shutterstock.

Kapitel 11:

304 Sander van der Werf/Shutterstock; 306 Garr Reynolds; 307 Garr Reynolds; 308 MAHATHIR MOHD YASIN/ Shutterstock, Anton Watman/Shutterstock; 309 Mike_O/ Shutterstock; 311 Ozerov Alexander/Shutterstock.

Index

Goldener Schnitt, 178

T

U

V

Garr Reynolds hält auf der ganzen Welt Keynote-Präsentationen und Kurzpräsentationen rund um die Themenkreise Einfachheit im Design, der Kommunikation und im täglichen Leben.

Garrs Presentation Zen™-Seminare sind weltweit bekannt. Sie können hier bestens die Anwendung der Prinzipien von Selbstbeschränkung, Einfachheit und Natürlichkeit auf Ihre Arbeit erlernen.

Weitere Informationen finden Sie auf *www.presentationzen.com*

Anfragen bezüglich Vorträgen oder Trainings richten Sie per E-Mail an *book@garrreynolds.com*.